人生最好的境界是丰富的安静

周国平 二〇二四年十二月

人生哲思录

周国平 著

云南人民出版社

果麦文化 出品

致读者

在我的全部出版物中，本书占有一个特殊的地位。如果你只想读我的一本书，我就推荐这本书。

本书编辑的方式，是在我的全部非学术作品和手稿中，挑选出能够代表我的思想而又表达精当的文字，按照主题进行分类，让读者一册在手，即可全豹在目。全书分为四编，即：生命感悟，情感体验，人性观察，精神家园。这是人生的四个大主题，每个大主题下面分出若干中级主题，每个中级主题下面又分出若干小主题。这样逐级分类，条理十分清晰。在我的老读者手中，本书有点像辞典，用它可以方便地检索到我在某一问题上的见解。在我的新读者手中，本书更像是文摘，读它可以清晰地一览我的文字和思想的基本面貌。总之，本书的好处，第一是荟集了我的著述中的所谓精华，可说是一网打尽，第二是分类详尽，脉络清晰，能收一目了然之效。读者拿在手里，不妨闲时随意翻阅，也不妨按主题检索相关文字，方便得很。

我自己对本书也是情有独钟，自2001年初版以来，先后做了多次修订。对别的书，我是不会下这样的功夫的。为什么呢？因为别的书只反映了我在某一时期的感受和思考，一经出版，就基本定型了。本书的特殊之处在于，作为一本完整地反映我的人生感悟的语录大全，理应随同我一起生长。在相当的程度上，我是把本书看作我的代表作的，一定要让它成为读者和我自己都认可的精品。我高兴地看到，在不同年龄的读者之中，本书的确广受喜爱，迄今发行逾百万册，网上流传许多我的语录，其实也是直接或间接地摘自本书。我有理由期望，在现代中国人的精神生活中，本书会有它的持久的生命力。

  本书中的文字，是从上世纪八十年代至晚近的时间里陆续写出的。几十年来，时代发生了巨大的变化，我本人的思想也在变化之中。因此，对于同一个问题，书中可能会表述不同的甚至互相矛盾的见解。况且人的心灵如同一片五光十色的海洋，即使在同一时间，也会翻卷出不同的浪花。我珍惜原生态的活泼的心流，无意让它们呈现统一的假象，也不想跟随变动不居的社会观念对它们进行取舍。德谟克利特说："实际上我们丝毫不知道什么，因为真理隐藏在深渊之中。"对此我深以为然，绝不妄图宣示真理，所表达的只是很个人化的思绪和感受而已，也请手握真理的人不要用手中的尺子去度量它们。

周国平
2024 年 12 月

目 录

———— 第一编 生命感悟 ————

生活态度

真性情 3
爱生命 6
亲自然 11
简单 18
不占有 22
平常心 26
自爱 30
超脱 33

人生境界

自足 40
独处 45
安静 51
闲适 55
单纯 59
智慧 62
觉悟 66
幽默 70
真实 74
做人 78

生活质量

享受 85
创造 89
自我实现 94
内在生活 99
成功 104
财富 110

幸福	115	年龄	155
苦难	120	境遇与心情	158

人生况味 **人生难题**

沉默	131	生命意义	166
孤独	136	自我	172
寂寞	140	时间	175
无聊	143	命运	179
往事	148	死亡	184

──────── **第二编　情感体验** ────────

爱

		性爱哲学	221
		性爱伦理	225
爱	193	性爱心理	232
爱与孤独	201	性爱美学	236
大爱和小爱	206	性爱现象	240

性与爱 **女人和男人**

性	210	女性价值	245
爱情	215	女性魅力	250

女性心理	256	爱情与婚姻	276
男人	259	婚姻的智慧	280
两性比较	262	家	286
两性之间	265	伴侣之情	289
		亲子之爱	292
婚姻和家庭		孩子	299
		童年和成长	303
婚姻	270	怎样做父母	306

第三编 人性观察

人性

人与社会

人	315	交往	348
人性	318	沟通	352
灵与肉	324	友谊	355
人性现象	327	语言	359
人性评价	333	名声	363
嫉妒	336	角色	366
吝啬	341	道德	369
自卑与自信	343	道德现象	374

世态人情

世态	380
人情	385
处世	389
舆论	393
爱国主义	396

个人视角

态度	399
感觉	404
异想	408
自白	413

第四编　精神家园

精神生活

灵魂	419
追求	423
坚守	429
理想	432
梦	435
信仰（一）	437
信仰（二）	444
现代状况	449

精神体系

宗教	453
哲学（一）	457
哲学（二）	464
思想	469

文化

知识分子	475
东西方文化	479
文化	485

学术	488	天才	544
教育	492		
向教育提问	499	**读书**	

文学艺术

		好读书	552
		读好书	558
美	504	怎么读	565
艺术	508		
艺术家	513	**写作**	
诗	516		
文学	522	写作的理由	572
创作	528	写作的态度	580
批评	534	作品的价值	586
风格	537	我与写作	591

第一编

生命感悟

生活态度

　　为别人对你的好感、承认、报偿做的事，如果别人不承认，便等于零。为自己的良心、才能、生命做的事，即使没有一个人承认，也丝毫无损。

　　每个人都只有一个人生，她是一个对我们从一而终的女子。我们不妨尽自己的力量引导她，充实她，但是，不管她终于成个什么样子，我们好歹得爱她。

真性情

我的人生观若要用一句话概括,就是真性情。我从来不把成功看作人生的主要目标,觉得只有活出真性情才是没有虚度了人生。所谓真性情,一面是对个性和内在精神价值的看重,另一面是对外在功利的看轻。

一个人在衡量任何事物时,看重的是它们在自己生活中的意义,而不是它们能给自己带来多少实际利益,这样一种生活态度就是真性情。

一个人活在世上,必须有自己真正爱好的事情,才会活得有意思。这爱好完全是出于他的真性情的,而不是为了某种外在的利益,例如金钱、名声之类。他喜欢做这件事情,只是因为他觉得事情本身非常美好,他被事情的美好所吸引。这就好像一个园丁,他仅仅因为喜欢而开辟了一块自己的园地,他在其中培育了许多美丽的花木,为它们倾注了自己的心血。当他在自己的园地上耕作时,他心里非常踏实。无论他走到哪里,他也都会牵挂着那些花木,如同母亲牵挂着自己的孩子。这样一个人,他一定会活得很充实的。相反,一个人如果没有自己的园地,不管他当多大的官,做多大的买卖,他本质上始终是空虚的。这样的人一旦丢了官，破了产，他的空虚就暴露无遗了，会惶惶然不可终日，发现自己在世界上无事可做，也没有人需要他，成了一个多余的人。

在我看来，所谓成功是指把自己真正喜欢的事情做好，其前提是首先要有自己真正的爱好，即自己的真性情，舍此便只是名利场上的生意经。而幸福则主要是一种内心体验，是心灵对于生命意义的强烈感受，因而也是以心灵的感受力为前提的。所以，比成功和幸福都更重要的是，一个人必须有一个真实的自我，一颗饱满的灵魂，它决定了一个人争取成功和体验幸福的能力。

人做事情，或是出于利益，或是出于性情。出于利益做的事情，当然就不必太在乎是否愉快。我常常看见名利场上的健将一面叫苦不迭，一面依然奋斗不止，对此我完全能够理解。我并不认为他们的叫苦是假，因为我知道利益是一种强制力量，而就他们所做的事情的性质来说，利益的确比愉快更加重要。相反，凡是出于性情做的事情，亦即仅仅为了满足心灵而做的事情，愉快就都是基本的标准。属于此列的不仅有读书，还包括写作、艺术创作、艺术欣赏、交友、恋爱、行善，等等，简言之，一切精神活动。如果在做这些事情时不感到愉快，我们就必须怀疑是否有利益的强制在其中起着作用，使它们由性情生活蜕变成了功利行为。

你说，得活出个样儿来。我说，得活出个味儿来。名声地位是衣裳，不妨弄件穿穿。可是，对人对己都不要衣帽取人。衣裳换来换去，我还是我。脱尽衣裳，男人和女人更本色。

人生中一切美好的事情，报酬都在眼前。爱情的报酬就是相爱时的陶醉和满足，而不是有朝一日缔结良缘。创作的报酬就是创作时的陶醉和满足，而不是有朝一日名扬四海。如果事情本身不能给人以陶醉和满足，就不足以称为美好。

此生此世，当不当思想家或散文家，写不写得出漂亮文章，真是不重要。我唯愿保持住一份生命的本色，一份能够安静聆听别的生命也使别的生命愿意安静聆听的纯真，此中的快乐远非浮华功名可比。

人不仅仅属于时代。无论时代怎样，没有人必须为了利益而放弃自己的趣味。人生之大趣，第一源自生命，第二源自灵魂。一个人只要热爱生命，善于品味生命固有的乐趣，同时又关注灵魂，善于同人类历史上伟大的灵魂交往，即使在一个无趣的时代，他仍然可以生活得有趣。

爱生命

生命是最基本的价值。一个简单的事实是,每个人只有一条命,在无限的时空中,再也不会有同样的机会,所有因素都恰好组合在一起,来产生这一个特定的个体了。同时,生命又是人生其他一切价值的前提,没有了生命,其他一切都无从谈起。

由此得出的一个当然的结论是,对于每一个人来说,生命是最珍贵的。因此,对于自己的生命,我们当知珍惜,对于他人的生命,我们当知关爱。

热爱生命是幸福之本,同情生命是道德之本,敬畏生命是信仰之本。

人生的意义,在世俗层次上即幸福,在社会层次上即道德,在超越层次上即信仰,皆取决于对生命的态度。

一种西方的哲学教导我们趋乐避苦。一种东方的宗教教导我们脱离苦海。可是,真正热爱生命的人把痛苦和快乐一齐接受下来。

生命是宇宙间的奇迹,它的来源神秘莫测。是大自然的产物,还是上帝的创造?这并不重要。重要的是用你的心去感受这奇迹。

于是，你便会懂得欣赏大自然中的生命现象，用它们的千姿百态丰富你的心胸。于是，你便会善待一切生命，从每一个素不相识的人，到一头羚羊、一只昆虫、一棵树，从心底里产生万物同源的亲近感。于是，你便会怀有一种敬畏之心，敬畏生命，也敬畏创造生命的造物主，不管人们把它称作神还是大自然。

生命是我们最珍爱的东西，它是我们所拥有的一切的前提，失去了它，我们就失去了一切。生命又是我们最忽略的东西，我们对于自己拥有它实在太习以为常了，而一切习惯了的东西都容易被我们忘记。因此，人们在道理上都知道生命的宝贵，实际上却常常做一些损害生命的事情，抽烟、酗酒、纵欲、不讲卫生、超负荷工作，等等。因此，人们为虚名浮利而忙碌，却舍不得花时间来让生命本身感到愉快，来做一些实现生命本身的价值的事情。往往是当我们的生命真正受到威胁的时候，我们才幡然醒悟，生命的不可替代的价值才突现在我们的眼前。但是，有时候醒悟已经为时太晚，损失已经不可挽回。

每一个人对于自己的生命，第一有爱护它的责任，第二有享受它的权利，而这两方面是统一的。世上有两种人对自己的生命最不知爱护也最不善享受，其一是工作狂，其二是纵欲者，他们其实是在以不同的方式透支和榨取生命。

自然赋予人的一切生命欲望皆无罪，禁欲主义最没有道理。我们既然拥有了生命，当然有权享受它。但是，生命享受和物欲是两回事。一方面，生命本身对于物质资料的需要是有限的，物欲决非生命本身带来的，而是社会刺激起来的。另一方面，生命享受的疆域无比宽广，相比之下，物欲的满足就太狭窄了。那些只把生命用来追求物质的人，实际上既怠慢了自己生命的真正需要，也剥夺了自己生命享受的广阔疆域。

生命所需要的，无非空气、阳光、健康、营养、繁衍，千古如斯，古老而平凡。但是，骄傲的人啊，抛开你的虚荣心和野心吧，你就会知道，这些最简单的享受才是最醇美的。

最自然的事情是最神秘的，例如做爱和孕育。各民族的神话岂非都可以追溯到这个源头？

生命是人的存在的基础和核心。个人建功创业，致富猎名，倘若结果不能让自己安身立命，究竟有何价值？人类齐家治国，争霸称雄，倘若结果不能让百姓安居乐业，究竟有何价值？

生命原是人的最珍贵的价值。可是，在当今的时代，其他种种次要的价值取代生命成了人生的主要目标乃至唯一目标，人们耗尽毕生精力追逐金钱、权力、名声、地位等等，从来不问一下这些东西是否使生命获得了真正的满足。

在事物上有太多理性的堆积物：语词、概念、意见、评价，等等。在生命上也有太多社会的堆积物：财富、权力、地位、名声等等。天长日久，堆积物取代本体，组成了一个牢不可破的虚假的世界。

在市声尘嚣之中，生命的声音已经久被遮蔽，无人理会。

让我们都安静下来，每个人都向自己身体和心灵的内部倾听，听一听自己的生命在说什么，想一想自己的生命究竟需要什么。

从生命的观点看,现代人的生活有两个弊病。一方面,文明为我们创造了越来越优裕的物质条件,远超出维持生命之所需,那超出的部分固然提供了享受,但同时也使我们的生活方式变得复杂,离生命在自然界的本来状态越来越远。另一方面,优裕的物质条件也使我们容易沉湎于安逸,丧失面对巨大危险的勇气和坚强,在精神上变得平庸。我们的生命远离两个方向上的极限状态,向下没有承受匮乏的忍耐力,向上没有挑战危险的爆发力,躲在舒适安全的中间地带,其感觉日趋麻木。

每个人都只有一个人生,她是一个对我们从一而终的女子。我们不妨尽自己的力量引导她,充实她,但是,不管她终于成个什么样子,我们好歹得爱她。

生命害怕单调甚于害怕死亡,仅此就足以保证它不可战胜了。它为了逃避单调必须丰富自己,不在乎结局是否徒劳。

生命平静地流逝,没有声响,没有浪花,甚至连波纹也看不见,无声无息。我多么厌恶这平坦的河床,它吸收了任何感觉。突然,遇到了阻碍,礁岩崛起,狂风大作,抛起万丈浪。我活着吗?是的,这时候我才觉得我活着。

有无爱的欲望,能否感受生的乐趣,归根到底是一个内在的生命力的问题。

情欲是走向空灵的必由之路。本无情欲,只能空而不灵。

生命与生命之间的互相吸引。我设想，在一个绝对荒芜、没有生命的星球上，一个活人即使看见一只苍蝇，或一头老虎，也会产生亲切之感的。

亲自然

每年开春，仿佛无意中突然发现土中冒出了稚嫩的青草，树木抽出了小小的绿芽，那时候会有一种多么纯净的喜悦心情。记得小时候，在屋外的泥地里埋几粒黄豆或牵牛花籽，当看到小小的绿芽破土而出时，感觉到的也是这种心情。也许天下生命原是一家，也许我曾经是这么一棵树，一棵草，生命萌芽的欢欣越过漫长的进化系列，又在我的心里复苏了？

唉，人的心，进化的最高产物，世上最复杂的东西，在这小小的绿芽面前，才恢复了片刻的纯净。

人，栖居在大地上，来自泥土，也归于泥土，大地是人的永恒家园。如果有一种装置把人与大地隔绝开来，切断了人的来路和归宿，这样的装置无论多么奢华，算是什么家园呢？

人，栖居在天空下，仰望苍穹，因惊奇而探究宇宙之奥秘，因敬畏而感悟造物之伟大，于是有科学和信仰，此人所以为万物之灵。如果高楼蔽天，俗务缠身，人不再仰望苍穹，这样的人无论多么有钱，算是什么万物之灵呢？

现在，我们与土地的接触愈来愈少了。砖、水泥、钢铁、塑料和各种新型建筑材料把我们包围了起来。我们把自己关在宿舍或办公室的四壁之内。走在街上，我们同样被房屋、商店、建筑物和水泥路面包围着。我们总是活得那样匆忙，顾不上看看天空和土地。我们总是生活在眼前，忘掉了永恒和无限。我们已经不再懂得土地的痛苦和渴望，不再能欣赏土地的悲壮和美丽。

这熟悉的家、街道、城市，这熙熙攘攘的人群，有时候我会突然感到多么陌生，多么不真实。我思念被这一切覆盖着的永恒的土地，思念一切生命的原始的家乡。

精神的健康成长离不开土地和天空，土地贡献了来源和质料，天空则指示了目标和形式。比较起来，土地应该是第一位的。人来自泥土而归于泥土，其实也是土地上的作物。土地是家，天空只是辽远的风景。我甚至相信，古往今来哲人们对天空的沉思，那所谓形而上的关切，也只有在向土地的回归之中，在一种万物一体的亲密感之中，方能获得不言的解决。

孩子天然地亲近自然，亲近自然中的一切生命。孩子自己就是自然，就是自然中的一个生命。

然而，今天的孩子真是可怜。一方面，他们从小远离自然，在他们的生活环境里，自然最多只剩下了一点儿残片。另一方面，他们所处的文化环境也是非自然的，从小被电子游戏、太空动漫、教辅之类的产品包围，天性中的自然也遭到了封杀。

我们正在从内外两个方面割断孩子与自然的联系，剥夺他们的童年。他们迟早会报复我们的！

人类的聪明在于驯服自然，在广袤的自然世界中为自己开辟出一个令自己惬意的人造世界。可是，如果因此而沉溺在这个人造世界里，与广袤的自然世界断了联系，就真是聪明反被聪明误了。自然的疆域无限,终身自拘于狭小人工范围的生活毕竟是可怜的。

长年累月关闭在窄屋里的人,大地和天空都不属于他,不可能具有开阔的视野和丰富的想象力。对于每天夜晚守在电视机前的现代人来说,头上的星空根本不存在,星空曾经给予先哲的伟大启示已经成为失落的遗产。

创造城市,在大地上演绎五彩缤纷的人间故事,证明了人的聪明。可是,倘若人用自己的作品把自己与上帝的作品隔离开来,那就是愚昧。倘若人用自己的作品排挤和毁坏掉上帝的作品,那就是亵渎。

人与人的碰撞只能触发生活的精明,人与自然的交流才能开启生命的智慧。

天生万物,各有其用,这个用不是只对人而言的。用哲学的语言说,万物都有其自身的存在和权利,用科学的语言说,万物构成了地球上自循环的生态系统。然而,在技术方式的统治下,自然万物都失去了自身的丰富性和本源性,缩减成了某种可以满足人的需要的功能,对人而言的一种使用价值,简言之,仅仅被看成了资源和能源。

与技术方式相反,诗意方式就是要摆脱狂妄的人类中心主义和狭窄的功利主义的眼光,用一种既谦虚又开阔的眼光看自然万物。一方面,作为自然大家庭中的普通一员,人以平等的态度尊重万物的存在和权利。另一方面,作为地球上唯一的精神性存在,人又通过与万物和谐相处而领悟存在的奥秘。

在摆脱了认知和被认知、利用和被利用的关系之后，人不再是主体，物不再是客体，而都成了宇宙大家庭中的平等成员。那时候，一切存在者都回到了存在的本来状态，都在用自己的语言说话。

在观赏者眼中，再美的花也只是花而已。唯有当观赏停止、交流和倾听开始之时，花儿才会对你显灵和倾谈。

看海，必须是独自一人。和别人在一起时，看不见海的真相。那海滩上嬉水的人群，那身边亲密的同伴，都会成为避难所，你的眼光和你的心躲在里面，逃避海的威胁。你必须无处可逃，听凭那莫名的力量把你吞灭，时间消失，空间消失，人类消失，城市和文明消失，你自己也消失，或者和海变成了一体，融入了千古荒凉之中。

瞥见了海的真相的人不再企图谈论海，因为他明白了康德说的道理：用人类理性发明的语词只能谈论现象，不能谈论世界的本质。

赫拉克利特说："自然喜欢躲藏起来。"这句话至少有两层含义：第一，自然是顽皮的，喜欢和寻找它的人捉迷藏；第二，自然是羞怯的，不喜欢暴露在光天化日之下。所以，一个好的哲人在接近自然的奥秘时应当怀有两种心情：他既像孩子一样怀着游戏的情趣，又像恋人一样怀着神圣的爱情。他知道真理是不易被捉到，更不可被说透的。真理躲藏在人类语言之外的地方，于是他只好说隐喻。

存在的一切奥秘都是用比喻说出来的。对于听得懂的耳朵，大海、星辰、季节、野花、婴儿都在说话，而听不懂的耳朵却什么也没有听到。

我们应向一切虔信的民族学习一个基本信念,就是敬畏自然。我们要记住,人是自然之子,在总体上只能顺应自然,不能征服和支配自然,无论人类创造出怎样伟大的文明,自然永远比人类伟大。我们还要记住,人诚然可以亲近自然,认识自然,但这是有限度的,自然有其不可接近和揭穿的秘密,各个虔信的民族都把这秘密称作神,我们应当尊重这秘密。

一个人的童年,最好是在乡村度过。一切的生命,包括植物、动物、人,归根到底来自土地,生于土地,最后又归于土地。在乡村,那刚来自土地的生命仍能贴近土地,从土地汲取营养。童年是生命蓬勃生长的时期,而乡村为它提供了充满同样蓬勃生长的生命的环境。农村孩子的生命不孤单,它有许多同伴,它与树、草、野兔、家畜、昆虫进行着无声的谈话,它本能地感到自己属于大自然的生命共同体。相比之下,城里孩子的生命就十分孤单,远离了土地和土地上丰富的生命,与大自然的生命共同体断了联系。在一定意义上,城里孩子是没有童年的。

土地是洁净的,它接纳一切自然的污物,包括动物的粪便和尸体,使之重归洁净。真正肮脏的是它不肯接纳的东西——人类的工业废物。

在灯红酒绿的都市里,觅得一粒柳芽,一朵野花,一刻清静,人会由衷地快乐。在杳无人烟的荒野上,发现一星灯火,一缕炊烟,一点人迹,人也会由衷地快乐。自然和文明,人皆需要,二者不可缺一。

在乡村中，时间保持着上帝创造时的形态，它是季节和光阴；在城市里，时间却被抽象成了日历和数字。城市没有季节，它的春天没有融雪和归来的候鸟，秋天没有落叶和收割的庄稼。城里人整年被各种建筑物包围着，对季节变化和岁月交替会有什么敏锐的感觉呢？

现代人只能从一杯新茶中品味春天的田野。

旅游业发展到哪里，就败坏了哪里的自然风景。
我寻找一个僻静的角落，却发现到处都是广告喇叭、商业性娱乐设施和凑热闹的人群。

久住城市，偶尔来到僻静的山谷湖畔，面对连绵起伏的山和浩淼无际的水，会感到一种解脱和自由。然而我想，倘若在此定居，与世隔绝，心境也许就会变化。尽管看到的还是同样的山水景物，所感到的却不是自由，而是限制了。

人及其产品把我和自然隔离开来了，这是一种寂寞。千古如斯的自然把我和历史隔离开来了，这是又一种寂寞。前者是生命本身的寂寞，后者是野心的寂寞。那种两相权衡终于承受不了前一种寂寞的人，最后会选择归隐。现代人对两种寂寞都体味甚浅又都急于逃避，旅游业因之兴旺。

游览名胜，我往往记不住地名和典故。我为我的坏记性找到了一条好理由——
我是一个直接面对自然和生命的人。相对于自然，地理不过是细节。相对于生命，历史不过是细节。

我突然想，上帝也有它的互联网，就是大自然。可是，自从人类的互联网兴旺发达，人们就很少去上上帝的互联网了。

大自然是上帝的互联网，上帝一直在通过它向人类传递丰富的信息。我们的祖先，祖先中心智敏锐的人物，是善于接收这些信息的。俄耳甫斯、琐罗亚斯德、释迦牟尼、摩西、耶稣、穆罕默德接收到了信息，人类于是有了宗教。泰勒斯、苏格拉底、柏拉图、老子、孔子接收到了信息，人类于是有了哲学。荷马、莎士比亚、萨迪、李白、苏东坡接收到了信息，人类于是有了文学。

天生万物，人是万物之灵。然而，人的灵魂不是孤立的存在，它只是大自然的灵气的凝聚，它必须和万物保持天然的联系，那凝聚的灵气才不会飘散和枯竭。不在高原上、大海边、森林里住几个月，我们不会懂得什么是神圣。不曾独自一人在空旷处仰望星空，我们会误以为哲学只是晦涩的学术。因为看不见壮丽的山川和辽阔的草原，我们就在富人的散发着铜臭的庭院里寻找美。

简单

在五光十色的现代世界中，让我们记住一个古老的真理：活得简单才能活得自由。

自古以来，一切贤哲都主张过一种简朴的生活，以便不为物役，保持精神的自由。

事实上，一个人为维持生存和健康所需要的物品并不多，超乎此的属于奢侈品。它们固然提供享受，但更强求服务，反而成了一种奴役。

现代人是活得愈来愈复杂了，结果得到许多享受，却并不幸福，拥有许多方便，却并不自由。

仔细想一想，我们便会发现，人的肉体需要是有被它的生理构造所决定的极限的，因而由这种需要的满足而获得的纯粹肉体性质的快感差不多是千古不变的，无非是食色温饱健康之类。殷纣王"以酒为池，悬肉为林"，但他自己只有一只普通的胃。秦始皇筑阿房宫，"东西五百步，南北五十丈"，但他自己只有五尺之躯。多么热烈的美食家，他的朵颐之快也必须有间歇，否则会消化不良。多么勤奋的登徒子，他的床笫之乐也必须有节制，否则会肾虚。每一种生理欲望都是会餍足的，并且严格地遵循着过犹不足的法则。山珍海味，挥金如土，更多的是摆阔气。藏娇纳妾，美女如云，更多的是图虚荣。万贯家财带来的最大快乐并非直接的物质享受，而是守财奴清点财产时的那份欣喜，败家子挥霍财产时的那份痛快。凡此种种，都已经超出生理满足的范围了，但称它们为精神享受未免肉麻，它们至多只是一种心理满足罢了。

如果一个人太看重物质享受，就必然要付出精神上的代价。人的肉体需要是很有限的，无非是温饱，超于此的便是奢侈，而人要奢侈起来却是没有尽头的。温饱是自然的需要，奢侈的欲望则是不断膨胀的市场刺激起来的。富了总可以更富，事实上也必定有人比你富，于是你永远不会满足，不得不去挣越来越多的钱。这样，赚钱便成了你的唯一目的。即使你是画家，你哪里还顾得上真正的艺术追求；即使你是学者，你哪里还会在乎科学的良心？

奢华不但不能提高生活质量，往往还会降低生活质量，使人耽于物质享受，远离精神生活。只有在那些精神素质极好的人身上，才不会发生这种情况，而这又只因为他们其实并不在乎物质享受，始终把精神生活看得更珍贵。一个人在巨富之后仍乐于过简朴生活，正证明了灵魂的高贵，能够从精神生活中获得更大的快乐。

一切奢侈品都给精神活动带来不便。

一个专注于精神生活的人，物质上的需求必定是十分简单的。因为他有重要得多的事情要做，没有工夫关心物质方面的区区小事；他沉醉于精神王国的伟大享受，物质享受不再成为诱惑。

在一个人的生活中，精神需求相对于物质需求所占比例越大，他就离神越近。

智者的共同特点是，一方面，因为看清了物质快乐的有限，最少的物质就能使他们满足；另一方面，因为渴望无限的精神快乐，再多的物质也不能使他们满足。

在生存需要能够基本满足之后，是物质欲望仍占上风，继续膨胀，还是精神欲望开始上升，渐成主导，一个人的素质由此可以判定。

我一向认为，人最宝贵的东西，一是生命，二是心灵，而若能享受本真的生命，拥有丰富的心灵，便是幸福。这当然必须免去物质之忧，但并非物质越多越好，相反，毋宁说这二者的实现是以物质生活的简单为条件的。一个人把许多精力给了物质，就没有什么闲心来照看自己的生命和心灵了。诗意的生活一定是物质上简单的生活，这在古今中外所有伟大的诗人、哲人、圣人身上都可以得到印证。

人生应该力求两个简单：物质生活的简单；人际关系的简单。有了这两个简单，心灵就拥有了广阔的空间和美好的宁静。

现代人却在两个方面都复杂，物质生活上是财富的无穷追逐，人际关系上是利益的不尽纠葛，两者占满了生活的几乎全部空间，而人世间的大部分烦恼就是源自这两种复杂。

人活世上，有时难免要有求于人和违心做事。但是，我相信，一个人只要肯约束自己的贪欲，满足于过比较简单的生活，就可以把这些减少到最低限度。远离这些麻烦的交际和成功，实在算不得什么损失，反而受益无穷。我们因此获得了好心情和好光阴，可以把它们奉献给自己真正喜欢的人，真正感兴趣的事，而首先是奉献给自己。对于一个满足于过简单生活的人，生命的疆域是更加宽阔的。

许多东西，我们之所以觉得必需，只是因为我们已经拥有它们。当我们清理自己的居室时，我们会觉得每一样东西都有用处，都舍不得扔掉。可是，倘若我们必须搬到一个小屋去住，只允许保留很少的东西，我们就会判断出什么东西是自己真正需要的了。那么，我们即使有一座大房子，又何妨用只有一间小屋的标准来限定必需的物品，从而为美化居室留出更多的自由空间？

许多事情，我们之所以认为必须做，只是因为我们已经把它们列入了日程。如果让我们凭空从其中删除某一些，我们会难做取舍。可是，倘若我们知道自己已经来日不多，只能做成一件事情，我们就会判断出什么事情是自己真正想做的了。那么，我们即使还能活很久，又何妨用来日不多的标准来限定必做的事情，从而为享受生活留出更多的自由时间？

不占有

所谓对人生持占有的态度，就是把人生看成了一种占有物，必欲向之获取最大效益而后快。但人生是占有不了的。毋宁说，它是侥幸落到我们手上的一件暂时的礼物，我们迟早要把它交还。我们宁愿怀着从容闲适的心情玩味它，而不要让过分急切的追求和得失之患占有了我们，使我们不再有玩味的心情。

一般来说，人的天性是习惯于得到，而不习惯于失去的。呱呱坠地，我们首先得到了生命。自此以后，我们不断地得到：从父母得到衣食、玩具、爱和抚育，从社会得到职业的训练和文化的培养。长大成人以后，我们靠着自然的倾向和自己的努力继续得到：得到爱情、配偶和孩子，得到金钱、财产、名誉、地位，得到事业的成功和社会的承认，如此等等。

当然，有得必有失，我们在得到的过程中也确实不同程度地经历了失去。但是，我们比较容易把得到看作是应该的、正常的，把失去看作是不应该的、不正常的。所以，每有失去，仍不免感到委屈。所失愈多愈大，就愈委屈。我们暗下决心要重新获得，以补偿所失。在我们心中的蓝图上，人生之路仿佛是由一系列的获得勾画出来的，而失去则是必须涂抹掉的笔误。总之，不管失去是一种多么频繁的现象，我们对它反正不习惯。

道理本来很简单：失去当然也是人生的正常现象。整个人生是一个不断地得而复失的过程，就其最终结果看，失去反比得到更为本质。我们迟早要失去人生最宝贵的赠礼——生命，随之也就失去了在人生过程中得到的一切。有些失去看似偶然，例如天灾人祸造成的意外损失，但也是无所不包的人生的题中应有之义。"人有旦夕祸福"，既然生而为人，就得有承受旦夕祸福的精神准备和勇气。至于在社会上的挫折和失利，更是人生在世的寻常遭际了。由此可见，不习惯于失去，至少表明对人生尚欠觉悟。一个只求得到不肯失去的人，表面上似乎富于进取心，实际上是很脆弱的，很容易在遭到重大失去之后一蹶不振。

东西方宗教都有布施一说。照我的理解，布施的本义是教人去除贪鄙之心，由不执着于财物，进而不执着于一切身外之物，乃至于这尘世的生命。如此才可明白，佛教何以把布施列为"六度"之首，即从迷惑的此岸渡向觉悟的彼岸的第一座桥梁。佛教主张"无我"，既然"我"不存在，也就不存在"我的"这回事了。无物属于自己，连自己也不属于自己，何况财物。明乎此理，人还会有什么得失之患呢？

我们总是以为，已经到手的东西便是属于自己的，一旦失去，就觉得蒙受了损失。其实，一切皆变，没有一样东西能真正占有。得到了一切的人，死时又交出一切。不如在一生中不断地得而复失，习以为常，也许他更为从容地面对死亡。

另一方面，对于一颗有接受力的心灵来说，没有一样东西会真正失去。

我失去了的东西，不能再得到了。我还能得到一些东西，但迟早还会失去。我最后注定要无可挽救地失去我自己。既然如此，我为什么还要看重得与失呢？到手的一切，连同我的生命，我都可以拿它们来做试验，至多不过是早一点失去罢了。

一切外在的欠缺或损失，包括名誉、地位、财产等等，只要不影响基本生存，实质上都不应该带来痛苦。如果痛苦，只是因为你在乎，愈在乎就愈痛苦。只要不在乎，就一根毫毛也伤不了。

王尔德说："人生只有两种悲剧，一是没有得到想要的东西，另一是得到了想要的东西。"我曾经深以为然，并且佩服他把人生的可悲境遇表述得如此轻松俏皮。但仔细玩味，发现这话的立足点仍是占有，所以才会有占有欲未得满足的痛苦和已得满足的无聊这双重悲剧。如果把立足点移到创造上，以审美的眼光看人生，我们岂不可以反其意而说：人生有两种快乐，一是没有得到想要的东西，于是你可以去寻求和创造；另一是得到了想要的东西，于是你可以去品味和体验？

耶稣说："富人要进入天国，比骆驼穿过针眼还要困难。"对耶稣所说的富人，不妨作广义的解释，凡是把自己所占有的世俗的价值，包括权力、财产、名声等等，看得比精神的价值更宝贵，不肯舍弃的人，都可以包括在内。如果心地不明，我们在尘世所获得的一切就都会成为负担，把我们变成负重的骆驼，而把通往天国的路堵塞成针眼。

有一个人因为爱泉水的歌声，就把泉水灌进瓦罐，藏在柜子里。我们常常和这个人一样傻。我们把女人关在屋子里，便以为占有了她的美。我们把事物据为己有，便以为占有了它的意义。

可是，意义是不可占有的，一旦你试图占有，它就不在了。无论我们和一个女人多么亲近，她的美始终在我们之外。不是在占有中，而是在男人的欣赏和倾倒中，女人的美便有了意义。我想起了海涅，他终生没有娶到一个美女，但他把许多女人的美变成了他的诗，因而也变成了他和人类的财富。

平常心

世上有一些东西，是你自己支配不了的，比如运气和机会，舆论和毁誉，那就不去管它们，顺其自然吧。

世上有一些东西，是你自己可以支配的，比如兴趣和志向，处世和做人，那就在这些方面好好地努力，至于努力的结果是什么，也顺其自然吧。

我们不妨去追求最好——最好的生活，最好的职业，最好的婚姻，最好的友谊，等等。但是，能否得到最好，取决于许多因素，不是光靠努力就能成功的。因此，如果我们尽了力，结果得到的不是最好，而是次好，次次好，我们也应该坦然地接受。人生原本就是有缺憾的，在人生中需要妥协。不肯妥协，和自己过不去，其实是一种痴愚，是对人生的无知。

人生许多痛苦的原因在于盲目地较劲。所以，你要具备不较劲的智慧，这包括三个方面：

第一，不和自己较劲，对自己要随性。你要认清自己的禀赋和性情，在人世间找到最适合自己的位置，不和别人攀比。

第二，不和他人较劲，对他人要随缘。你要明白人与人之间有没有缘和缘的深浅是基本确定了的，在每个具体情境中做到大致心中有数，不对任何人强求。

第三，不和老天较劲，对老天要随命。你要记住人无法支配自己的命运，但可支配自己对命运的态度，平静地承受落在自己头上的必不可免的遭遇。

要有平常心。人到中年以后，也许在社会上取得了一点儿虚名浮利，这时候就应该牢记一无所有的从前。事实上，谁来到这个世界的时候不是一条普通的生命？有平常心的人，看己看人都能除去名利的伪饰。

在青年时期，人有虚荣心和野心是很正常的。成熟的标志是自我认识，认清了自己的天赋方向，于是外在的虚荣心和野心被内在的目标取代。

人在年轻时会给自己规定许多目标，安排许多任务，入世是基本的倾向。中年以后，就应该多少有一点出世的心态了。所谓出世，并非纯然消极，而是与世间的事务和功利拉开一个距离，活得洒脱一些。

一个人的实力未必表现为在名利山上攀登，真有实力的人还能支配自己的人生走向，适时地退出竞赛，省下时间来做自己喜欢做的事，享受生命的乐趣。

人过中年，就应该基本戒除功利心、贪心、野心，给善心、闲心、平常心让出地盘了，它们都源自一种看破红尘名利、回归生命本质的觉悟。如果没有这个觉悟会怎样呢？据说老年人容易变得冷漠、贪婪、自负，这也许就是答案吧。

历史不是一切，在历史之外，阳光下还绵亘着存在的广阔领域，有着人生简朴的幸福。

一个人未必要充当某种历史角色才活得有意义，最好的生活方式是古希腊人那样的贴近自然和生命本身的生活。

我们不妨站到上帝的位置上看自己的尘世遭遇，但是，我们永远是凡人而不是上帝。所以，每一个人的尘世遭遇对于他自己仍然具有特殊的重要性。当我们在黑暗中摸索前行时，那把我们绊倒的物体同时也把我们支撑，我们不得不抓牢它们，为了不让自己在完全的空无中行走。

我已经厌倦那种永远深刻的灵魂，它是狭窄的无底洞，里面没有光亮，没有新鲜的空气，也没有玩笑和游戏。

博大的深刻不避肤浅。走出深刻，这也是一种智慧。

在这个世界上，一个人重感情就难免会软弱，求完美就难免有遗憾。也许，宽容自己这一点软弱，我们就能坚持；接受人生这一点遗憾，我们就能平静。

人生有千百种滋味，品尝到最后，都只留下了一种滋味，就是无奈。生命中的一切花朵都会凋谢，一切凋谢都不可挽回，对此我们只好接受。我们不得不把人生的一切缺憾随同人生一起接受下来，认识到了这一点，我们心中就会产生一种坦然。无奈本身包含不甘心的成分，可是，当我们甘心于不甘心，坦然于无奈，对无能为力的事情学会了无所谓，无奈就成了一种境界。

最低的境界是平凡，其次是超凡脱俗，最高是返璞归真的平凡。

野心倘若肯下降为平常心,同时也就上升成了慧心。

不避平庸岂非也是一种伟大,不拒小情调岂非也是一种大器度?

自爱

　　自爱者才能爱人，富裕者才能馈赠。给人以生命欢乐的人，必是自己充满着生命欢乐的人。一个不爱自己的人，既不会是一个可爱的人，也不可能真正爱别人。他带着对自己的怨恨到别人那里去，就算他是去行善的吧，他的怨恨仍会在他的每一件善行里显露出来，加人以损伤。受惠于一个自怨自艾的人，还有比这更不舒服的事吗？

　　只爱自己的人不会有真正的爱，只有骄横的占有。不爱自己的人也不会有真正的爱，只有谦卑的奉献。
　　如果说爱是一门艺术，那么，恰如其分的自爱便是一种素质，唯有具备这种素质的人才能成为爱的艺术家。

　　人与人之间有同情，有仁义，有爱。所以，世上有克己助人的慈悲和舍己救人的豪侠。但是，每一个人终究是一个生物学上和心理学上的个体，最切己的痛痒唯有自己能最真切地感知。在这个意义上，对于每一个人来说，他最关心的还是他自己，世上最关心他的也还是他自己。要别人比他自己更关心他，要别人比关心各人自己更关心他，都是违背作为个体的生物学和心理学特性的。结论是：每个人都应该自立。

为别人对你的好感、承认、报偿做的事，如果别人不承认，便等于零。为自己的良心、才能、生命做的事，即使没有一个人承认，也丝毫无损。

我之所以宁愿靠自己的本事吃饭，其原因之一是为了省心省力，不必去经营我所不擅长的人际关系了。

如同肉体的痛苦一样，精神的痛苦也是无法分担的。别人的关爱至多只能转移你对痛苦的注意力，却不能改变痛苦的实质。甚至在一场共同承受的苦难中，每人也必须独自承担自己的那一份痛苦，这痛苦并不因为有一个难友而有所减轻。

对于别人的痛苦，我们的同情一开始可能相当活跃，但一旦痛苦持续下去，同情就会消退。我们在这方面的耐心远远不如对于别人的罪恶的耐心。一个我们不得不忍受的别人的罪恶仿佛是命运，一个我们不得不忍受的别人的痛苦却几乎是罪恶了。

我并非存心刻薄，而是想从中引出一个很实在的结论：当你遭受巨大痛苦时，你要自爱，懂得自己忍受，尽量不用你的痛苦去搅扰别人。

失败者往往会成为成功者的负担。

失败者的自尊在于不接受施舍，成功者的自尊在于不以施主自居。

获得理解是人生的巨大欢乐。然而，一个孜孜以求理解、没有旁人的理解便痛不欲生的人却是个可怜虫，把自己的价值完全寄托在他人的理解上面的人往往并无价值。

做自己的一个冷眼旁观者和批评者，这是一种修养，它可以使我们保持某种清醒，避免落入自命不凡或者顾影自怜的可笑复可悲的境地。

尽管世上有过无数片叶子，还会有无数片叶子，尽管一切叶子都终将凋落，我仍然要抽出自己的绿芽。

人人都在写自己的历史，但这历史缺乏细心的读者。我们没有工夫读自己的历史，即使读，也是读得何其草率。

我曾和一个五岁男孩谈话，告诉他，我会变魔术，能把一个人变成一只苍蝇。他听了十分惊奇，问我能不能把他变成苍蝇，我说能。他陷入了沉思，然后问我，变成苍蝇后还能不能变回来，我说不能，他决定不让我变了。我也一样，想变成任何一种人，体验任何一种生活，包括国王、财阀、圣徒、僧侣、强盗、妓女等，甚至也愿意变成一只苍蝇，但前提是能够变回我自己。所以，归根到底，我更愿意是我自己。

超脱

世上种种纷争，或是为了财富，或是为了教义，不外乎利益之争和观念之争。我们身在其中时，不免很看重。但是，不妨用鲁滨逊的眼光来看一看它们，就会发现，我们真正需要的物质产品和真正值得我们坚持的精神原则都是十分有限的，在单纯的生活中包含着人生的真谛。

人世间的争夺，往往集中在物质财富的追求上。物质的东西，多一些自然好，少一些也没什么，能保证基本生存就行。对精神财富的追求，人与人之间不存在冲突，一个人的富有绝不会导致另一个人的贫困。

由此可见，人世间的东西，有一半是不值得争的，另一半是不需要争的。所以，争什么！

在终极的意义上，人世间的成功和失败，幸福和灾难，都只是过眼烟云，彼此并无实质的区别。当我们这样想时，我们和我们的身外遭遇保持了一个距离，反而和我们的真实人生贴得更紧了，这真实人生就是一种既包容又超越身外遭遇的丰富的人生阅历和体验。

一样东西，如果你太想要，就会把它看得很大，甚至大到成了整个世界，占据了你的全部心思。一个人一心争利益，或者一心创事业的时候，都会出现这种情况。我的劝告是，最后无论你是否如愿以偿，都要及时从中跳出来，如实地看清它在整个世界中的真实位置，亦即它在无限时空中的微不足道。这样，你得到了不会忘乎所以，没有得到也不会痛不欲生。

我们平时斤斤计较于事情的对错、道理的多寡、感情的厚薄，在一位天神的眼里，这种认真必定是很可笑的。

我们都在表象中生活，有什么事情是值得计较的！

用终极的眼光看，人世间的一切纷争都如此渺小，如此微不足道。当然，在现实中，纷争的解决不会这么简单。但是，倘若没有这样一种终极眼光，人类就会迷失方向，任何解决方式只能是在错误的路上越走越远。

那人对你做了一件不义的事，你为此痛苦了，这完全可以理解，但请适可而止。你想一想，世上有不义的人，这是你无法改变的，为你不能支配的别人的品德而痛苦是不理智的。你还想一想，不义的人一定会做不义的事，只是这一件不义的事碰巧落在你头上罢了。你这样想，就会超越个人恩怨的低水平，把你的遭遇当作借以认识人性和社会的材料，在与不义作斗争时你的心境也会光明磊落得多。

苏格拉底的雕塑手艺能考几级，康德是不是教授，歌德在魏玛公国做多大的官……如今有谁会关心这些！关心这些的人是多么可笑！对于历史上的伟人，你是不会在乎他们的职务和职称的。那么，对于你自己，你就非在乎不可吗？你不是伟人，但你因此就宁愿有一颗渺小的心吗？

对于自己的经历应该采取这样的态度：一是尽可能地诚实，正视自己的任何经历，尤其是不愉快的经历，把经历当作人生的宝贵财富；二是尽可能地超脱，从自己的经历中跳出来，站在一个比较高的位置上看它们，把经历当作认识人性的标本。

日常生活是有惰性的。身边的什物，手上的事务，很容易获得一种支配我们的力量，夺走我们的自由。我们应该经常跳出来想一想，审视它们是否真正必要。

在大海边，在高山上，在大自然之中，远离人寰，方知一切世俗功利的渺小，包括"文章千秋事"和千秋的名声。

事情对人的影响是与距离成反比的，离得越近，就越能支配我们的心情。因此，减轻和摆脱其影响的办法就是寻找一个立足点，那个立足点可以使我们拉开与事情之间的距离。如果那个立足点仍在人世间，与事情拉开了一个有限的距离，我们便会获得一种明智的态度。如果那个立足点被安置在人世之外，与事情隔开了一个无限的距离，我们便会获得一种超脱的态度。

人生中有些事情很小，但可能给我们造成很大的烦恼，因为离得太近。人生中有些经历很重大，但我们当时并不觉得，也因为离得太近。距离太近时，小事也会显得很大，使得大事反而显不出大了。隔开一定距离，事物的大小就显出来了。

我们走在人生的路上，遇到的事情是无数的，其中多数非自己所能选择，它们组成了我们每一阶段的生活，左右着我们每一时刻的心情。我们很容易把正在遭遇的每一件事情都看得十分重要。然而，事过境迁，当我们回头看走过的路时便会发现，人生中真正重要的事情是不多的，它们奠定了我们的人生之路的基本走向，而其余的事情不过是路边的一些令人愉快或不愉快的小景物罢了。

一个人活在世界上，必须学会和自己的外部遭遇拉开距离。这有两层意思。

其一，面对你的外部遭遇，你要保持内心的自主。人往往容易受既有的遭遇支配，被已经发生的情况拖着走，走向自己并不想去的地方。其实，既有的遭遇未必就决定了未来的走向，在多数情况下，人仍然是有选择的自由的，你一定不要放弃这个自由，而你的未来走向在很大程度上就取决于你能否用好这个自由。

其二，面对你的外部遭遇，你要保持内心的宁静。如果既有的遭遇足够严重，已经发生的情况对你的打击足够大，到了彻底改变你的未来走向的地步，那就坦然地接受吧。这个时候必须有超脱的眼光，人终有一死，一切祸福得失都是过眼烟云，不必太在乎。

总之，如果可能，就做命运的主人，不向它屈服；如果不可能，就做命运的朋友，不和它较劲。

如果你把全部注意力放在一件事上，那件事多么小也会被无限放大，仿佛是天大的事。那么，调转你的视线吧，去看人间的百态、历史的变迁、宇宙的广袤，再回头看那件事，你就会发现它多么微不足道了。让你的心灵活在一个广阔的世界上，你就不会死在一件小事上了。可悲的是，死在一件小事上的人何其多也。

思虑伤身，为日常生活中的小事、琐事而忧虑、烦恼、痛苦，这种情况因为频繁发生而日积月累，事实上最容易致病。相反，有思考习惯和能力的人，能够以理智的态度和宽阔的胸怀面对人世间的事情，不但不会伤身，反而可以健体。那些想大问题的人，哪怕想的是苦难和死亡，比如苏格拉底和佛陀，身体都好得很。

中国文人的怀抱，总是在出处之间彷徨。通常的情况是，以功名为正道，仕途失意，才把归隐当作了不得已的退路。

人生的态度，宜在进取和超脱之间寻求一种平衡。然而，功名太平庸，不是真进取，归隐太无奈，不是真超脱。真正的进取和超脱，不会只在出处的低水平上折腾。

因为世态险恶，人心叵测，于是远离名利场，这个境界仍比较低。惦着他贤我愚，口说不争，到底还是意难平。真正的超脱，来自彻悟人生的大智慧，或净化灵魂的大信仰。

"距离说"对艺术家和哲学家是同样适用的。理解与欣赏一样，必须同对象保持相当的距离，然后才能观其大体。不在某种程度上超脱，就绝不能对人生有深刻见解。

超脱未必是消极的出世，反而可以是一种积极的人生态度。你和你的人生保持一个距离，结果是更能欣赏人生的妙趣。

物质的、社会的、世俗的苦恼太多，人就无暇有存在的、哲学的、宗教的苦恼。日常生活中的琐屑限制太多，人就不易感觉到人生的大限制。我不知道这值得庆幸，还是值得哀怜。

人一看重机会，就难免被机会支配。

纷纷扰扰，全是身外事。我能够站在一定的距离外来看待我的遭遇了。我是我，遭遇是遭遇。惊浪拍岸，卷起千堆雪。可是，岸仍然是岸，它淡然观望着变幻不定的海洋。

浮生若梦，何妨就当它是梦，尽兴地梦它一场？世事如云，何妨就当它是云，从容地观它千变？

在无穷岁月中，王朝更替只是过眼烟云，千秋功业只是断碑残铭。此种认识，既可开阔胸怀，造就豪杰，也可消沉意志，培育弱者。看破红尘的后果是因人而异的。

人生境界

老天给了每个人一条命、一颗心,把命照看好,把心安顿好,人生即是圆满。

人的精力是有限的,有所为就必有所不为,而人与人之间的巨大区别就在于所为所不为的不同取向。

自足

人必须有人格上的独立自主。你诚然不能脱离社会和他人生活，但你不能一味攀援在社会建筑物和他人身上。你要自己在生命的土壤中扎根。你要在人生的大海上抛下自己的锚。一个人如果把自己仅仅依附于身外的事物，即使是极其美好的事物，顺利时也许看不出他的内在空虚，缺乏根基，一旦起了风浪，例如社会动乱，事业挫折，亲人亡故，失恋，等等，就会一蹶不振乃至精神崩溃。

世事的无常使得古来许多贤哲主张退隐自守，清静无为，无动于衷。我厌恶这种哲学。我喜欢看见人们生气勃勃地创办事业，如痴如醉地堕入情网，痛快淋漓地享受生命。但是，不要忘记了最主要的事情：你仍然属于你自己。每个人都是一个宇宙，每个人都应该有一个自足的精神世界。这是一个安全的场所，其中珍藏着你最珍贵的宝物，任何灾祸都不能侵犯它。心灵是一本奇特的账簿，只有收入，没有支出，人生的一切痛苦和欢乐，都化作宝贵的体验记入它的收入栏中。是的，连痛苦也是一种收入。人仿佛有了两个自我，一个自我到世界上去奋斗，去追求，也许凯旋，也许败归，另一个自我便含着宁静的微笑，把这遍体汗水和血迹的哭着笑着的自我迎回家来，把丰厚的战利品指给他看，连败归者也有一份。

我身上有两个自我。一个好动，什么都要尝试，什么都想经历。另一个喜静，对一切加以审视和消化。这另一个自我，仿佛是它把我派遣到人世间活动，同时又始终关切地把我置于它的视野之内，随时准备把我召回它的身边。即使我在世上遭受最悲惨的灾难和失败，只要识得返回它的途径，我就不会全军覆没。它是我的守护神，为我守护着一个永远的家园，使我不致无家可归。

人生在世，不能没有朋友。在所有朋友中，不能缺了最重要的一个，那就是自己。缺了这个朋友，一个人即使朋友遍天下，也只是表面的热闹而已，实际上他是很空虚的。

一个人是否自己的朋友，有一个可靠的测试标准，就是看他能否独处，独处是否感到充实。如果他害怕独处，一心逃避自己，他当然不是自己的朋友。

能否和自己做朋友，关键在于有没有一个更高的自我，这个自我以理性的态度关爱着那个在世上奋斗的自我。理性的关爱，这正是友谊的特征。有的人不爱自己，一味自怨，仿佛自己的仇人。有的人爱自己而没有理性，一味自恋，俨然自己的情人。在这两种场合，更高的自我都是缺席的。

每到一个陌生的城市，我的习惯是随便走走，好奇心驱使我去探寻这里的热闹的街巷和冷僻的角落。在这途中，难免暂时地迷路，但心中一定要有把握，自信能记起回住处的路线，否则便会感觉不踏实。我想，人生也是如此。你不妨在世界上闯荡，去建功创业，去探险猎奇，去觅情求爱，可是，你一定不要忘记了回家的路。这个家，就是你的自我，你自己的心灵世界。

世界无限广阔，诱惑永无止境，然而，属于每一个人的现实可能性终究是有限的。你不妨对一切可能性保持着开放的心态，因为那是人生魅力的源泉，但同时你也要早一些在世界之海上抛下自己的锚，找到最适合自己的领域。一个人不论伟大还是平凡，只要他顺应自己的天性，找到了自己真正喜欢做的事，并且一心把自己喜欢做的事做得尽善尽美，他在这世界上就有了牢不可破的家园。于是，他不但会有足够的勇气去承受外界的压力，而且会有足够的清醒来面对形形色色的机会的诱惑。

一个灵魂在天外游荡，有一天通过某一对男女的交合而投进一个凡胎。他从懵懂无知开始，似乎完全忘记了自己的本来面目。但是，随着年岁和经历的增加，那天赋的性质渐渐显露，使他不自觉地对生活有一种基本的态度。在一定意义上，"认识你自己"就是要认识附着在凡胎上的这个灵魂，一旦认识了，过去的一切都有了解释，未来的一切都有了方向。

一个人应该认清自己的天性，知道自己究竟是什么样的人，从而过最适合于他的天性的生活，而对他而言这就是最好的生活。明乎此，他就不会在喧闹的人世间迷失方向了。

一个人在世上生活，必须知道自己到底要什么。一是应该要什么，人生中什么是重要的、宝贵的、真正值得争取的。这就是正确的价值观。二是能够要什么，自己的兴趣和能力在什么地方，做什么事最适合于自己的性情和禀赋。这就是准确的自我认识。有了这两条，内心就会宁静，行动就会从容。相反，一个不知道自己到底要什么的人，必定永远焦躁和拧巴，他东抓一把，西抓一把，到头来仍不满意，怎么会满意呢，因为他根本不知道什么能让自己满意。

在人生的旅途上，一个人应该知道自己到底要什么，什么是自己最想做也最能够做好的事情。也就是说，应该知道自己的志向和事业之所在。不过，在年轻的时候，我们对此往往是不清楚的，这是一个逐渐清晰起来的过程。我想强调的是，你可能暂时不知道自己到底要什么，但是，你至少必须知道自己不要什么。人世间充满诱惑，它们都在干扰你走向自己的目标，你必须懂得抵御和排除。事实上，一个人越是知道自己不要什么，他就越有把握找到自己真正要的东西。

我们活在世上，必须知道自己究竟想要什么。一个人认清了他在这世界上要做的事情，并且在认真地做着这些事情，他就会获得一种内在的平静和充实。

在商场里，有的人总是朝人多的地方挤，去抢购大家都在买的东西，结果买了许多自己不需要的东西，还为没有买到另外许多自己不需要的东西而痛苦。那些不知道自己究竟想要什么的人，就生活在同样可悲的境况中。

耶稣说："一个人赚得了整个世界，却丧失了自我，又有何益？"他在向其门徒透露自己的基督身份后说这话，可谓意味深长。真正的救世主就在我们每个人自己身上，便是那个清明宁静的自我。这个自我即是我们身上的神性，只要我们能守住它，就差不多可以说上帝和我们同在了。守不住它，一味沉沦于世界，我们便会浑浑噩噩，随波漂荡，世界也将沸沸扬扬，永无得救的希望。

我走在自己的路上了。成功与失败、幸福与苦难都已经降为非常次要的东西。最重要的东西是这条路本身。

他们一窝蜂挤在那条路上，互相竞争、推攘、阻挡、践踏。前面有什么？不知道。既然大家都朝前赶，肯定错不了。

你悠然独行，不慌不忙，因为你走在自己的路上，它仅仅属于你，没有人同你争。

面前纵横交错的路，每一条都通往不同的地点。那心中只有一个物质目标而没有幻想的人，一心一意走在其中的一条上，其余的路对于他等于不存在。那心中有幻想而没有任何目标的人，漫无头绪地尝试着不同的路线，结果只是在原地转圈子。那心中既有幻想又有精神目标的人，他走在一切可能的方向上，同时始终是走在他自己的路上。

独处

独处是灵魂生长的必要空间，在独处时，我们从别人和事务中抽身出来，回到了自己。这时候，我们独自面对自己和上帝，开始了与自己心灵的对话，以及与宇宙中的神秘力量的对话。

一切严格意义上的灵魂生活都是在独处时展开的。和别人一起谈古说今，引经据典，那是闲聊和讨论；唯有自己沉浸于古往今来大师们的杰作之时，才会有真正的心灵感悟。和别人一起游山玩水，那只是旅游；唯有自己独自面对苍茫的群山和大海之时，才会真正感受到与大自然的沟通。

人们往往把交往看作一种能力，却忽略了独处也是一种能力，并且在一定意义上是比交往更为重要的一种能力。如果说不擅交际是一种性格的弱点，那么，不耐孤独就简直是一种灵魂的缺陷了。

从心理学的观点看，人之需要独处，是为了进行内在的整合。所谓整合，就是把新的经验放到内在记忆中的某个恰当位置上。唯有经过这一整合的过程，外来的印象才能被自我所消化，自我也才能成为一个既独立又生长着的系统。所以，有无独处的能力，关系到一个人能否真正形成一个相对自足的内心世界，而这又会进而影响到他与外部世界的关系。

对于独处的爱好与一个人的性格完全无关，爱好独处的人同样可能是一个性格活泼、喜欢朋友的人，只是无论他怎么乐于与别人交往，独处始终是他生活中的必需。在他看来，一种缺乏交往的生活固然是一种缺陷，一种缺乏独处的生活则简直是一种灾难了。

没有一个人能够忍受绝对的孤独，但是，绝对不能忍受孤独的人却是一个灵魂空虚的人。世上正有这样一种人，最怕的就是独处，让他和自己待一会儿，对于他简直是一种酷刑。只要闲了下来，他就必须找个地方去消遣。他的日子表面上过得十分热闹，实际上他的内心极其空虚，所做的一切都是为了想方设法避免面对面看见自己。对此我只能有一个解释，就是连他自己也感觉到了自己的贫乏，和这样贫乏的自己待在一起是顶没有意思的，再无聊的消遣也比这有趣得多。这样做的结果是变得越来越贫乏，越来越没有了自己，形成了一个恶性循环。

独处的确是一个检验，用它可以测出一个人的灵魂的深度，测出一个人对自己的真正感觉，他是否厌烦自己。对于每一个人来说，不厌烦自己是一个起码要求。一个连自己也不爱的人，我敢断定他对于别人也是不会有多少价值的，他不可能有高质量的社会交往。他跑到别人那里去，对于别人只是一个打扰，一种侵犯。一切交往的质量都取决于交往者本身的质量。唯有在两个灵魂充实丰富的人之间，才可能有真正动人的爱情和友谊。我敢担保历史上和现实生活中找不出一个例子，能够驳倒我的这个论断，证明某一个浅薄之辈竟也会有此种美好的经历。

对于一个人来说,独处和交往均属必需。但是,独处更本质,因为在独处时,人是直接面对世界的整体,面对万物之源的。相反,在交往时,人却只是面对部分,面对过程的片断。人群聚集之处,只有凡人琐事,过眼烟云,没有上帝和永恒。

也许可以说,独处是时间性的,交往是空间性的。

我们经常与别人谈话,内容大抵是事务的处理、利益的分配、是非的争执、恩怨的倾诉、公关、交际、新闻,等等。独处的时候,我们有时也在心中说话,细察其内容,仍不外上述这些,因此实际上也是在对别人说话,是对别人说话的预演或延续。我们真正与自己谈话的时候是十分稀少的。

与自己谈话的确是一种能力,而且是一种罕见的能力。有许多人,你不让他说凡事俗务,他就不知道说什么好了。他只关心外界的事情,结果也就只拥有仅仅适合于与别人交谈的语言了。这样的人面对自己当然无话可说。可是,一个与自己无话可说的人,难道会对别人说出什么有意思的话吗?哪怕他谈论的是天下大事,你仍感到是在听市井琐闻,因为在里面找不到那个把一切连结为整体的核心,那个照亮一切的精神。

阅读是与历史上的伟大灵魂交谈,借此把人类创造的精神财富"占为己有"。写作是与自己的灵魂交谈,借此把外在的生命经历转变成内在的心灵财富。信仰是与心中的上帝交谈,借此积聚"天上的财富"。这是人生不可缺少的三种交谈,而这三种交谈都是在独处中进行的。

我需要到世界上去活动，我喜欢旅行、冒险、恋爱、奋斗、成功、失败。日子过得平平淡淡，我会无聊，过得冷冷清清，我会寂寞。但是，我更需要宁静的独处，更喜欢过一种沉思的生活。总是活得轰轰烈烈热热闹闹，没有时间和自己待一会儿，我就会非常不安，好像丢了魂一样。我必须休养我的这颗自足的心灵，唯有带着这颗心灵去活动，我才心安理得并且确有收获。

我需要一种内在的沉静，可以以逸待劳地接收和整理一切外来印象。这样，我才觉得自己具有一种连续性和完整性。当我被过于纷繁的外部生活搅得不复安宁时，我就断裂了，破碎了，因而也就失去了吸收消化外来印象的能力。

世界是我的食物。人只用少量时间进食，大部分时间在消化。独处就是我消化世界。

如果没有好胃口，天天吃宴席有什么快乐？如果没有好的感受力，频频周游世界有什么乐趣？反之，天天吃宴席的人怎么会有好胃口，频频周游世界的人怎么会有好的感受力？

心灵和胃一样，需要休息和复原，独处便是心灵的休养方式。当心灵因充分休息而饱满，又因久不活动而饥渴时，它能最敏锐地品味新的印象。

高质量的活动和高质量的宁静都需要，而后者实为前者的前提。

直接面对自己似乎是一件令人难以忍受的事，所以人们往往要设法逃避。逃避自我有二法，一是事务，二是消遣。我们忙于职业上和生活上的种种事务，一旦闲下来，又用聊天、娱乐和其他种种消遣打发时光。

对于文人来说，许多时候，读书和写作也只是一种消遣或一种事务，比起斗鸡走狗之辈，诚然有雅俗之别，但逃避自我的实质则为一。

我天性不宜交际。在多数场合，我不是觉得对方乏味，就是害怕对方觉得我乏味。可是我既不愿忍受对方的乏味，也不愿费劲使自己显得有趣，那都太累了。我独处时最轻松，因为我不觉得自己乏味，即使乏味，也自己承受，不累及他人，无需感到不安。

这么好的夜晚，宁静，孤独，精力充沛，无论做什么，都觉得可惜了，糟蹋了。我什么也不做，只是坐在灯前，吸着烟……

我从我的真朋友和假朋友那里抽身出来，回到了我自己。只有我自己。

这样的时候是非常好的。没有爱，没有怨，没有激动，没有烦恼，可是依然强烈地感觉到自己的存在，感到充实。这样的感觉是非常好的。

一个夜晚就这么过去了。可是我仍然不想睡觉。这是这样的一种时候，什么也不想做，包括睡觉。

通宵达旦地坐在喧闹的电视机前，他们把这叫作过年。

我躲在我的小屋里，守着我今年的最后一刻寂寞。当岁月的闸门一年一度打开时，我要独自坐在坝上，看我的生命的河水汹涌流过。这河水流向永恒，我不能想象我缺席，使它不带着我的虔诚，也不能想象有宾客，使它带着酒宴的污秽。

我要为自己定一个原则：每天夜晚，每个周末，每年年底，只属于我自己。在这些时间里,我不做任何履约交差的事情,而只读我自己想读的书,只写我自己想写的东西。如果不想读不想写,我就什么也不做,宁肯闲着,也绝不应付差事。差事是应付不完的,唯一的办法是人为地加以限制,确保自己的自由时间。

在舞曲和欢笑声中,我思索人生。在沉思和独处中,我享受人生。

有的人只有在沸腾的交往中才能辨认他的自我。有的人却只有在宁静的独处中才能辨认他的自我。

安静

在海边，有人弄潮，有人嬉水，有人拾贝壳，有人聚在一起高谈阔论，而我不妨找一个安静的角落独自坐着。是的，一个角落——在无边无际的大海边，哪里找不到这样一个角落呢——但我看到的却是整个大海，也许比那些热闹地聚玩的人看得更加完整。

在一个安静的位置上，去看世界的热闹，去看热闹背后的无限广袤的世界，这也许是最适合我的性情的一种活法吧。

人生最好的境界是丰富的安静。安静，是因为摆脱了外界虚名浮利的诱惑。丰富，是因为拥有了内在精神世界的宝藏。

老子主张"守静笃"，任世间万物在那里一齐运动，我只是静观其往复，如此便能成为万物运动的主人。这叫"静为躁君"。

当然，人是不能只静不动的，即使能也不可取，如一潭死水。你的身体尽可以在世界上奔波，你的心情尽可以在红尘中起伏，关键在于你的精神中一定要有一个宁静的核心。有了这个核心，你就能够成为你的奔波的身体和起伏的心情的主人了。

也许，每一个人在生命中的某个阶段是需要某种热闹的。那时候，饱涨的生命力需要向外奔突，去为自己寻找一条河道，确定一个流向。但是，一个人不能永远停留在这个阶段。托尔斯泰如此自述："随着年岁增长，我的生命越来越精神化了。"人们或许会把这解释为衰老的征兆，但是，我清楚地知道，即使在老年时，托尔斯泰也比所有的同龄人，甚至比许多年轻人更充满生命力。毋宁说，唯有强大的生命才能逐步朝精神化的方向发展。

我并不完全排斥热闹，但热闹总归是外部活动的特征，而任何外部活动倘若没有一种精神追求为其动力，没有一种精神价值为其目标，那么，不管表面上多么轰轰烈烈，有声有色，本质上必定是贫乏和空虚的。我对一切太喧嚣的事业和一切太张扬的感情都心存怀疑，它们总是使我想起莎士比亚对生命的嘲讽："充满了声音和狂热，里面空无一物。"

太热闹的生活始终有一个危险，就是被热闹所占有，渐渐误以为热闹就是生活，热闹之外别无生活，最后真的只剩下了热闹，没有了生活。

在有些人眼里，人生是一碟乏味的菜，为了咽下这碟菜，少不了种种作料，种种刺激。他们的日子过得真热闹。

我们捧着一本书，如果心不静，再好的书也读不进去，更不用说领会其中妙处了。读生活这本书也是如此。只有安静下来，人的心灵和感官才是真正开放的，从而变得敏锐，与对象处在一种最佳关系之中。但是，心静又是强求不来的，它是一种境界，是世界观导致的结果。一个不知道自己到底要什么的人，必定总是处在心猿意马的状态。

寻求心灵的宁静，前提是首先要有一个心灵。在理论上，人人都有一个心灵，但事实上却不尽然。有一些人，他们永远被外界的力量左右着，永远生活在喧闹的外部世界里，未尝有真正的内心生活。对于这样的人，心灵的宁静就无从谈起。一个人唯有关注心灵，才会因为心灵被扰乱而不安，才会有寻求心灵的宁静之需要。

我厌恶人群聚集的地方，远离市场和广场。在市场上，人是经济动物，充斥着叫卖声。在广场上，人是政治动物，充斥着口号声。在这两个场合，我的灵魂都受到了压迫。

人既需要动，也需要静，在生命的活泼与灵魂的宁静之间形成适当的平衡。

我相信，在动与静之间，必有一个适合于我的比例或节奏。如果比例失调，节奏紊乱，我就会生病——太动则烦躁，太静则抑郁。

现在我的生活基本上由两件事情组成，一是读书和写作，我从中获得灵魂的享受，另一是亲情和友情，我从中获得生命的享受。亲情和友情使我远离社交场的热闹，读书和写作使我远离名利场的热闹。人最宝贵的两样东西，生命和灵魂，在这两件事情中得到了妥善的安放和真实的满足，夫复何求，所以我过着很安静的生活。

我们的先辈日出而作，日入而息，生活的节奏与自然一致，日子过得忙碌然而安静。现代人却忙碌得何其不安静，充满了欲望、焦虑、争斗、烦恼。在今天，相当一部分人的忙碌是由两件事组成的——弄钱和花钱,而这两件事又制造出了一系列热闹,无非纸醉金迷、灯红酒绿、声色犬马。人生任何美好的享受都有赖于一颗澄明的心,当一颗心在低劣的热闹中变得浑浊之后,它就既没有能力享受安静,也没有能力享受真正的狂欢了。

闲适

没有空玩儿,没有空看看天空和大地,没有空看看自己的灵魂……

我的回答是:永远没有空——随时都有空。

世上有味之事,包括诗、酒、哲学、爱情,往往无用。吟无用之诗,醉无用之酒,读无用之书,钟无用之情,终于成一无用之人,却因此活得有滋有味。

一个人何必要著作等身呢?倘想流芳千古,一首不朽的小诗足矣。倘无此奢求,则只要活得自在即可,写作也不过是这活得自在的一种方式罢了。

无论你多么热爱自己的事业,也无论你的事业是什么,你都要为自己保留一个开阔的心灵空间,一种内在的从容和悠闲。唯有在这个心灵空间中,你才能把你的事业作为你的生命果实来品尝。如果没有这个空间,你永远忙碌,你的心灵永远被与事业相关的各种事务所充塞,那么,不管你在事业上取得了怎样的外在成功,你都只是损耗了你的生命而没有品尝到它的果实。

凡心灵空间的被占据，往往是出于逼迫。如果说穷人和悲惨的人是受了贫穷和苦难的逼迫，那么，忙人则是受了名利和责任的逼迫。名利也是一种贫穷，欲壑难填的痛苦同样具有匮乏的特征，而名利场上的角逐同样充满生存斗争式的焦虑。所以，一个忙人很可能是一个心灵上的穷人和悲惨的人。

在现代社会里生活，忙也许是常态。但是，常态之常，指的是经常，而非正常。倘若被常态禁锢，把经常误认作正常，心就会在忙中沉沦和迷失。警觉到常态未必正常，在忙中保持心的从容，这是一种觉悟，也是一种幸福。

对于忙，我始终有一种警惕。我确立了两个界限，第一要忙得愉快，只为自己真正喜欢的事忙，第二要忙得有分寸，做多么喜欢的事也不让自己忙昏了头。其实，正是做自己喜欢的事，更应该从容，心灵是清明而活泼的，才会把事情做好，也才能享受做事的快乐。

从容中有一种神性。在从容的心境中，我们得以领悟上帝的作品，并以之为榜样来创作人类的作品。没有从容的心境，我们的一切忙碌就只是劳作，不复有创造；一切知识的追求就只是学术，不复有智慧；一切成绩就只是功利，不复有心灵的满足；甚至一切宗教活动也只成了世俗的事务，不复有真正的信仰。没有从容的心境，无论建立起多么辉煌的物质文明，我们过的仍是野蛮的生活。

真正活得精彩的人一定不是急于求成之辈，其共同特点是对自己的兴趣和能力有足够的认知，知道自己的路在哪里，因而能够从容地走在这条路上，也从容地享受途中的收获。所以，从容是基本的好，有了它未必精彩，没有它肯定不精彩。

在现代商业社会中，人们活得愈来愈匆忙，哪里有工夫去注意草木发芽、树叶飘落这种小事，哪里有闲心用眼睛看，用耳朵听，用心灵感受。时间就是金钱，生活被简化为尽快地赚钱和花钱。沉思未免奢侈，回味往事简直是浪费。一个古怪的矛盾：生活节奏加快了，然而没有生活。天天争分夺秒，岁岁年华虚度，到头来发现一辈子真短。怎么会不短呢？没有值得回忆的往事，一眼就望到了头。

耶和华在西奈山向摩西传十诫，其第四诫是：星期天必须休息，守为圣日。他甚至下令，凡星期天工作者格杀勿论。

未免太残忍了。

不过，我们不妨把这看作寓言，其寓意是：闲暇和休息也是神圣的。

闲暇是生命的自由空间。只是劳作，没有闲暇，人会丧失性灵，忘掉人生之根本。这岂不就是渎神？所以，对于一个人人匆忙赚钱的时代，摩西第四诫是一个必要的警告。

当然，工作同样是神圣的。无所作为的懒汉和没头没脑的工作狂乃是远离神圣的两极。创造之后的休息，如同创世后第七日的上帝那样，这时我们最像一个神。

天地悠悠，生命短促，一个人一生的确做不成多少事。明白了这一点，就可以善待自己，不必活得那么紧张匆忙了。但是，也正因为明白了这一点，就可以不抱野心，只为自己高兴而好好做成几件事了。

一天是很短的。早晨的计划,晚上发现只完成很小一部分。一生也是很短的。年轻时的心愿,年老时发现只实现很小一部分。

今天的计划没完成,还有明天。今生的心愿没实现,却不再有来世了。所以,不妨榨取每一天,但不要苛求绝无增援力量的一生。要记住:人一生能做的事情不多,无论做成几件,都是值得满意的。

年复一年,岁月飞逝,人不由得会产生分秒必争的紧迫心情。然而,我的原则是不和时间赛跑。时间分秒不停地在走,人怎么跑得赢时间呢,跑赢了岂不要累死,累死了也不知何所图。管它时间走得多么快,我就慢慢地走,按照自己觉得舒服的节奏走,享受每一个当下,欣赏沿途的风景。我不向时间争分夺秒,不让我的人生成为争分夺秒的战场,这反而使得我的每一个当下都完好无损。

单纯

人来到世上，首先是一个生命。生命，原本是单纯的。可是，人却活得越来越复杂了。许多时候，我们不是作为生命在活，而是作为欲望、野心、身份、称谓在活，不是为了生命在活，而是为了财富、权力、地位、名声在活。这些社会堆积物遮蔽了生命，我们把它们看得比生命更重要，为之耗费一生的精力，不去听也听不见生命本身的声音了。

人是自然之子，生命遵循自然之道。人类必须在自然的怀抱中生息，无论时代怎样变迁，春华秋实、生儿育女永远是生命的基本内核。你从喧闹的职场里出来，走在街上，看天际的云和树影，回到家里，坐下来和妻子儿女一起吃晚饭，这时候你重新成为一个生命。

在人的生活中，有一些东西是可有可无的，有了也许增色，没有也无损本质，有一些东西则是不可缺的，缺了就不复是生活。什么东西不可缺，谁说都不算数，生养人类的大自然是唯一的权威。自然规定了生命离不开阳光和土地，规定了人类必须耕耘和繁衍。最基本的生活内容原是最平凡的，但正是它们构成了人类生活的永恒核心。

世代交替，生命繁衍，人类生活的基本内核原本就是平凡的。战争，政治，文化，财富，历险，浪漫，一切的不平凡，最后都要回归平凡，都要按照对人类平凡生活的功过确定其价值。即使在伟人的生平中，最能打动我们的也不是丰功伟绩，而是那些在平凡生活中显露了真实人性的时刻，这样的时刻恰恰是人人都拥有的。遗憾的是，在今天的世界上，人们惶惶然追求貌似不平凡的东西，懂得珍惜和品味平凡生活的人何其少。

我们降生到世上，有谁是带着名字来的？又有谁是带着头衔、职位、身份、财产等等来的？可是，随着我们长大，越来越深地沉溺于俗务琐事，已经很少有人能记起这个最单纯的事实了。我们彼此以名字相见，名字又与头衔、身份、财产之类相联，结果，在这些寄生物的缠绕之下，生命本身隐匿了，甚至萎缩了。无论对己对人，生命的感觉都日趋麻痹。多数时候，我们只是作为一个称谓活在世上。即使是朝夕相处的伴侣，也难得以生命的本然状态相待，更多的是一种伦常和习惯。浩瀚宇宙间，也许只有我们的星球开出了生命的花朵，可是，在这个幸运的星球上，比比皆是利益的交换、身份的较量、财产的争夺，最罕见的偏偏是生命与生命的相遇。仔细想想，我们是怎样地本末倒置，因小失大，辜负了造化的宠爱。

智慧是达于成熟因而不会失去的童心。一个人在精神上足够成熟，能够正视和承受人生的苦难，同时心灵依然单纯，对世界仍然怀着儿童般的兴致，他就是一个智慧的人。

成熟了，却不世故，依然一颗童心。成功了，却不虚荣，依然一颗平常心。兼此二心者，我称之为慧心。

由单纯到复杂，再复归成熟的单纯，我名之智慧。由混沌到清醒，再复归自觉的混沌，我名之彻悟。

对于心的境界，我所能够给出的最高赞语就是：丰富的单纯。这大致上属于一种极其健康生长的情况：一方面，始终保持儿童般的天性，所以单纯；另一方面，天性中蕴涵的各种能力得到了充分的发展，所以丰富。我所知道的一切精神上的伟人，他们的心灵世界无不具有这个特征，其核心始终是单纯的，却又能够包容丰富的情感、体验和思想。

与此相反的境界是贫乏的复杂。这是那些平庸的心灵，它们被各种人际关系和利害计算占据着，所以复杂，可是完全缺乏精神的内涵，所以又是一种贫乏的复杂。

除了这两种情况外，也许还有贫乏的单纯，不过，一种单纯倘若没有精神的光彩，我就宁可说它是简单而不是单纯。有没有丰富的复杂呢？我不知道，如果有，那很可能是一颗魔鬼的心吧。

智慧

智慧不是一种才能，而是一种人生觉悟，一种开阔的胸怀和眼光。一个人在社会上也许成功，也许失败，如果他是智慧的，他就不会把这些看得太重要，而能够站在人世间一切成败之上，以这种方式成为自己命运的主人。

智慧有点儿像是谦虚，不过这是站在很高的高度才具备的一种谦虚。打个比方说，智慧的人就好像站在神的地位上来看人类包括他自己，看到了人类的局限性。他一方面也是一个具有这种局限性的普通人，另一方面却又能够居高临下地俯视这局限性，也就在一定意义上超越了它。

智慧和聪明是两回事。聪明指的是一个人在能力方面的素质，例如好的记忆力、理解力、想象力，反应灵敏，等等。具备这些素质，再加上主观努力和客观机遇，你就可以在社会上获得成功，成为一个能干的政治家、博学的学者、精明的商人之类。但是，无论你怎么聪明，如果没有足够的智慧，你的成就终究谈不上伟大。也许正是因为这个原因，自古到今，聪明人非常多，伟人却很少。

人要能够看到限制，前提是和这限制拉开一个距离。坐井观天，就永远不会知道天之大和井之小。人的根本限制就在于不得不有一个肉身凡胎，它被欲望所支配，受有限的智力所指引和蒙蔽，为生存而受苦。可是，如果我们总是坐在肉身凡胎这口井里，我们也就不可能看明白它是一个根本限制。所以，智慧就好像某种分身术，要把一个精神性的自我从这个肉身的自我中分离出来，让它站在高处和远处，以便看清楚这个在尘世挣扎的自己所处的位置和可能的出路。

从一定意义上说，哲学家是一种分身有术的人，他的精神性自我已经能够十分自由地离开肉身，静观和俯视尘世的一切。

一个人有能力做神，却生而为人，他就成了哲人。

苏格拉底说："我知道我一无所知。"他心中有神的全知，所以知道人归根到底是无知的，别的人却把人的一知半解当成了全知。

心中有完美，同时又把不完美作为人的命运承受下来，这就是哲人。

智慧是逼出来的，知道困境不可改变，只好坦然接受，这就叫智慧。

人生在世，既能站得正，又能跳得出，这是一种很高的境界。在一定意义上，跳得出是站得正的前提，唯有看轻沉浮荣枯，才能不计利害得失，堂堂正正做人。

如果说站得正是做人的道德，那么，跳得出就是人生的智慧。人为什么会堕落？往往是因为陷在尘世一个狭窄的角落里，心不明，眼不亮，不能抵挡近在眼前的诱惑。佛教说"无明"是罪恶的根源，基督教说堕落的人生活在黑暗中，说的都是这个道理。相反，一个人倘若经常跳出来看一看人生的全景，真正看清事物的大小和价值的主次，就不太会被那些渺小的事物和次要的价值绊倒了。

"不为无益之事，何以遣有涯之生"，明白这一道理的人可谓已经得道，堪称智者了。多数人恰好相反，他们永远自诩在为有益之事，永远不知生之有涯。

"你们不要为明天忧虑，明天自有明天的忧虑；一天的难处一天担当就够了。"耶稣有一些很聪明的教导，这是其中之一。

中国人喜欢说：人无远虑，必有近忧。这当然也对。不过，远虑是无穷尽的，必须适可而止。有一些远虑，可以预见也可以预作筹划，不妨就预作筹划，以解除近忧。有一些远虑，可以预见却无法预作筹划，那就暂且搁下吧，车到山前自有路，何必让它提前成为近忧。还有一些远虑，完全不能预见，那就更不必总是怀着一种莫名之忧，自己折磨自己了。总之，应该尽量少往自己的心里搁忧虑，保持轻松和光明的心境。

一天的难处一天担当，这样你不但比较轻松，而且比较容易把这难处解决。如果你把今天、明天以及后来许多天的难处都担在肩上，你不但沉重，而且可能连一个难处也解决不了。

智慧是灵魂的事，博学是头脑的事，更糟的是舌头的事。

知识关心人的限度之内的事，智慧关心人的限度之外的事。

对人生的觉悟来自智慧，倘若必待大苦大难然后开悟，慧根也未免太浅。

一个人可以凭聪明、勤劳和运气挣许多钱，但如何花掉这些钱却要靠智慧了。

如何花钱比如何挣钱更能见出一个人的品位高下。

"你智慧吗？"

"当然——因为我不聪明。如果不智慧，我还有什么优点呢？"

觉悟

一个人年轻时，外在因素——包括所遇到的人、事情和机会——对他的生活信念和生活道路会发生较大的影响。但是，在达到一定年龄以后，外在因素的影响就会大大减弱。那时候，如果他已经形成自己的生活信念，外在因素就很难再使之改变，如果仍未形成，外在因素也就很难再使之形成了。

真实不在这个世界的某一个地方，而是我们对这个世界的一种态度，是我们终于为自己找到的一种生活信念和准则。

人生中的大问题都是没有答案的。但是，一个人唯有思考这些大问题，才能真正拥有自己的生活信念和生活准则，从而对生活中的小问题做出正确的判断。

航海者根据天上的星座来辨别和确定航向。他永远不会知道那些星座的成分和构造，可是，如果他不知道它们的存在，就会迷失方向，不能解决具体的航行任务。

一个人内心有了成熟的信念和明确的方向，对于外界的一切就能够迅速做出恰当的反应，如同有一种本能在起作用。

一个人拥有自己明确的、坚定的价值观，这是一个基本要求。当然，这需要阅历和思考，并且始终是一个动态的过程。然而，你终究会发现，价值观完全不是抽象的东西，当你从自己所追求和珍惜的价值中获得巨大的幸福感之时，你就知道你是对的，因而不会觉得坚持是难事。

价值观的力量不可小看。说到底，人在世上活的就是一个价值观。对于个人来说，价值观决定了人生的境界。对于国家来说，价值观决定了文明的程度。人与人之间，国与国之间，利益的冲突只导致暂时的争斗，价值观的相悖才造成长久的鸿沟。

人能否有好的心态，在很大程度上取决于价值观。一个价值观正确而且坚定的人，他知道人生中什么是重要的，什么是不重要的，对重要的看得准、抓得住，对不重要的看得开、放得下，大事有主见，小事能超脱，心态自然会好。相反，倘若价值观错误或动摇，大小事都纠结，心态怎么好得了。

价值观决定一个人的人生之路的走向。人可以支配自己的价值观，因而在相当程度上可以支配自己的人生之路的走向。在这个意义上，人是自由的。有了正确、清晰、坚定的价值观，不论世事多么复杂，道路多么曲折，你心里是踏实的。放弃对价值观的主动权，在价值观上随大流，是对你的人生的最大的不负责任。

不论社会环境怎样，个人在价值观上总能拥有相当的自主权。在多么平庸的时代，仍会有优秀的个体。在多么专制的社会，仍会有自由的灵魂。一个人体验人性之美和品尝做人幸福的权利，是任何力量也剥夺不了的。

现代人容易患心理疾病，病根多半在想不明白人生的根本道理，于是就看不开生活中的小事。倘若想明白了，哪有看不开之理？

孔子说："三十而立。"我对此话的理解是：一个人在进入中年的时候，应该确立起生活的基本信念了。所谓生活信念，第一是做人的原则，第二是做事的方向。也就是说，应该知道自己在这个世界上要做怎样的人，想做怎样的事了。

当然，"三十"不是一个硬指标。但是，"立"与不"立"是硬道理，无人能够回避。一个人有了"立"，才真正成了自己人生的主人。那些永远不"立"之人诚然也在生活，不过，对于他们的生活，可用一个现成的词形容，叫作"混"。这样的人不该再学孔子的口气说"三十而立"，最好改说"三十而混"。

他们到了四十岁，于是学着孔夫子的口吻谈论起"不惑"来。可是，他们连惑也不曾有过，又如何能不惑呢？

一颗觉醒的灵魂，它的觉醒的鲜明征兆是对虚假的生活突然有了敏锐的觉察和强烈的排斥。

习惯的定义：人被环境同化，与环境生长在一起，成为环境的一部分。所谓环境，包括你所熟悉的地方、人、事业。在此状态下，生命之流失去落差，渐趋平缓，终成死水一潭。

那么，为了自救，告别你所熟悉的环境吧，到陌生的地方去，和陌生的人来往，从事陌生的事业。

人一生中应当有意识地变换环境。能否从零开始，重新开创一种生活，这是测量一个人心灵是否年轻的可靠尺度。

有时候，专长 = 习惯 = 惰性。

习惯的力量是巨大的。一个人对任何做惯了的事情都可能入迷，哪怕这事情本身既乏味又没有意义。因此，应该经常有意识地跳出来，审视一下自己所做的事情，想一想它们是否真有某种意义。

幽默

幽默是凡人而暂时具备了神的眼光，这眼光有解放心灵的作用，使人得以看清世间一切事情的相对性质，从而显示了一切执着态度的可笑。

有两类幽默最值得一提。一是面对各种偶像尤其是道德偶像的幽默，它使偶像的庄严在哄笑中化作笑料。然而，比它更伟大的是面对命运的幽默，这时人不再是与地上的假神开玩笑，而是直接与天神开玩笑。一个在最悲惨的厄运和苦难中仍不失幽默感的人的确是更有神性的，他借此而站到了自己的命运之上，并以此方式与命运达成了和解。

幽默是心灵的微笑。最深刻的幽默是一颗受了致命伤的心灵发出的微笑。受伤后衰竭，麻木，怨恨，这样的心灵与幽默无缘。幽默是受伤的心灵发出的健康、机智、宽容的微笑。

幽默是一种轻松的深刻。面对严肃的肤浅，深刻露出了玩世不恭的微笑。

幽默是智慧的表情，它教不会，学不了。有一本杂志声称它能教人幽默，从而轻松地生活。我不曾见过比这更缺乏幽默感的事情。

幽默是对生活的一种哲学式态度，它要求与生活保持一个距离，暂时以局外人的眼光来发现和揶揄生活中的缺陷。毋宁说，人这时成了一个神，他通过对人生缺陷的戏侮而暂时摆脱了这缺陷。

也许正由于此，女人不善幽默，因为女人是与生活打成一片的，不易拉开幽默所必需的距离。

有超脱才有幽默。在批评一个无能的政府时，聪明的政客至多能讽刺，老百姓却很善于幽默，因为前者觊觎着权力，后者则完全置身在权力斗争之外。

幽默源自人生智慧，但有人生智慧的人不一定是善于幽默的人，其原因大概在于，幽默同时还是一种才能。然而，倘若不能欣赏幽默，则不仅是缺乏才能的问题了，肯定也暴露了人生智慧方面的缺陷。

正经不是严肃，就像教条不是真理一样。真理用不着板起面孔来增添它的权威。在那些一本正经的人中间，你几乎找不到一个严肃思考过人生的人。不，他们思考的多半不是人生，而是权力，不是真理，而是利益。

相反，最高的严肃往往貌似玩世不恭。真正严肃思考过人生的人知道生命和理性的限度，他能自嘲，肯宽容，愿意用一个玩笑替受窘的对手解围，给正经的论敌一个教训。他以诙谐的口吻谈说真理，仿佛故意要减弱他的发现的重要性，以便只让它进入真正知音的耳朵。

自嘲就是居高临下地看待自己的弱点，从而加以宽容。自嘲把自嘲者和他的弱点分离开来了，这时他仿佛站到了神的地位上，俯视那个有弱点的凡胎肉身，用笑声表达自己凌驾其上的优越感。

但是，自嘲者同时又明白并且承认，他终究不是神，那弱点确实是他自己的弱点。

所以，自嘲混合了优越感和无奈感。

自嘲使自嘲者居于自己之上，从而也居于自己的敌手之上，占据了一个优势的地位。自嘲使敌手的一切可能的嘲笑丧失了杀伤力。

通过自嘲，人把自己的弱点变成了特权。对于这特权，旁人不但不反感，而且乐于承认。

傻瓜从不自嘲。聪明人嘲笑自己的失误。天才不仅嘲笑自己的失误，而且嘲笑自己的成功。看不出人间一切成功的可笑的人，终究还是站得不够高。

幽默和嘲讽都包含某种优越感，但其间有品位高下之分。嘲讽者感到优越，是因为他在别人身上发现了一种他相信自己绝不会有的弱点，于是发出幸灾乐祸的冷笑。幽默者感到优越，则是因为他看出了一种他自己也不能幸免的人性的普遍弱点，于是发出宽容的微笑。

幽默的前提是一种超脱的态度，能够俯视人间的一切是非包括自己的弱点。嘲讽却是较着劲的，很在乎自己的对和别人的错。

讽刺与幽默不同。讽刺是社会性的,幽默是哲学性的。讽刺入世,与被讽刺对象站在同一水准上,挥戈相向,以击伤对手为乐。幽默却源于精神上的巨大优势,居高临下,无意伤人,仅以内在的优越感自娱。讽刺针对具体的人和事,幽默则是对人性本身必不可免的弱点发出宽容的也是悲哀的微笑。

幽默与滑稽是两回事。幽默是智慧的闪光,能博聪明人一笑。滑稽是用愚笨可笑的举止逗庸人哈哈。但舞台上的滑稽与生活中的滑稽又有别:前者是故意的,自知可笑,偏要追求这可笑的效果;后者却是无意的,自以为严肃正经,因而更可笑——然而只有聪明人能察觉这可笑。所以,生活中的滑稽的看客仍是聪明人。当滑稽进入政治生活而影响千百万人的命运时,就变成可悲了。当然,同时仍是可笑的。因此,受害者仍免不了作为看客而开颜一笑,倒也减轻了受害的痛苦。

在这个世界上,人倘若没有在苦难中看到好玩、在正经中看到可笑的本领,怎么能保持生活的勇气!

西方人在危险当头时幽默,中国人在危险过去后幽默。

那种毫无幽默感的人,常常把隐蔽的讽刺听作夸奖,又把善意的玩笑听作辱骂。

爱智慧的人往往会情不自禁地欣赏敌手的聪明的议论,即使听到骂自己的俏皮话也会宽怀一笑。
但世上多的是相反类型的人,他们在争论中只看见意见,只想到面子,对智慧的东西毫无反应。

真实

真实是最难的,为了它,一个人也许不得不舍弃许多好东西:名誉,地位,财产,家庭。但真实又是最容易的,在世界上,唯有它,一个人只要愿意,总能得到和保持。

人不可能永远真实,也不可能永远虚假。许多真实中一点虚假,或许多虚假中一点真实,都是动人的。最令人厌倦的是一半对一半。

纯洁做不到,退而求其次——真实。真实做不到,再退而求其次——糊涂。可是郑板桥说:难得糊涂。还是太纯洁了。

真正有独特个性的人并不竭力显示自己的独特,他不怕自己显得与旁人一样。那些时时处处想显示自己与众不同的人,往往是一些虚荣心十足的平庸之辈。

质朴最不容易受骗,连成功也骗不了它。

"以真诚换取真诚!"——可是,这么一换,双方不是都失去自己的真诚了吗?

刻意求真实者还是太关注自己的形象，已获真实者只是活得自在罢了。

活得真诚、独特、潇洒，这样活当然很美。不过，首先要活得自在，才谈得上这些。如果你太关注自己活的样子，总是活给别人看，或者哪怕是活给自己看，那么，你愈是表演得真诚、独特、潇洒，你实际上却活得愈是做作、平庸、拘谨。

有的人活得精彩，有的人活得自在，活得潇洒者介乎其间，而非超乎其上。

一个人内心生活的隐秘性是在任何情况下都应该受到尊重的，因为隐秘性是内心生活的真实性的保障，从而也是它的存在的保障，内心生活一旦不真实就不复是内心生活了。

如果我们不把记事本、备忘录之类和日记混为一谈的话，就应该承认，日记是最纯粹的私人写作，是个人精神生活的隐秘领域。在日记中，一个人只面对自己的灵魂，只和自己的上帝说话。这的确是一个神圣的约会，是绝不容许有他人在场的。如果写日记时知道所写的内容将被另一个人看到，那么，这个读者的无形在场便不可避免地会改变写作者的心态，使他有意无意地用这个读者的眼光来审视自己写下的东西。结果，日记不再成其为日记，与上帝的密谈蜕变为向他人的倾诉和表白，社会关系无耻地占领了个人的最后一个精神密室。当一个人在任何时间内，包括在写日记时，面对的始终是他人，不复能够面对自己的灵魂时，不管他在家庭、社会和一切人际关系中是一个多么诚实的人，他仍然失去了最根本的真实，即面对自己的真实。

天赋，才能，眼光，魄力，这一切都还不是伟大，必须加上真实，才成其伟大。真实是一切伟人的共同特征，它源自对人性的真切了解，并由此产生一种面对自己、面对他人的诚实和坦然。

精神上的伟人必定是坦诚的，他们足够富有，无须隐瞒自己的欠缺，也足够自尊，不屑于用做秀、演戏、不懂装懂来贬低自己。

一个人预先置身于墓中，从死出发来回顾自己的一生，他就会具备一种根本的诚实，因为这时他面对的是自己和上帝。人只有在面对他人时才需要掩饰或撒谎，自欺者所面对的也不是真正的自己，而是自己在他人面前扮演的角色。

做人最重要的是诚实地面对自己，在自己良心的法庭上公正地审视自己，既不护己之短，也不疑己之长，从而对自己有一个清楚的认识。这是一种巨大的精神力量，足以使你能够哪怕在全世界面前坦然承认自己的错误，也淡然面对哪怕来自全世界的误解和不实的责骂。

在不能说真话时，宁愿不说话，也不要说假话。
必须说假话的场合是极其稀少的。
不能说真话而说真话，蠢。不必说假话而说假话，也蠢。
如果不说话也不能呢？那就说真话吧，因为归根到底并不存在绝对不能说真话的情况，只要你敢于承担其后果。

撒谎是容易的，带着这谎活下去却是麻烦事，从此你成了它的奴隶，为了圆这谎，你不得不撒更多的也许违背你的心愿且对你有害的谎。

当然要说真话,但说真话与说正确的话是两回事。有的人的所谓说真话,是把他头脑里的愚蠢想法说出来,他因此觉得自己诚实而勇敢,产生了可笑的道德自豪感。

一切意识形态的纷争,最后只能以真实为尺度来评判。不预设意识形态的立场,立足于人性和常识,最大限度地呈现真实,这本身就是在为化解意识形态的分歧做贡献。

做人

人活世上，第一重要的还是做人，懂得自爱自尊，使自己有一颗坦荡又充实的灵魂，足以承受得住命运的打击，也配得上命运的赐予。倘能这样，也就算得上做命运的主人了。

在看得见的行为之外，还有一种看不见的东西，依我之见，那是比做事和交往更重要的，是人生第一重要的东西，这就是做人。当然，实际上做人并不是做事和交往之外的一个独立的行为，而是蕴涵在两者之中的，是透过做事和交往体现出来的一种总体的生活态度。

做事和交往是否顺利，包括地位、财产、名声方面的遭际，也包括爱情、婚姻、家庭方面的遭际，往往受制于外在的因素，非自己所能支配，所以不应该成为人生的主要目标。一个人当然不应该把非自己所能支配的东西当作人生的主要目标。一个人真正能支配的唯有对这一切外在遭际的态度，简言之，就是如何做人。人生在世最重要的事情不是幸福或不幸，而是不论幸福还是不幸都保持做人的正直和尊严。我确实认为，做人比事业和爱情都更重要。不管你在名利场和情场上多么春风得意，如果你做人失败了，你的人生就在总体上失败了。最重要的不是在世人心目中占据什么位置,和谁一起过日子,而是你自己究竟是一个什么样的人。

人生在世,首先应当追求的是优秀,而非成功。成为一个优秀的人,在此前提下,不妨把成功当作副产品来争取。

所谓优秀,是在人性的意义上说的,就是要把人之为人的禀赋发展得尽可能的好,把人性的品质在自己身上实现出来。按照我的理解,可以把这些品质概括为四项,即善良的生命、丰富的心灵、自由的头脑、高贵的灵魂。

老天给了每个人一条命、一颗心,把命照看好,把心安顿好,人生即是圆满。

把命照看好,就是要保护生命的单纯,珍惜平凡生活。把心安顿好,就是要积累灵魂的财富,注重内在生活。

平凡生活体现了生命的自然品质,内在生活体现了生命的精神品质,把这两种生活过好,生命的整体品质就是好的。

换句话说,人的使命就是尽好老天赋予的两个主要职责,好好做自然之子,好好做万物之灵。

人生意义取决于灵魂生活的状况。其中,世俗意义,即幸福,取决于灵魂的丰富;神圣意义,即德性,取决于灵魂的高贵。

做人要讲道德,做事要讲效率。讲道德是为了对得起自己的良心,讲效率是为了对得起自己的生命。

做事有两种境界。一是功利境界,事情及相关利益是唯一目的。另一是道德境界,注重精神上的收获,做事只是灵魂修炼和完善的手段。从长远看,做事的结果终将随风飘散,做人的收获却能历久弥新。如果有上帝,他看到的只是你如何做人,不会问你做成了什么事,在他眼中,你在人世间做成的任何事都太渺小了。

做事即做人。人生在世,无论做什么事,都注重做事的精神意义,通过做事来提升自己的精神世界,始终走在自己的精神旅程上,只要这样,无论做什么事都是有意义的,而所做之事的成败则变得不很重要了。

做任何一件事情,都应该关注其精神意义。所谓精神意义包括:一、通过做事是否增加了你的心灵财富;二、通过做事是否提升了你的灵魂高度。如此通过做事而做人,使自己成为一个心灵丰富、灵魂高贵的大写的人。

无论从事什么职业,包括从政、经商、治学等,如果其中贯穿了你的精神追求,职业同时也就是你的事业。如果其中贯穿了你的生命感悟,职业生涯同时也就是你的人生历程。在许多人那里,这三者是脱节的,甚至只有职业,没有事业,只有职业生涯,没有人生历程。

我们活在世上,不免要承担各种责任,小至对家庭、亲戚、朋友,对自己的职务,大至对国家和社会。这些责任多半是应该承担的。不过,我们不要忘记,除此之外,我们还有一项根本的责任,便是对自己的人生负责。

每个人在世上都只有活一次的机会,没有任何人能够代替他重新活一次。如果这唯一的一次人生虚度了,也没有任何人能够真正安慰他。认识到这一点，我们对自己的人生怎么能不产生强烈的责任心呢？在某种意义上，人世间各种其他的责任都是可以分担或转让的，唯有对自己的人生的责任，每个人都只能完全由自己来承担，一丝一毫依靠不了别人。

对自己人生的责任心是其余一切责任心的根源。一个人唯有对自己的人生负责，建立了真正属于自己的人生目标和生活信念，他才可能由之出发，自觉地选择和承担起对他人和社会的责任。我不能想象，一个在人生中随波逐流的人怎么会坚定地负起生活中的责任。实际情况往往是，这样的人把尽责不是看作从外面加给他的负担而勉强承受，便是看作纯粹的付出而索求回报。

我相信，如果一个人能对自己的人生负责，那么，在包括婚姻和家庭在内的一切社会关系上，他对自己的行为都会有一种负责的态度。如果一个社会是由这样对自己的人生负责的成员组成的，这个社会就必定是高质量的有效率的社会。

一个不知对自己的人生负有什么责任的人，他甚至无法弄清他在世界上的责任是什么。许多人对责任的关系是完全被动的，他们之所以把一些做法视为自己的责任，不是出于自觉的选择，而是由于习惯、时尚、舆论等原因。譬如说，有的人把偶然却又长期从事的某一职业当作了自己的责任，从不尝试去拥有真正适合自己本性的事业。有的人看见别人发财和挥霍，便觉得自己也有责任拼命挣钱花钱。有的人十分看重别人尤其上司对自己的评价，谨小慎微地为这种评价而活着。由于他们不曾认真地想过自己的人生使命究竟是什么，在责任问题上也就必然是盲目的了。

我相信报应就在现世，而真正的报应是：对于好人和恶人来说，由于内在精神品质的不同，即使相同的外在遭遇也具有迥然不同的意义。善者并不因为他的善而能免受人世之苦难，但能因此使苦难具有一种证实、洗礼、净化的精神价值，就像恶者因其恶而使降临在他们头上的苦难具有一种诅咒、浩劫、毁灭的惩罚性质一样。与此同理，同样的身外之福，例如财产，对善者可以助成知足、慷慨、仁慈的心情，对恶者却是烦恼、绳索和负担。总之，世俗的祸福，在善者都可转化为一种精神价值，在恶者都会成为一种惩罚。善者播下的是精神的种子，收获的也是精神的果实，这就已是善报了。恶者枉活一世，未尝体会过任何一种美好的精神价值，这也已是恶报了。

光明并不直接惩罚不接受它的人，拒绝光明，停留在黑暗中，这本身即是惩罚。一切最高的奖励和惩罚都不是外加的，而是行为本身给行为者造成的精神后果。高尚是对高尚者的最高奖励，卑劣是对卑劣者的最大惩罚。上帝的真正宠儿不是那些得到上帝的额外恩赐的人，而是最大限度实现了人性的美好可能性的人。当人性的光华在你的身上闪耀，使你感受到做人的自豪之时，这光华和自豪便已是给你的报酬，你确实会觉得一切外在的遭际并非很重要的了。

不管世道如何，世上善良人总归是多数，他们心中最基本的做人准则是任何世风也摧毁不了。这准则是人心中不熄的光明，凡感觉到这光明的人都知道它的珍贵，因为它是人的尊严的来源，倘若它熄灭了，人就不复是人了。

世上的确有那样的恶人，心中的光几乎或已经完全熄灭，处世做事不再讲最基本的做人准则。他们不相信基督教的末日审判之说，也可能逃脱尘世上的法律审判，但是，活着而感受不到一丝一毫做人的光荣，你不能说这不是最严厉的惩罚。

骄奢是做人的大忌。骄，狂妄自大，是不知道人的渺小，忘记了自己不是神。奢，耽于物欲，是不知道人的伟大，忘记了自己有神性。二者的根源，都是心中没有神。心中有神，则可戒骄奢，第一知人的能力的有限，不骄傲，第二知物质欲望的卑下，不奢靡。

人的精力是有限的，有所为就必有所不为，而人与人之间的巨大区别就在于所为所不为的不同取向。

生活质量

苦与乐不但有量的区别,而且有质的区别。在每一个人的生活中,苦与乐的数量取决于他的遭遇,苦与乐的品质取决于他的灵魂。

成功是一个社会概念,一个直接面对上帝和自己的人是不会太看重它的。

享受

人生有许多出于自然的享受,例如爱情、友谊、欣赏大自然、艺术创造等等,其快乐远非虚名浮利可比,而享受它们也并不需要太多的物质条件。我把这类享受称作对生命本身的享受。

愈是自然的东西,就愈是属于我的生命的本质,愈能牵动我的至深的情感。例如,女人和孩子。

现代人享受的花样愈来愈多了。但是,我深信人世间最甜美的享受始终是那些最古老的享受。

人生有两大快乐。一是生命的快乐,例如健康、亲情、与自然的交融,这是生命本身的需要得到满足的快乐。另一是精神的快乐,包括智性、情感和信仰的快乐,这是人的高级属性得到满足的快乐。

物欲是社会刺激出来的,不是生命本身带来的,其满足诚然也是一种快乐,但是,与生命的快乐比,它太浅,与精神的快乐比,它太低。

为了抵御世间的诱惑,积极的办法不是压抑低级欲望,而是唤醒、发展和满足高级欲望。我所说的高级欲望指人的精神需要,它也是人性的组成部分。人一旦品尝到和陶醉于更高的快乐,面对形形色色的较低快乐的诱惑就自然有了"定力"。最好的东西你既然已经得到,你对那些次好的东西也就不会特别在乎了。

只有你自己做了父母,品尝到了养育小生命的天伦之乐,你才会知道不做一回父母是多么大的损失。只有你走进了书籍的宝库,品尝到了与书中优秀灵魂交谈的快乐,你才会知道不读好书是多么大的损失。世上一切真正的好东西都是如此,你必须亲自去品尝,才会知道它们在人生中具有不可替代的价值。

看见那些永远在名利场上操心操劳的人,我常常心生怜悯,我对自己说:他们因为不知道世上还有好得多的东西,所以才会把金钱、权力、名声这些次要的东西看得至高无上。

金钱,消费,享受,生活质量——当我把这些相关的词排列起来时,我忽然发现它们好像有一种递减关系:金钱与消费的联系最为紧密,与享受的联系要弱一些,与生活质量的联系就更弱。因为至少,享受不限于消费,还包括创造,生活质量不只看享受,还要看承受苦难的勇气。在现代社会里,金钱的力量当然是有目共睹的,但是这种力量肯定没有大到足以修改我们对生活的基本理解。

人生最美好的享受都依赖于心灵能力,是钱买不来的。钱能买来名画,买不来欣赏,能买来色情服务,买不来爱情,能买来豪华旅游,买不来旅程中的精神收获。金钱最多只是获得幸福的条件之一,永远不是充分条件,永远不能直接成为幸福。

奢华不但不能提高生活质量,往往还会降低生活质量,使人耽于物质享受，远离精神生活。只有在那些精神素质极好的人身上，才不会发生这种情况，而这又只因为他们其实并不在乎物质享受，始终把精神生活看得更重要。

金钱能带来物质享受，但算不上最高的物质幸福。最高的物质幸福是什么？我赞成托尔斯泰的见解：对人类社会来说，是和平；对个人来说，是健康。在一个时刻遭受战争和恐怖主义的威胁的世界上，经济再发达又有什么用？如果一个人的生命机能被彻底毁坏了，钱再多又有什么用？所以，我在物质上的最高奢望就是，在一个和平的世界上，有一个健康的身体，过一种小康的日子。在我看来，如果天下大多数人都能过上这种日子，那就是一个非常美好的世界了。

我们时代的迷误之一是把消费当作享受。当然，消费和享受不是绝对互相排斥的，有时两者会发生重合。但是，它们之间的区别又是显而易见的。例如，纯粹泄欲的色情活动只是性消费，灵肉与共的爱情才是性的真享受；走马看花式的游览景点只是旅游消费，陶然于山水之间才是大自然的真享受；用电视、报刊、书籍解闷只是文化消费，启迪心智的读书和艺术欣赏才是文化的真享受。要而言之，真正的享受必是有心灵参与的，其中必定包含了所谓"灵魂的愉悦和升华"的因素。否则，花钱再多，也只能叫作消费。享受和消费的不同，正相当于创造和生产的不同。创造和享受属于精神生活的范畴，就像生产和消费属于物质生活的范畴一样。

快乐更多地依赖于精神而非物质，这个道理一点也不深奥，任何一个品尝过两种快乐的人都可以凭自身的体验予以证明，那些沉湎于物质快乐而不知精神快乐为何物的人也可以凭自己的空虚予以证明。

上天的赐予本来是公平的，每个人天性中都蕴涵着精神需求，在生存需要基本得到满足之后，这种需求理应觉醒，它的满足理应越来越成为主要的目标。那些永远折腾在功利世界上的人，那些从来不谙思考、阅读、独处、艺术欣赏、精神创造等心灵快乐的人，他们是怎样辜负了上天的赐予啊，不管他们多么有钱，他们是度过了怎样贫穷的一生啊。

英国哲学家约翰·穆勒说：不满足的人比满足的猪快乐，不满足的苏格拉底比满足的傻瓜快乐。

人和猪的区别在于，人有灵魂，猪没有灵魂。苏格拉底和傻瓜的区别在于，苏格拉底的灵魂醒着，傻瓜的灵魂昏睡着。灵魂生活开始于不满足。不满足于什么？不满足于像动物那样活着。正是在这不满足之中，人展开了对意义的寻求，创造了丰富的精神世界。

那么，何以见得不满足的人比满足的猪快乐呢？穆勒说，因为前者的快乐更丰富，但唯有兼知两者的人才能做出判断。也就是说，如果你是一头满足的猪，跟你说了也白说。我不是骂任何人，因为我相信，每个人身上都藏着一个不满足的苏格拉底。

肉体需要有它的极限，超于此上的都是精神需要。奢侈，挥霍，排场，虚荣，这些都不是直接的肉体享受，而是一种精神上的满足，当然是比较低级的满足。一个人在肉体需要得到了满足之后，他的剩余精力必然要投向对精神需要的追求，而精神需要有高低之分，由此鉴别出了人的灵魂的质量。

创造

生活质量的要素：一、创造；二、享受；三、体验。

其中，创造在生活中所占据的比重，乃是衡量一个人的生活质量的主要标准。

如果要用一个词来概括人类精神生活的特征，那么，最合适的便是这个词——创造。所谓创造，未必是指发明某种新的技术，也未必是指从事艺术的创作，这些仅是创造的若干具体形态罢了。创造的含义要深刻得多，范围也要广泛得多。人之区别于动物就在于人有一个灵魂，灵魂使人不能满足于动物式的生存，而要追求高出于生存的价值，由此展开了人的精神生活。大自然所赋予人的只是生存，因而，人所从事的超出生存以上的活动都是给大自然的安排增添了一点新东西，无不具有创造的性质。正是在创造中，人用行动实现着对真、善、美的追求，把自己内心所珍爱的价值变成可以看见和感觉到的对象。

获得精神快乐的途径有两类：一类是接受的，比如阅读、欣赏艺术品等；另一类是给予的，就是工作。正是在工作中，人的心智能力和生命价值都得到了积极实现。

当然，这里所说的工作不同于仅仅作为职业的工作，人们通常把它称作创造或自我实现。但是，就人性而言，这个意义上的工作原是属于一切人的。人人都有天赋的心智能力，区别在于是否得到了充分运用和发展。

一个人创造力的高低，取决于两个因素，一是有无健康的生命本能，二是有无崇高的精神追求。这两个因素又是密切关联、互相依存的，生命本能若无精神的目标是盲目的，精神追求若无本能的发动是空洞的。它们的关系犹如土壤和阳光，一株植物唯有既扎根于肥沃的土壤，又沐浴着充足的阳光，才能茁壮地生长。

创造力无非是在强烈的兴趣推动下的持久的努力。其中最重要的因素，第一是兴趣，第二是良好的工作习惯。通俗地说，就是第一要有自己真正喜欢做的事，第二能够全神贯注又持之以恒地把它做好。在这过程中，人的各种智力品质，包括好奇心、思维能力、想象力、直觉、灵感等等，都会被调动起来，为创造做出贡献。

决定一种活动是否创造的关键在于有无灵魂的真正参与。一个画匠画了一幅毫无灵感的画，一个学究写了一本人云亦云的书，他们都不是在创造。相反，如果你真正陶醉于一片风景、一首诗、一段乐曲的美，如果你对某个问题形成了你的独特的见解，那么你就是在创造。

真正的创造是不计较结果的，它是一个人的内在力量的自然而然的实现，本身即是享受。只要你的心灵是活泼的、敏锐的，只要你听从这心灵的吩咐，去做能真正使它快乐的事，那么，不论你终于做成了什么事，也不论社会对你的成绩怎样评价，你都是拥有了一个创造的人生。

一个人只是为谋生或赚钱而从事的活动都属于劳作，而他出于自己的真兴趣和真性情从事的活动则都属于创造。劳作仅能带来外在的利益，唯创造才能获得心灵的快乐。但外在的利益是一种很实在的诱惑，往往会诱使人们无休止地劳作，竟至于一辈子体会不到创造的乐趣。

一个人的工作是否值得尊敬，取决于他完成工作的精神而非行为本身。这就好比造物主在创造万物之时，是以同样的关注之心创造一朵野花、一只小昆虫或一头巨象的。无论做什么事情，都力求尽善尽美，并从中获得极大的快乐，这样的工作态度中蕴含着一种神性，不是所谓职业道德或敬业精神所能概括的。

每个人生活中最重要的部分是自己所热爱的那项工作，他借此而进入世界，在世上立足。有了这项他能够全身心投入的工作，他的生活就有了一个核心，他的全部生活围绕这个核心组织成了一个整体。没有这个核心的人，他的生活是碎片，譬如说，会分裂成两个都令人不快的部分，一部分是折磨人的劳作，另一部分是无所用心的休闲。

一切从工作中感受到生命意义的人，勋章不能报偿他，亏待也不会使他失落。内在的富有找不到，也不需要世俗的对应物。像托尔斯泰、卡夫卡、爱因斯坦这样的人，没有得诺贝尔奖于他们何损，得了又能增加什么？只有那些内心中没有欢乐源泉的人，才会斤斤计较外在的得失，孜孜追求教授的职称、部长的头衔和各种可笑的奖状。他们这样做很可理解，因为倘若没有这些，他们便一无所有。

圣埃克苏佩里把创造定义为"用生命去交换比生命更长久的东西",我认为非常准确。创造者与非创造者的区别就在于,后者只是用生命去交换维持生命的东西,仅仅生产自己直接或间接用得上的财富;相反,前者工作是为了创造自己用不上的财富,生命的意义恰恰是寄托在这用不上的财富上。

梵高这样解释他的创作冲动:"我一看到空白的画布呆望着我,就迫不及待地要把内容投掷上去。"在每一个创造者眼中,生活本身也是这样一张空白的画布,等待着他去赋予内容。相反,谁眼中的世界如果是一座琳琅满目的陈列馆,摆满了现成的画作,这个人肯定不会再有创造的冲动,他至多只能做一个鉴赏家。

在精神创造的领域内,不可能有真正的合作,充其量只有交流。在这个领域内,一切严肃伟大的事情都是由不同的个人在自甘寂寞中独立完成的。他们有时不妨聚在一起轻松地聊一聊,听一听别人在做什么事,以便正确地估价自己所做的事。这是工作之余的休息,至于工作,却是要各人关起门来单独进行的。

寂寞原是创造者的宿命,所以自甘寂寞也就是创造者的一个必备素质,不独今天这个时代如此。精神文化创造在实践上是最个人化的事业,学术上或文学艺术上的一切伟大作品都是个人在寂寞中呕心沥血的结果。在创造的寂寞中自有一种充实,使得创造者绝对不肯用他的寂寞去交换别人的热闹。他基本上是别无选择,这倒不是说他肩负着某种崇高的使命,而是说唯有这样活着他才觉得生活有意义。他在做着他今生今世最想做、不能不做的一件事，所以不论成败得失，他都无怨无悔了。

一个好思想，一个好作品，在成形之前，起初只是一颗种子。这种子来自人类生活的土地，然后如同柳絮一样在人类精神的天空飘荡。倘若它落到了你的心中，你的心又恰巧是一片肥土，它就会在你的心中萌芽和生长，最后有希望发育成一棵好的植物。

精神的创造当然是离不开外部的环境的，但更重要的是内部的环境。满天柳絮，阳光明媚，水分充足，可是倘若你的心是一片瘠土，你的心中仍然不会绿柳成荫。一颗种子只有落在适宜的土壤上，才能真正作为一颗种子存在。

在某种意义上，精神创造的过程的确是一个自然过程。只要你有适宜的内部环境，又获得了一颗好种子，那么，不管你的躯体在外部世界上做着什么，哪怕你是在做着奴隶般的沉重劳动，这颗种子依然会默默地走着大自然指定的路。伟大作品之孕育未必是在书斋里，更多的是在风尘仆仆的人生旅途上，在身不由己地做着各种琐事的时候，而书斋至多只是它一朝分娩的产房罢了。

当然，前提是你有一个好的内部环境，一片沃土，一个好子宫。

在一定意义上，一切创造活动都是针对问题讲故事，是把故事讲得令人信服的努力。

自然科学是针对自然界的问题讲故事，社会科学是针对社会的问题讲故事，文学艺术是针对人生的问题讲故事，宗教和哲学是针对终极问题讲故事。

繁忙中清静的片刻是一种享受，而闲散中紧张创作的片刻则简直是一种幸福了。

自我实现

在茫茫宇宙间,每个人都只有一次生存的机会,都是一个独一无二、不可重复的存在。名声、财产、知识等等是身外之物,人人都可求而得之,但没有人能够代替你感受人生。你死之后,没有人能够代替你再活一次。如果你真正意识到了这一点,你就会明白,活在世上,最重要的事就是活出你自己的特色和滋味来。你的人生是否有意义,衡量的标准不是外在的成功,而是你对人生意义的独特领悟和坚守,从而使你的自我闪放出个性的光华。

我相信,从理论上说,每一个人的禀赋和能力的基本性质是早已确定的,因此,在这个世界上必定有一种最适合他的事业,一个最适合他的领域。当然,在实践中,他能否找到这个领域,从事这种事业,不免会受客观情势的制约。但是,自己应该有一种自觉,尽量缩短寻找的过程。在人生的一定阶段上,一个人必须知道自己是怎样的人,到底想要什么了。

一个人怎样才算拥有"自我"呢?我认为有两个可靠的标志。
一是看他有没有自己的真兴趣,亦即自己安身立命的事业,他能够全身心地投入其中,并感到内在的愉快和充实。如果有,便表明他正在实现"自我",这个"自我"是指他的个性,每个人独特的生命价值。

二是看他有没有自己的真信念，亦即自己处世做人的原则，那是他的精神上的坐标轴，使他在俗世中不随波逐流。如果有，便表明他拥有"自我"，这个"自我"是指他的灵魂，一个坚定的精神核心。

这两种意义上的"自我"都不是每个人一出生就拥有的，而是在人生过程中不断选择和创造的结果。正因为此，每个人都要为自己成为怎样的人负责。

一个人怎样才算成为了自己，做了自己人生的主人呢？我认为有两个可靠的标志。一是在人生的态度上自己做主，有明确坚定的价值观，有自己处世做人的原则，在俗世中不随波逐流。二是在事业的选择上自己做主，有自己真正喜欢做的事，能够全身心地投入其中，感到内在的愉快和充实。人生中有真信念，事业上有真兴趣，这二者证明了你有一个真自我。

人们往往受环境、舆论、习俗、职业、身份支配，作为他人眼中的一个角色活着，很少作为自己活着。为什么会这样？一是因为懒惰，随大流是最省力的，独特却必须付出艰苦的努力。二是因为怯懦，随大流是最安全的，独特却会遭受舆论的压力、庸人的妒恨和失败的风险。可是，如果你想到，世上只有一个你，你死了，没有任何人能代替你活；你只有一个人生，如果虚度了，没有任何人能够真正安慰你，——那么，你还有必要在乎他人的眼光吗？

个性发展是人类幸福的要素之一。每人都展现出自己独特的美，开放出自己的奇花异卉，每人也都欣赏其他一切人的美，人人都是美的创造者和欣赏者,这样的世界才是赏心悦目的人类家园。相反的情形是,人们追随舆论和时尚,互相模仿,面目雷同,世界成为插满假花的墓地。

个人越是雷同,社会就越是缺少凝聚力。无个性的个体不能结合为整体。个人越是独特,个性的差异越是鲜明,由这样的个体组成的社会有机体就越是生气勃勃。

真正成为自己可不是一件容易的事。世上有许多人,你可以说他是随便什么东西,例如是一种职业,一种身份,一个角色,唯独不是他自己。如果一个人总是按照别人的意见生活,没有自己的独立思考,总是为外在的事务忙碌,没有自己的内心生活,那么,说他不是他自己就一点儿也没有冤枉他。因为确确实实,从他的头脑到他的心灵,你在其中已经找不到丝毫真正属于他自己的东西了,他只是别人的一个影子和事务的一架机器罢了。

世界上特立独行的人为什么这么少?原因有二。一是懒惰,因为一个人要对自己负责,真正实现自己,成为一个独特的自己,是必须付出巨大的努力的,许多人怕吃苦,怕麻烦,就宁愿放松自己,做一个平庸的人。二是怯懦,因为在一个大家都平庸的环境里,少数人若仍要追求优秀和独特,就会遭到讥笑、嫉妒甚至迫害,于是为了自保而退缩,违心地随大流。

由此可见,是多数人的懒惰导致了少数人的怯懦。相反,如果人人都对自己负责,以优秀为荣,因而也就能够欣赏别人的优秀,这样的环境是最适合于特立独行的人生长的。

世上有非凡之人,也有平庸之辈,这个区别的形成即使有天赋的因素，仍不可推卸后天的责任。一个人不论天赋高低，只要能够意识到自我的独特性并勇于承担起对它的责任，就都可以活得不平庸。然而，这个责任是极其沉重的，所以人们避之唯恐不及，宁可随大流、混日子，于是成为平庸之辈。

卢梭说："大自然塑造了我，然后把模子打碎了。"这话听起来自负，其实适用于每一个人。可惜的是，多数人忍受不了这个失去了模子的自己，于是又用公共的模子把自己重新塑造一遍，结果彼此变得如此相似。

在一定意义上，可以把"认识你自己"理解为认识你的内在自我，那个使你之所以成为你的核心和根源。认识了这个东西，你就心中有数了，知道怎样的生活才是合乎你的本性的，你究竟应该要什么和可以要什么了。

然而，内在的自我必定也是隐蔽的，怎样才能认识它呢？我觉得我找到了一个方便的路径。事实上，我们平时做事和与人相处，这个内在自我始终是在表态的，只是往往不被我们留意罢了。那么，让我们留意，做什么事，与什么人相处，我们发自内心感到喜悦，或者相反，感到厌恶，那便是内在自我在表态。就此而论，认清你自己最真实的好恶就是认识了你自己，而你在这个世界上倘若有自己真正钟爱的事和人，就可以算是在实现自我了。

我相信，每一个人降生到这个世界上来，一定有一个对于他最合宜的位置，这个位置仿佛是在他降生时就给他准备了的，只等他有一天来认领。我还相信，这个位置既然仅仅对于他是最合宜的，别人就无法与他竞争，如果他不认领，这个位置就只是浪费掉了，而并不是被别人占据了。我之所以有这样的信念，则是因为我相信，上帝造人不会把两个人造得完全一样，每一个人的禀赋都是独特的，由此决定了能使其禀赋和价值得到最佳实现的那个位置也必然是独特的。

然而，一个人要找到这个对于他最合宜的位置，却又殊不容易。环境的限制，命运的捉弄，都可能阻碍他走向这个位置。即使客观上不存在重大困难，由于心智的糊涂和欲望的蒙蔽，他仍可能在远离这个位置的地方徘徊乃至折腾。尤其在今天这个充满诱惑的时代，不少人奋力争夺名利场上的位置，甚至压根儿没想到世界上其实有一个仅仅属于他的位置，而那个位置始终空着。

人的禀赋各不相同，共同的是，一个位置对于自己是否最合宜，标准不是看社会上有多少人争夺它，眼红它，而应该去问自己的生命和灵魂，看它们是否真正感到快乐。

在为人生制定目标时，有长期和短期之分。长期目标着眼于人生整体价值的实现，是根据自己志趣和禀赋确定的一个努力方向，是寄托了自己理想的某一类事业。短期目标则是根据实际情形确定要做的具体工作，它理应体现长期目标，是走向长期目标的一个步骤和环节。有时候，因为客观情势的限制，你可能不得已偏离了这个方向，但你不要忘记你的长期目标，你要积聚能量，随时准备回到自己的路上来。

内在生活

人同时生活在外部世界和内心世界中。内心世界也是一个真实的世界。或者,反过来说也一样:外部世界也是一个虚幻的世界。

对于内心世界不同的人,表面相同的经历具有完全不同的意义,事实上也就完全不是相同的经历了。

对真的理解应该宽泛一些,你不能说只有外在的荣华富贵是真实的,内在的智慧教养是虚假的。一个内心生活丰富的人,与一个内心生活贫乏的人,他们是在实实在在的意义上过着截然不同的生活。

心灵也是一种现实,甚至是唯一真实的现实,这个观点可以在佛教对心的论述中找到根据。

对于不同的人,世界呈现不同的面貌。在精神贫乏者眼里,世界也是贫乏的。世界的丰富的美是依每个人心灵丰富的程度而开放的。

对于乐盲来说,贝多芬等于不存在。对于画盲来说,毕加索等于不存在。对于只读流行小报的人来说,从荷马到海明威的整个文学宝库等于不存在。对于终年在名利场上奔忙的人来说,大自然的美等于不存在。

一个经常在阅读和沉思中与古今哲人文豪倾心交谈的人,和一个沉湎在歌厅、肥皂剧以及庸俗小报中的人,他们生活在多么不同的世界上。

说到底,在这世界上,谁的经历不是平凡而又平凡的?心灵历程的悬殊才在人与人之间铺下了鸿沟。

人生的道路分内外两个方面。外在方面是一个人的外部经历,它是有形的,可以简化为一张履历表,标示出了曾经的职业、地位、荣誉,等等。内在方面是一个人的心路历程,它是无形的,生命的感悟,情感的体验,理想的追求,这些都是履历表反映不了的。

我的看法是,尽管如此,内在方面比外在方面重要得多,它是一个人的人生道路的本质部分。我还认为,外在方面往往由命运、时代、环境、机遇决定,自己没有多少选择的主动权,在尽力而为之后,不妨顺其自然,而应该把主要努力投注于自己可以支配的内在方面。

在我们每个人身上,除了外在的自我以外,都还有着一个内在的精神性的自我。可惜的是,许多人的这个内在自我始终是昏睡着的,甚至是发育不良的。为了使内在自我能够健康生长,你必须给它以充足的营养。如果你经常读好书、沉思、欣赏艺术,拥有丰富的精神生活,你就一定会感觉到,在你身上确实还有一个更高的自我，这个自我是你的人生路上的坚贞不渝的精神密友。

外在遭遇受制于外在因素，非自己所能支配，所以不应成为人生的主要目标。真正能支配的唯有对一切外在遭际的态度。内在生活充实的人仿佛有另一个更高的自我，能与身外遭遇保持距离，对变故和挫折持适当态度，心境不受尘世祸福沉浮的扰乱。

每个人身上都有一个更高的自我，哲学家称之为理性，基督教称之为灵魂，佛教称之为佛性。这个更高的自我，仿佛是宇宙大我派驻在每个人身上的一个代表，让它觉醒对于现实人生意义重大。第一，人生的重心会向内转化，从外部世界转向内心世界，重视精神生活。你仍然可以在社会上做事，但境界不同了，你会把做事当作灵魂修炼的手段，通过做事而做人，每一步都走在通往你的精神目标的道路上。第二，你会和你的身外遭遇保持距离，怀有超脱的心态，在精神上尽量不受无常的人间祸福得失的支配。

在相反的情况下，精神性自我不觉醒，人第一会沉湎于肉身生活，境界低俗，第二会受这个肉身遭遇的支配，苦海无边。

内心生活与外部生活并非互相排斥的，同一个人完全可能在两方面都十分丰富。区别在于，注重内心生活的人善于把外部生活的收获变成心灵的财富，缺乏此种禀赋或习惯的人则往往会迷失在外部生活中，人整个儿是散的。

对于一颗善于感受和思考的灵魂来说，世上并无完全没有意义的生活，任何一种经历都可以转化为内在的财富。

人应该在自己身上拥有快乐的源泉，它本来就存在于每个人身上，就看你是否去开掘和充实它。这就是你的心灵。

心灵的快乐是自足的。如果你的心灵足够丰富，即使身处最单调的环境，你仍能自得其乐。如果你的心灵足够高贵，即使遭遇最悲惨的灾难，你仍能自强不息。这是一笔任何外力都夺不走的财富，是孟子所说的"人之安宅"，你可以借之安身立命。

对于一个视人生感受为最宝贵财富的人来说，欢乐和痛苦都是收入，他的账本上没有支出。这种人尽管敏感，却有很强的生命力，因为在他眼里，现实生活中的祸福得失已经降为次要的东西，命运的打击因心灵的收获而得到了补偿。陀思妥耶夫斯基在赌场上输掉的，却在他描写赌徒心理的小说中极其辉煌地赢了回来。

生活是广义的，内心经历、感情、体验也是生活，读书也是写作的生活源泉。

心灵的财富也是积累而成的。一个人酷爱精神的劳作和积聚，不断产生、搜集、贮藏点滴的感受，日积月累，就在他的内心中建立了一个巨大的宝库，造就了一颗丰富的灵魂。在他面前，那些精神懒汉相比之下终于形同乞丐。

人与人之间最重要的区别不在物质上的贫富、社会方面的境遇，是内在的精神素质把人分出了伟大和渺小、优秀和平庸。

世上有一样东西，比任何别的东西都更忠诚于你，那就是你的经历。你生命中的日子，你在其中遭遇的人和事，你因这些遭遇产生的悲欢、感受和思考，这一切仅仅属于你，不可能转让给任何别人，哪怕是你最亲近的人。这是你最珍贵的财富，而只要你珍惜，也会是你最可靠的财富，无人能够夺走。相反，如果你不珍惜，就会随岁月而流失，在世界任何地方都找不到了。正因为此，我一直主张人人养成写日记的习惯。

相比之下，金钱是最不可靠的财富。金钱毫无忠诚可言，它们没有个性，永远是那副模样，今天在你这里，明天会在别人那里，后天又可能回到你这里。可是，人们热衷于积聚金钱，却轻易挥霍掉仅仅属于自己的经历，这是怎样地本末倒置啊。

物质的财宝，丢失了可以挣回，挣不回也没有什么，它们是这样毫无个性，和你本来就没有必然的关系，只不过是换了一个地方存放罢了。可是，你的生命中的珍宝是仅仅属于你的，它们只能存放在你的心灵中和记忆中，如果这里没有，别的任何地方也不会有，你一旦把它们丢失，就永远找不回来了。

成功

在确定自己的人生目标时,首要的目标应该是优秀,其次才是成功。

所谓优秀,是指一个人的内在品质,即有高尚的人格和真实的才学。一个优秀的人,即使他在名利场上不成功,他仍能有充实的心灵生活,他的人生仍是充满意义的。相反,一个平庸的人,即使他在名利场上风光十足,他也只是在混日子,至多是混得好一些罢了。

事实上,一个人倘若真正优秀,而时代又不是非常糟,他获得成功的机会还是相当大的。即使生不逢辰,或者运气不佳,也多能在身后得到承认。

一个人能否成为优秀的人,基本上是可以自己做主的,能否在社会上获得成功,则在相当程度上要靠运气。所以,应该把成功看作优秀的副产品,不妨在优秀的基础上争取它,得到了最好,得不到也没有什么。在根本的意义上,作为一个人,优秀就已经是成功。

把优秀当作第一目标,而把成功当作优秀的副产品,这是最恰当的态度,有助于一个人获取成功,或者坦然地面对不成功。

我对成功的理解：把自己喜欢做的事做得尽善尽美，让自己满意，不要去管别人怎么说。

我们都很在乎成功和失败，但对之的理解却很不一样，有必要做出区分。譬如说，通常有两种不同的含义。其一是指外在的社会遭际，飞黄腾达为成，穷困潦倒为败。其二是指事业上的追求，目标达到为成，否则为败。可以肯定，抽象地谈问题，人们一定会拥护第二义而反对第一义。但是，事业有大小，目标有高低，所谓事业成败的意义也就十分有限。我不知道如何衡量人生的成败，也许人生是超越所谓成功和失败的评价的。

优秀者的成功往往是大成功，远非那些追名逐利之辈的渺小成功可比。人类历史上一切伟大的成功者都出自精神上优秀的人之中，不管在哪一个领域，包括创造财富的领域，做成大事业的决非只有一些小伎俩的精明之人，而必是对世界和人生有广阔思考和深刻领悟的拥有大智慧的人。

现在书店里充斥着所谓励"志"实则励"欲"的垃圾书，其内容无非一是教人如何在名利场上拼搏，发财致富，出人头地，二是教人如何精明地处理人际关系，讨上司或老板欢心，在社会上吃得开。偏是这类东西似乎十分畅销，每次在书店看到它们堆放在最醒目的位置上，我就为这个时代感到悲哀。

励志没有什么不好，问题是励什么样的志。完全没有精神目标，一味追逐世俗的功利，这算什么"志"，恰恰是胸无大志。

事业是精神性追求与社会性劳动的统一，精神性追求是其内涵和灵魂，社会性劳动是其形式和躯壳，二者不可缺一。

所以，一个仅仅为了名利而从政、经商、写书的人，无论他在社会上获得了怎样的成功，都不能说他有事业。

所以，一个不把自己的理想、思考、感悟体现为某种社会价值的人，无论他内心多么真诚，也不能说他有事业。

在人生中，职业和事业都是重要的。大抵而论，职业关系到生存，事业关系到生存的意义。在现实生活中，两者的关系十分复杂，从重合到分离、背离乃至于根本冲突，种种情形都可能存在。人们常常视职业与事业的一致为幸运，但有时候，两者的分离也会是一种自觉的选择，例如斯宾诺莎为了保证以哲学为事业而宁愿以磨镜片为职业。因此，事情最后也许可以归结为一个人有没有真正意义上的事业，如果没有，所谓事业与职业的关系问题也就不存在，如果有，这个关系问题也就有了答案。

最理想的情况是谋生与自我实现达成一致，做自己真正喜欢做的事情，同时又能借此养活自己。能否做到这一点，在一定程度上要靠运气。不过，我相信，在开放社会中，一个人只要有自己真正的志趣，终归是有许多机会向这个目标接近的。就个人而言，最重要的还是要有自己的志趣，机会只对这样的人开放。一个人首先必须具备快乐工作的愿望和能力，然后才谈得上快乐工作。

怎样确定一个职业是否适合自己？我认为应该符合三个条件：第一，有强烈的兴趣，甚至到了不给钱也一定要干的程度；第二，有明晰的意义感，确信自己的生命价值借此得到了实现；第三，能够靠它养活自己。

你做一项工作，只是为了谋生，对它并不喜欢，这项工作就只是你的职业。你做一项工作，只是因为喜欢，并不在乎它能否带来利益，这项工作就是你的事业。

最理想的情形是，事业和职业一致，做喜欢的事并能以之谋生。其次好的是，二者分离，业余做喜欢的事。最糟糕的是，根本没有自己真正喜欢做的事。

最好的职业是有业无职，就是有事业，而无职务、职位、职称、职责之束缚，能够自由地支配自己的时间，做自己喜欢做的事。例如艺术家、作家、学者，当然，前提是他们真正热爱艺术、文学和学术。否则，职位、职务、职称俱全而唯独无事业的所谓学者、作家、艺术家，今天有的是。

也许，在任何时代，从事精神创造的人都面临着这个选择：是追求精神创造本身的成功，还是追求社会功利方面的成功？前者的判官是良知和历史，后者的判官是时尚和权力。在某些幸运的场合，两者会出现一定程度的一致，时尚和权力会向已获得显著成就的精神创造者颁发证书。但是，在多数场合，两者往往偏离甚至背道而驰，因为它们毕竟是性质不同的两件事，需要花费不同的工夫。即使真实的业绩受到足够的重视，决定升迁的还有观点异同、人缘、自我推销的干劲和技巧等其他因素，而总是有人不愿意在这些方面浪费宝贵的生命的。

最基本的划分不是成功与失败，而是以伟大的成功和伟大的失败为一方，以渺小的成功和渺小的失败为另一方。

在上帝眼里，伟大的失败也是成功，渺小的成功也是失败。

成功是一个社会概念，一个直接面对上帝和自己的人是不会太看重它的。

有一些渺小的人获得了虚假的成功，他们的成功很快就被历史遗忘了。有一些伟大的人获得了真实的成功，他们的成功被历史永远记住了。但是，我知道，还有许多优秀的人，他们完全淡然于成功，最后也确实与成功无缘。对于这些人，历史既没有记住他们，也没有遗忘他们，他们是超越于历史之外的。

我相信一切深刻的灵魂都蕴藏着悲观。如果一种悲观可以轻易被外在的成功打消，我敢断定那不是悲观，而只是肤浅的烦恼。

最凄凉的不是失败者的哀鸣，而是成功者的悲叹。在失败者心目中，人间尚有值得追求的东西——成功。但获得成功仍然悲观的人，他的一切幻想都破灭了，他已经无可追求。失败者仅仅悲叹自己的身世；成功者若悲叹，必是悲叹整个人生。

有一种人追求成功，只是为了能居高临下地蔑视成功。

对于真正有才华的人来说，机会是会以各种面目出现的。

人要做成一点事情，第一靠热情，第二靠毅力。我在各领域一切有大作为的人身上，都发现了这两种品质。

首先要有热情，对所做的事情真正喜欢，以之为乐，全力以赴。但是，单有热情还不够，因为即使是喜欢做的事情，只要它足够大，其中必包含艰苦、困难乃至枯燥，没有毅力是坚持不下去的。何况在人生之中，人还经常要面对自己不喜欢但必须做的事情，那时候就完全要靠毅力了。

对于我来说，人生即事业，除了人生，我别无事业。我的事业就是要穷尽人生的一切可能性。这是一个肯定无望但极有诱惑力的事业。

我的野心是要证明一个没有野心的人也能得到所谓成功。
不过，我必须立即承认，这只是我即兴想到的一句俏皮话，其实我连这样的野心也没有。

我的"成功"（被社会承认，所谓名声）给我带来的最大便利是可以相对超脱于我所隶属的小环境及其凡人琐事，无须再为许多合理的然而琐屑的权利去进行渺小的斗争。那些东西，人们因为你的"成功"而愿意或不愿意地给你了，不给也无所谓了。

财富

人们不妨赞美清贫，却不可讴歌贫困。人生的种种享受是需要好的心境的，而贫困会剥夺好的心境，足以扼杀生命的大部分乐趣。

金钱的好处便是使人免于贫困。

但是，在提供积极的享受方面，金钱的作用极其有限。人生最美好的享受，包括创造、沉思、艺术欣赏、爱情、亲情等等，都非金钱所能买到。原因很简单，所有这类享受皆依赖于心灵的能力，而心灵的能力是与钱包的鼓瘪毫不相干的。

人在多大程度上不依赖于物质的东西，人就在多大程度上是自由的。所谓不依赖，在生存有保障的前提下，是一种精神境界。穷人是不自由的，因为他的生存受制于物质。那些没有精神目标的富人更是不自由的，因为他的全部心灵都受制于物质。自由是精神生活的范畴，物质只是自由的必要条件，永远不是充分条件，永远不可能直接带来自由。

无论个人，还是人类，如果谋求物质不是为了摆脱其束缚而获得精神的自由，人算什么万物之灵呢？

爱默生说：有钱的主要好处是用不着看人脸色了。这也是我的体会。钱是好东西，有钱的最大好处是可以使你在钱面前获得自由，包括在一切涉及钱的事情面前，而在这个俗世间，涉及钱的事情何其多也。所以，即使对于一个不贪钱的人来说，有钱也是大好事。

但是，钱不是最好的东西，不能为了这个次好的东西而牺牲最好的东西。一个人如果贪钱，有了钱仍受钱支配，在钱面前毫无自由，有钱的最大好处就荡然无存了。

人们常把金钱称作万恶之源，照我看，这是错怪了金钱。钱本身在道德上是中性的，谈不上善恶。毛病不是出在钱上，而是出在对钱的态度上。可怕的不是钱，而是贪欲，即一种对钱贪得无厌的占有态度。当然，钱可能会刺激起贪欲，但也可能不会。无论在钱多钱少的人中，都有贪者，也都有不贪者。所以，关键还在人的素质。

贪与不贪的界限在哪里？我这么看：一个人如果以金钱本身或者它带来的奢侈生活为人生主要目的，他就是一个被贪欲控制了的人；相反，在不贪之人，金钱永远只是手段，一开始是保证基本生活质量的手段，在这个要求满足以后，则是实现更高人生理想的手段。当然，要做到这一点，前提是他确有更高的人生理想。

财富既可促进幸福，也可导致灾祸，取决于人的精神素质。金钱是对人的精神素质的一个考验。拥有的财富越多，考验就越严峻。大财富要求大智慧，素质差者往往被大财富所毁。

看一个人素质的优劣，我们可以看他：获取财富的手段是否正当，能否对不义之财不动心；对已得之财能否保持超脱的心情，看作身外之物；富裕之后是否仍乐于过相对简朴的生活。

有人说："有钱可以买时间。"这话当然不错。但是，如果大前提是"时间就是金钱"，买得的时间又追加为获取更多金钱的资本，则一生劳碌便永无终时。

所以，应当改变大前提：时间不仅是金钱，更是生命，而生命的价值是金钱无法衡量的。

钱是好东西，但不是最好的东西。所以，第一，不能为这个好东西把最好的东西丢掉了；第二，只要不丢掉最好的东西，这个好东西越多越好。最好的东西是什么？就是生命的单纯和灵魂的高贵。

钱够花了以后，给生活带来的意义便十分有限，接下来能否提高生活质量，就要看你的精神实力了。

对于饥饿者，肚子最重要，脑子不得不为肚子服务。吃饱了，肚子最不重要，脑子就应该为心灵工作了。人生在世，首先必须解决生存问题，生存问题基本解决了，精神价值就应该成为主要目标。如果仍盯着肚子以及肚子的延伸，脑子只围着钱财转动，正表明缺少了人之为人的最重要的"器官"——心灵，因此枉为了人。

物质上的贫民，钱越少，越受金钱的奴役。精神上的贫民，钱越多，越受金钱的奴役。

凡是对钱抱占有态度的人，他同时也就被钱占有，成了钱的奴隶，如同古希腊哲学家彼翁在谈到一个富有的守财奴时所说："他并没有得到财富，而是财富得到了他。"

大量触目惊心的权钱交易案例业已证明，对于金钱的贪欲会使人不顾一切，甚至不要性命。千万不要以为，这些一失足成千古恨的人是天生的坏人。事实上，他们与我们中间许多人的区别只在于，他们恰好处在一个直接面对巨大诱惑的位置上。任何一个人，倘若渴慕奢华的物质生活而不能自制，一旦面临类似的诱惑，都完全可能走上同样的道路。

恶人的谋财害命，是谋人之财，害人之命，这终究属于少数。今日多的是另一种谋财害命——谋人世的钱财，害自己的性命。其中又有程度的不同。最显著者是谋不义之财，因此埋下祸种，事未发则在恐惧中度日，事发则坐牢乃至真的搭上了性命。但是，这仍然属于少数。最多的情形是，在无止境的物质追求中，牺牲了生命纯真的享受，败坏了生命纯真的品质。这一种谋财害命，因为它的普遍性和隐蔽性，正是我们最应该警觉的。

到处供奉财神爷，供奉福禄寿三神，世上有哪一个民族如此厚颜无耻地公开崇拜金钱，坦然于自己的贪婪？

世界上好像只有中国有财神爷，在信仰问题上，我想象不出还会有什么比这更大的讽刺了。神是最高价值的象征，把金钱供为神，意味着一切神圣价值都可以遭到亵渎。事实上，今天许多人拜佛，拜的也是金钱，佛成了财神爷的替身。个人为财富损害生命，政府为财政破坏自然，都是拜金主义导致的价值颠倒。

在做事的时候，把兴趣放在第一位，而把钱只当作副产品，这是面对金钱的一种最惬意的自由。当然，前提是钱已经够花了。不过，如果你把钱已经够花的标准定得低一点，你就可以早一点获得这个自由。

幸福

幸福只是灵魂的事，肉体只会有快感，不会有幸福感。

灵魂是感受幸福的"器官"，任何外在经历必须有灵魂参与才成其为幸福。

幸福主要是一种内心快乐的状态。不过，它不是一般的快乐，而是非常强烈和深刻的快乐，以至于我们此时此刻会由衷地觉得活着多么有意义，人生多么美好。不管拥有这种体验的时间多么短暂，这种体验却总是指向整个人生的，所包含的是对生命意义的总体评价。当人感受到幸福时，心中仿佛响着一个声音：为了这个时刻，我这一生值了！

幸福是生命意义得到实现的鲜明感觉。人身上必有一种整体的东西，是它在寻求、面对、体悟、评价整体的生命意义，我们只能把这种东西叫作灵魂。所以，幸福不是零碎和表面的情绪，而是灵魂的欢愉。正因为此，人一旦有过这种时刻和体验，便终身难忘了。

快感和痛感是肉体感觉，快乐和痛苦是心理现象，而幸福和苦难则仅仅属于灵魂。幸福是灵魂的叹息和歌唱，苦难是灵魂的呻吟和抗议,在两者中凸现的是对生命意义的或正或负的强烈体验。

内心世界的丰富、敏感和活跃与否决定了一个人感受幸福的能力。在此意义上,幸福是一种能力。

苦与乐不但有量的区别,而且有质的区别。在每一个人的生活中,苦与乐的数量取决于他的遭遇,苦与乐的品质取决于他的灵魂。

欢乐与欢乐不同,痛苦与痛苦不同,其间的区别远远超过欢乐与痛苦的不同。

对于沉溺于眼前琐屑享受的人,不足与言真正的欢乐。对于沉溺于眼前琐屑烦恼的人,不足与言真正的痛苦。

痛苦和欢乐是生命力的自我享受。最可悲的是生命力的乏弱,既无欢乐,也无痛苦。

痛苦使人深刻,但是,如果生活中没有欢乐,深刻就容易走向冷酷。未经欢乐滋润的心灵太硬,它缺乏爱和宽容。

我对幸福的看法日趋朴实了。在我看来,一个人若能做自己喜欢做的事,并且靠这养活自己,又能和自己喜欢的人在一起,并且使他(她)们也感到快乐,即可称幸福。

爱情和事业是人生幸福的两个关键项。爱着,创造着,这就够了。其余一切只是有了更好、没有亦可的副产品罢了。

人世间真实的幸福原是极简单的。人们轻慢和拒绝神的礼物，偏要到别处去寻找幸福，结果生活越来越复杂，也越来越不幸。

珍惜平凡的幸福，这是一种人生觉悟。一个人如果在他天天过的日子里找不到幸福，我可以断言，他去哪里也不会找到。为什么？因为他的幸福观出了问题，他在找一个东西，而他自己也不知道要找的东西是什么，他怎么能找到呢？

一个人活在世界上，一定要有相爱的伴侣、和睦的家庭、知心的朋友，一定要和自己的家人一起吃晚饭，餐桌上一定要有欢声笑语，这比有钱、有车、有房重要得多。钱再多，车再名贵，房再豪华，没有这些，就只是一个悲惨的孤魂野鬼。相反，穷一点儿，但有这些，就是在过一个活人的正常生活。

人在世上不妨去追求种种幸福，但不要忘了最重要的幸福就在你自己身边，那就是平凡的亲情。人在遭遇苦难时诚然可以去寻求别人的帮助和安慰，但不要忘了唯有一样东西能够使你真正承受苦难，那就是你自己的坚忍。在我看来，一个人懂得珍惜属于自己的那一份亲情，又勇于承担属于自己的那一份苦难，乃是人生的两项伟大成就。

那些伟大的灵魂，圣者如佛陀和耶稣，贤哲如苏格拉底和孔子，天才如尼采和梵高，生前或者贫困终身，或者受尽磨难，如果用世俗的眼光来评估，他们都是很不幸福的。幸福这把尺子太小，衡量不了这些精神伟人的价值。

不过，倘若把幸福定义为人性的伟大，他们又是最幸福的。

幸福的反面是灾祸，而非痛苦。痛苦中可以交织着幸福，但灾祸绝无幸福可言。另一方面，痛苦的解除未必就是幸福，也可能是无聊。可是，当我们从一个灾祸中脱身出来的时候，我们差不多是幸福的了。

幸福的和不幸的人呵，仔细想想，这世界上有谁是真正幸福的，又有谁是绝对不幸的？！

幸福是有限的，因为上帝的赐予本来就有限。痛苦是有限的，因为人自己承受痛苦的能力有限。

幸福属于天国，快乐才属于人间。

幸福是一个抽象概念，从来不是一个事实。相反，痛苦和不幸却常常具有事实的坚硬性。

幸福是一种一开始人人都自以为能够得到，最后没有一个人敢说已经拥有的东西。

幸福和上帝差不多，只存在于相信它的人心中。

幸福喜欢捉迷藏。我们年轻时，它躲藏在未来，引诱我们前去寻找它。曾几何时，我们发现自己已经把它错过，于是回过头来，又在记忆中寻找它。

幸福是一种苟且，不愿苟且者不可能幸福。我们只能接受生存的荒谬，我们的自由仅在于以何种方式接受。我们不哀哭，我们自得其乐地怠慢它，居高临下地嘲笑它，我们的接受已经包含着反抗了。

聪明人嘲笑幸福是一个梦，傻瓜到梦中去找幸福，两者都不承认现实中有幸福。看来，一个人要获得实在的幸福，就必须既不太聪明，也不太傻。人们把这种介于聪明和傻之间的状态叫作生活的智慧。

幸福是一个心思诡谲的女神，但她的眼光并不势利。权力能支配一切，却支配不了命运。金钱能买来一切，却买不来幸福。

一切灾祸都有一个微小的起因，一切幸福都有一个平庸的结尾。

自己未曾找到伟大的幸福的人，无权要求别人拒绝平凡的幸福。自己已经找到伟大的幸福的人，无意要求别人拒绝平凡的幸福。

我爱人世的不幸胜过爱天堂的幸福。我爱我的不幸胜过爱他人的幸福。

苦难

人生在世，免不了要遭受苦难。所谓苦难，是指那种造成了巨大痛苦的事件和境遇。它包括个人不能抗拒的天灾人祸，例如遭遇乱世或灾荒，患危及生命的重病乃至绝症，挚爱的亲人死亡。也包括个人在社会生活中的重大挫折，例如失恋，婚姻破裂，事业失败。有些人即使在这两方面运气都好，未尝吃大苦，却也无法避免那个一切人迟早要承受的苦难——死亡。因此，如何面对苦难，便是摆在每个人面前的重大人生课题。

我们总是想，今天如此，明天也会如此，生活将照常进行下去。

然而，事实上迟早会有意外事件发生，打断我们业已习惯的生活，总有一天我们的列车会突然翻出轨道。

"天有不测风云"——不测风云乃天之本性，"人有旦夕祸福"——旦夕祸福是无所不包的人生的题中应有之义，任何人不可心存侥幸，把自己独独看作例外。

人生在世，总会遭受不同程度的苦难，世上并无绝对的幸运儿。所以，不论谁想从苦难中获得启迪，该是不愁缺乏必要的机会和材料的。世态炎凉，好运不过尔尔。那种一交好运就得意忘形的浅薄者，我很怀疑苦难能否使他们变得深刻一些。

人生的本质决非享乐，而是苦难，是要在无情宇宙的一个小小角落里奏响生命的凯歌。

多数时候，我们生活在外部世界中，忙于琐碎的日常生活，忙于工作、交际和娱乐，难得有时间想一想自己，也难得有时间想一想人生。可是，当我们遭到突如其来的灾难时，我们忙碌的身子一下子停了下来。灾难打断了我们所习惯的生活，同时也提供了一个机会，迫使我们与外界事物拉开了一个距离，回到了自己。只要我们善于利用这个机会，肯于思考，就会对人生获得一种新的眼光。一个历尽坎坷而仍然热爱人生的人，他胸中一定藏着许多从痛苦中提炼的珍宝。

我相信人有素质的差异。苦难可以激发生机，也可以扼杀生机；可以磨炼意志，也可以摧垮意志；可以启迪智慧，也可以蒙蔽智慧；可以高扬人格，也可以贬抑人格，——全看受苦者的素质如何。素质大致规定了一个人承受苦难的限度，在此限度内，苦难的锤炼或可助人成材，超出此则会把人击碎。

这个限度对幸运同样适用。素质好的人既能承受大苦难，也能承受大幸运，素质差的人则可能兼毁于两者。

痛苦是性格的催化剂，它使强者更强，弱者更弱，暴者更暴，柔者更柔，智者更智，愚者更愚。

苦难是人格的试金石，面对苦难的态度最能表明一个人是否具有内在的尊严。譬如失恋，只要失恋者真心爱那个弃他而去的人，他就不可能不感到极大的痛苦。但是，同为失恋，有的人因此自暴自弃，萎靡不振，有的人为之反目为仇，甚至行凶报复，有的人则怀着自尊和对他人感情的尊重，默默地忍受痛苦，其间便有人格上的巨大差异。

当然，每个人的人格并非一成不变的，他对痛苦的态度本身也在铸造着他的人格。不论遭受怎样的苦难，只要他始终警觉他拥有采取何种态度的自由，并勉励自己以一种坚忍高贵的态度承受苦难，他就比任何时候都更加有效地提高着自己的人格。

世上有一种苦难，不但本身不可挽回，而且意味着其余一切价值的毁灭。在这种绝望的境遇中，如果说承受苦难仍有意义，那么，这意义几乎唯一地就在于承受苦难的方式本身了。弗兰克说得好：以尊严的方式承受苦难，这是一项实实在在的内在成就，因为它证明了人在任何时候都拥有不可剥夺的精神自由。事实上，我们每个人都终归要面对一种没有任何前途的苦难，那就是死亡，而以尊严的方式承受死亡的确是我们精神生活的最后一项伟大成就。

以尊严的方式承受苦难，这种方式本身就是人生的一项巨大成就，因为它所显示的不只是一种个人品质，而且是整个人性的高贵和尊严，证明了这种尊严比任何苦难更有力，是世间任何力量不能将它剥夺的。正是由于这个原因，在人类历史上，伟大的受难者如同伟大的创造者一样受到世世代代的敬仰。

不幸对一个人的杀伤力取决于两个因素，一是不幸的程度，二是对不幸的承受力。其中，后者更关键。所以，古希腊哲人如是说：不能承受不幸本身就是一种巨大的不幸。

但是，承受不幸不仅是一种能力，来自坚强的意志，更是一种觉悟，来自做人的尊严、与身外遭遇保持距离的智慧，以及超越尘世遭遇的信仰。

喜欢谈论痛苦的往往是不识愁滋味的少年，而饱尝人间苦难的老年贝多芬却唱起了欢乐颂。

年少之时，我们往往容易无病呻吟，夸大自己的痛苦，甚至夸耀自己的痛苦。究其原因，大约有二。其一，是对人生的无知，没有经历过大痛苦，就把一点儿小烦恼当成了大痛苦。其二，是虚荣心，在文学青年身上尤其突出，把痛苦当作装饰和品位，显示自己与众不同。只是到了真正饱经沧桑之后，我们才明白，人生的小烦恼是不值得说的，大痛苦又是不可说的。我们把痛苦当作人生本质的一个组成部分接受下来，带着它继续生活。如果一定要说，我们就说点别的，比如天气。辛弃疾词云："却道天凉好个秋"——这个结尾意味深长，是不可说之说，是辛酸的幽默。

面对社会悲剧，我们有理想、信念、正义感、崇高感支撑着我们，我们相信自己在精神上无比地优越于那迫害乃至毁灭我们的恶势力，因此我们可以含笑受难，慷慨赴死。我们是舞台上的英雄，哪怕眼前这个剧场里的观众全都浑浑噩噩，是非颠倒，我们仍有勇气把戏演下去，演给我们心目中绝对清醒公正的观众看，我们称这观众为历史、上帝或良心。

可是，面对自然悲剧，我们有什么呢？这里没有舞台，只有空漠无际的苍穹。我们不是英雄，只是朝生暮死的众生。任何人间理想都抚慰不了生老病死的悲哀，在天灾人祸面前也谈不上什么正义感。当史前人类遭受大洪水的灭顶之灾时，当庞贝城居民被维苏威火山的岩浆吞没时,他们能有什么慰藉呢?地震,海啸,车祸,空难,瘟疫,绝症……大自然的恶势力轻而易举地把我们或我们的亲人毁灭。我们面对的是没有灵魂的敌手,因而不能以精神的优越自慰,却愈发感到了生命的卑微。没有上帝来拯救我们,因为这灾难正是上帝亲手降下。我们愤怒,但无处泄愤。我们冤屈,但永无伸冤之日。我们反抗,但我们的反抗孤立无助,注定失败。

然而我们未必就因此倒下。也许,没有浪漫气息的悲剧是我们最本质的悲剧,不具英雄色彩的勇气是我们最真实的勇气。在无可告慰的绝望中,我们咬牙挺住。我们挺立在那里,没有观众,没有证人,也没有期待,没有援军。我们不倒下,仅仅是因为我们不肯让自己倒下。我们以此维护了人的最高的也是最后的尊严——人在大自然(=神)面前的尊严。

经历过巨大苦难的人有权利证明,创造幸福和承受苦难属于同一种能力。没有被苦难压倒,这不是耻辱,而是光荣。

任何智慧都不能使我免于痛苦,我只愿有一种智慧足以使我不毁于痛苦。

一个人只要真正领略了平常苦难中的绝望,他就会明白,一切美化苦难的言辞是多么浮夸,一切炫耀苦难的姿态是多么做作。

不要对我说:苦难净化心灵,悲剧使人崇高。默默之中,苦难磨钝了多少敏感的心灵,悲剧毁灭了多少失意的英雄。何必用舞台上的绘声绘色,来掩盖生活中的无声无息!

浪漫主义在痛苦中发现了美感，于是为了美感而寻找痛苦，夸大痛苦，甚至伪造痛苦。然而，假的痛苦有千百种语言，真的痛苦却没有语言。

事实上，我们平凡生活中的一切真实的悲剧都仍然是平凡生活的组成部分，平凡性是它们的本质，诗意的美化必然导致歪曲。

人天生是软弱的，唯其软弱而犹能承担起苦难，才显出人的尊严。

我厌恶那种号称铁石心肠的强者，蔑视他们一路旗开得胜的骄横。只有以软弱的天性勇敢地承受着寻常苦难的人们，才是我的兄弟姐妹。

我们不是英雄。做英雄是轻松的，因为他有净化和升华。做英雄又是沉重的，因为他要演戏。我们只是忍受着人间寻常苦难的普通人。

一个经历过巨大灾难的人就好像一座经历过地震的城市，虽然在废墟上可以建立新的房屋和生活，但内心有一些东西已经永远地沉落了。

人生的重大苦难都起于关系。对付它的方法之一便是有意识地置身在关系之外，和自己的遭遇拉开距离。例如，在失恋、亲人死亡或自己患了绝症时，就想一想恋爱关系、亲属关系乃至自己的生命的纯粹偶然性，于是获得一种类似解脱的心境。佛教的因缘说庶几近之。

然而，毕竟身在其中，不是想跳就能跳出来的。无我的空理易明，有情的尘缘难断。认识到因缘的偶然是一回事，真正看破因缘又是一回事。所以，佛教要建立一套烦琐复杂的戒律，借以把它的哲学观念转化为肉体本能。

古人云：忍为众妙之门。事实上，对于人生种种不可躲避的灾祸和不可改变的苦难，除了忍，别无他法。忍也不是什么妙法，只是非如此不可罢了。不忍又能怎样？所谓超脱，不过是寻找一种精神上的支撑，从而较能够忍，并非不需要忍了。一切透彻的哲学解说都改变不了任何一个确凿的灾难事实。佛教教人看透生老病死之苦，但并不能消除生老病死本身，苦仍然是苦，无论怎么看透，身受时还是得忍。

忍是一种自救，即使自救不了，至少也是一种自尊。以从容平静的态度忍受人生最悲惨的厄运，这是处世做人的基本功夫。

人生中有的遭遇是没有安慰也没有补偿的，只能全盘接受。我为接受找到的唯一理由是，人生在总体上就是悲剧，因此就不必追究细节的悲惨了。塞涅卡在相似意义上说："何必为部分生活而哭泣？君不见全部人生都催人泪下。"

人生最无法超脱的悲苦正是在细部，哲学并不能使正在流血的伤口止痛，对于这痛，除了忍受，我们别无办法。但是，我相信，哲学、宗教所启示给人的那种宏观的超脱仍有一种作用，就是帮助我们把自己从这痛中分离出来，不让这痛把我们完全毁掉。

定理一：人是注定要忍受不可忍受的苦难的。由此推导出定理二：所以，世上没有不可忍受的苦难。

人生难免遭遇危机，能主动应对当然好，若不能，就忍受它，等待它过去吧。

生命连同它的快乐和痛苦都是虚幻的——这个观念对于快乐是一个打击，对于痛苦未尝不是一个安慰。用终极的虚无淡化日常的苦难，用彻底的悲观净化尘世的哀伤，这也许是悲观主义的智慧吧。

越是面对大苦难，就越要用大尺度来衡量人生的得失。在岁月的流转中，人生的一切祸福都是过眼烟云。在历史的长河中，灾难和重建乃是寻常经历。

我们不可能持之以恒地为一个预知的灾难结局悲伤。悲伤如同别的情绪一样，也会疲劳，也需要休息。

以旁观者的眼光看死刑犯，一定会想象他们无一日得安生，其实不然。因为，只要想一想我们自己，谁不是被判了死刑的人呢？

习惯，疲倦，遗忘，生活琐事……苦难有许多貌不惊人的救星。人得救不是靠哲学和宗教，而是靠本能，正是生存本能使人类和个人历尽劫难而免于毁灭，各种哲学和宗教的安慰也无非是人类生存本能的自勉罢了。

人都是得过且过，事到临头才真急。达摩克利斯之剑悬在头上，仍然不知道疼。砍下来，只要不死，好了伤疤又忘疼。最拗不过的是生存本能以及由之产生的日常生活琐事，正是这些琐事分散了人对苦难的注意，使苦难者得以休养生息，走出泪谷。

只要生存本能犹在，人在任何处境中都能为自己编织希望，哪怕是极可怜的希望。陀思妥耶夫斯基笔下的终身苦役犯，服刑初期被用铁链拴在墙上，可他们照样有他们的希望：有朝一日能像别的苦役犯一样，被允许离开这堵墙，戴着脚镣走动。如果没有任何希望，没有一个人能够活下去。即使是最彻底的悲观主义者，他们的彻底也仅是理论上的，在现实生活中，生存本能仍然驱使他们不断受小小的希望鼓舞，从而能忍受这遭到他们否定的人生。

请不要责备"好了伤疤忘了疼"。如果生命没有这样的自卫本能，人如何还能正常地生活，世上还怎会有健康、勇敢和幸福？

古往今来，天灾人祸，留下过多少伤疤，如果一一记住它们的疼痛，人类早就失去了生存的兴趣和勇气。人类是在忘却中前进的。

身陷任何一种绝境，只要还活着，就必须把绝境也当作一种生活，接受它的一切痛苦，也不拒绝它仍然可能有的任何微小的快乐。

身处绝境之中，最忌讳的是把绝境与正常生活进行对比，认为它不是生活，这样会一天也忍受不下去。如果要作对比，干脆放大尺度，把自己的苦难放到宇宙的天平上去称一称。面对宇宙，一个生命连同它的痛苦皆微不足道，可以忽略不计。

人生有顺境，也有逆境。我们往往只把顺境看作生活，认为逆境不是生活，而是不得不忍受的例外，盼望它快快过去，生活可以重新开始。怀着这样的心态，人在逆境中就必定是焦虑不安，度日如年，苦难望不到头。应该调整心态，在逆境中要这样想：

这就是我现在的生活,甚至是我永远的生活,我怎么把它过得有意义?事实上,如果你的心态平静而又积极,逆境的确也是一种生活。

离一种灾祸愈远,我们愈觉得其可怕,不敢想象自己一旦身陷其中会怎么样。但是,当我们真的身陷其中时,犹如落入台风中心,反倒有了一种意外的平静。

人生况味

当生活中的小挫折彼此争夺意义之时,大苦难永远藏在找不到意义的沉默的深渊里。

人在孤身逆旅中最易感怀人生,因为说到底,人生在世也无非是孤身逆旅罢了。

沉默

最真实最切己的人生感悟是找不到言词的。对于人生最重大的问题,我们每个人都只能在沉默中独自面对。我们可以一般地谈论爱情、孤独、幸福、苦难、死亡等等,但是,倘若这些词眼确有意义,那属于每个人自己的真正的意义始终在话语之外。我无法告诉别人我的爱情有多温柔,我的孤独有多绝望,我的幸福有多美丽,我的苦难有多沉重,我的死亡有多荒谬。我只能把这一切藏在心中。我所说出写出的东西只是思考的产物,而一切思考在某种意义上都是一种逃避,从最个别的逃向最一般的,从命运逃向生活,从沉默的深渊逃向语言的岸。如果说它们尚未沦为纯粹的空洞观念,那也只是因为它们是从沉默中挣扎出来的,身上还散发着深渊里不可名状的事物的气息。

我不否认人与人之间沟通的可能,但我确信其前提是沉默而不是言词。梅特林克说得好:沉默的性质揭示了一个人的灵魂的性质。在不能共享沉默的两个人之间,任何言词都无法使他们的灵魂发生沟通。对于未曾在沉默中面对过相同问题的人来说,再深刻的哲理也只是一些套话。一个人对言词理解的深度取决于他对沉默理解的深度,归根结底取决于他的沉默亦即他的灵魂的深度。所以,在我看来,凡有志于探究人生真理的人,首要的功夫便是沉默，在沉默中面对他灵魂中真正属于他自己的重大问题。到他有了足够的孕育并因此感到不堪其重负时，一切语言之门便向他打开了，这时他不但理解了有限的言词，而且理解了言词背后沉默着的无限的存在。

沉默是语言之母，一切原创的、伟大的语言皆孕育于沉默。但语言自身又会繁殖语言，与沉默所隔的世代越来越久远，其品质也越来越蜕化。

还有比一切语言更伟大的真理，沉默把它们留给了自己。

语言是存在的家。沉默是语言的家。饶舌者扼杀沉默，败坏语言，犯下了双重罪过。

我们的内心经历往往是沉默的。讲自己不是一件随时随地可以进行的容易的事，它需要某种境遇和情绪的触发，一生难得有几回。那些喜欢讲自己的人多半是在讲自己所扮演的角色。

另一方面呢，我们无论讲什么，也总是在曲折地讲自己。

越是严肃的思想、深沉的情感，就越是难于诉诸语言。大音希声。这里甚至有一种神圣的羞怯，使得一个人难于启齿说出自己最隐秘的思绪，因为它是在默默中受孕的，从来不为人所知，于是便像要当众展示私生子一样的难堪。

一切高贵的情感都羞于表白，一切深刻的体验都拙于言辞。

话语是一种权力——这个时髦的命题使得那些爱说话的人欣喜若狂，他们愈发爱说话了，在说话时还摆出了一副大权在握的架势。

我的趣味正相反。我的一贯信念是：沉默比话语更接近本质，美比权力更有价值。在这样的对比中，你们应该察觉我提出了一个相反的命题：沉默是一种美。

自己对自己说话的需要。谁在说？谁在听？有时候是灵魂在说，上帝在听。有时候是上帝在说，灵魂在听。自己对自己说话——这是灵魂与上帝之间的交谈，舍弃此种交谈，就既没有灵魂，也没有上帝。

如果生活只是对他人说话和听他人说话，神圣性就荡然无存。

所以，我怀疑现代哲学中的一切时髦的对话理论，更不必说现代媒体上的一切时髦的对话表演了。

在万象喧嚣的背后，在一切语言消失之处，隐藏着世界的秘密。世界无边无际，有声的世界只是其中很小一部分。只听见语言不会倾听沉默的人是被声音堵住了耳朵的聋子。懂得沉默的价值的人却有一双善于倾听沉默的耳朵，如同纪伯伦所说，他们"听见了寂静的唱诗班唱着世纪的歌，吟咏着空间的诗，解释着永恒的秘密"。一个听懂了千古历史和万有存在的沉默的话语的人，他自己一定也是更懂得怎样说话的。

让我们学会倾听沉默——

因为在万象喧嚣的背后，在一切语言消失之处，隐藏着世界的秘密。倾听沉默，就是倾听永恒之歌。

因为我们最真实的自我是沉默的，人与人之间真正的沟通是超越语言的。倾听沉默，就是倾听灵魂之歌。

当少男少女由两小无猜的嬉笑转入羞怯的沉默时，最初的爱情来临了。

当诗人由热情奔放的高歌转入忧郁的沉默时，真正的灵感来临了。

沉默是神的来临的永恒仪式。

在两性亲昵中，从温言细语到甜言蜜语到花言巧语，语言愈夸张，爱情愈稀薄。达到了顶点，便会发生一个转折，双方恶言相向，爱变成了恨。

真实的感情往往找不到语言，真正的两心契合也不需要语言，谓之默契。

人生中最美好的时刻都是"此时无声胜有声"的，不独爱情如此。

真正打动人的感情总是朴实无华的，它不出声，不张扬，埋得很深。沉默有一种特别的力量，当一切喧嚣静息下来后，它仍然在工作着，穿透可见或不可见的间隔，直达人心的最深处。

世上一切重大的事情，包括阴谋与爱情，诞生与死亡，都是在沉默中孕育的。

在家庭中，夫妇吵嘴并不可怕，倘若相对无言，你就要留心了。

在社会上，风潮迭起并不可怕，倘若万马齐喑，你就要留心了。

艾略特说，世界并非在惊天动地的"砰"的一声中，而是在几乎听不见的"咻"的一声中完结的。末日的来临往往悄无声息。死神喜欢蹑行，当我们听见它的脚步声时，我们甚至来不及停住唇上的生命之歌，就和它打了照面。

当然，真正伟大的作品和伟大的诞生也是在沉默中酝酿的。广告造就不了文豪。哪个自爱并且爱孩子的母亲会在分娩前频频向新闻界展示她的大肚子呢？

在最深重的苦难中，没有呻吟，没有哭泣。沉默是绝望者最后的尊严。

在最可怕的屈辱中，没有诅咒，没有叹息。沉默是复仇者最高的轻蔑。

生命中那些最深刻的体验必定也是最无奈的，它们缺乏世俗的对应物，因而不可避免地会被日常生活的潮流淹没。当然，淹没并不等于不存在了，它们仍然存在于日常生活所触及不到的深处，成为每一个人既无法面对、也无法逃避的心灵暗流。

当生活中的小挫折彼此争夺意义之时，大苦难永远藏在找不到意义的沉默的深渊里。

沉默就是不说，但不说的原因有种种，例如：因为不让说而不说，那是顺从或者愤懑；因为不敢说而不说，那是畏怯或者怨恨；因为不便说而不说，那是礼貌或者虚伪；因为不该说而不说，那是审慎或者世故；因为不必说而不说，那是默契或者隔膜；因为不屑说而不说，那是骄傲或者超脱。这些都还不是与语言相对立的意义上的沉默，因为心中已经有了话，有了语言，只是不说出来罢了。倘若是因为不可说而不说，那至深之物不能浮现为语言，那至高之物不能下降为语言，或许便是所谓存在的沉默了吧。

沉默是一口井，这井里可能藏着珠宝，也可能一无所有。

孤独

你与你的亲人、友人、熟人、同时代人一起穿过岁月,你看见他们在你的周围成长和衰老。可是,你自己依然是在孤独中成长和衰老的,你的每一个生命年代仅仅属于你,你必须独自承担岁月在你的心灵上和身体上的刻痕。

和别人混在一起时,我向往孤独。孤独时,我又向往看到我的同类。但解除孤独毕竟只能靠相爱相知的人,其余的人扰乱了孤独,反而使人更感孤独,犹如一种官能,因为受到刺激而更加意识到自己的存在。

孤独和喧嚣都难以忍受。如果一定要忍受,我宁可选择孤独。

学会孤独,学会与自己交谈,听自己说话——就这样去学会深刻。

当然前提是:如果孤独是可以学会的话。

心灵的孤独与性格的孤僻是两回事。

孤僻属于弱者,孤独属于强者。两者都不合群,但前者是因为惧怕受到伤害,后者是因为精神上的超群卓绝。

孤独是因为内容独特而不能交流，孤僻却并无独特的内容，只是因为性格的疾病而使交流发生障碍。

一个特立独行的人而又不陷于孤独，这怎么可能呢？然而，尽管注定孤独，仍然会感觉到孤独的可怕和难以忍受。上帝给了他一颗与众不同的灵魂，却又赋予他与普通人一样的对于人间温暖的需要，这正是悲剧性之所在。

越是丰盈的灵魂，往往越能敏锐地意识到残缺，有越强烈的孤独感。在内在丰盈的衬照下，方见出人生的缺憾。反之，不谙孤独也许正意味着内在的贫乏。

孤独与创造，孰为因果？也许是互为因果。一个疏于交往的人会更多地关注自己的内心世界，一个人专注于创造也会导致人际关系的疏远。

一般而论，人的天性是不愿忍受长期的孤独的，长期的孤独往往是被迫的。然而，正是在被迫的孤独中，例如牢狱和疾病之灾，有的人的创造力意外地得到了发展的机会。强制的孤独不只是造成了一种必要，迫使人把被压抑的精力投于创作，而且我相信，由于牢狱或疾病把人同纷繁的世俗生活拉开了距离，人是会因此获得看世界和人生的一种新的眼光的，而这正是孕育出大作品的重要条件。

不过，对于大多数天才来说，他们之陷于孤独不是因为外在的强制，而是由于自身的气质。大体说来，艺术的天才，例如卡夫卡、吉卜林，多是忧郁型气质，而孤独中的写作则是一种自我治疗的方式。只是一开始作为一种补偿的写作，后来便获得了独立的价值，成了他们乐在其中的生活方式。另一类是思想的天才，例如牛顿、康德、维特根斯坦，则相当自觉地选择了孤独，以便保护自己的内在世界，可以不受他人干扰地专注于意义和秩序的寻求。

孤独之为人生的重要体验，不仅是因为唯有在孤独中，人才能与自己的灵魂相遇，而且是因为唯有在孤独中，人的灵魂才能与上帝、与神秘、与宇宙的无限之谜相遇。正如托尔斯泰所说，在交往中，人面对的是部分和人群，而在独处时，人面对的是整体和万物之源。这种面对整体和万物之源的体验，便是一种广义的宗教体验。

今日的许多教徒其实并没有真正的宗教体验，一个确凿的证据是，他们不是在孤独中，而必须是在寺庙和教堂里，在一种实质上是公众场合的仪式中，方能领会一点宗教的感觉。然而，这种所谓的宗教感，与始祖们在孤独中感悟的境界已经风马牛不相及了。

真正的宗教体验把人超拔出俗世琐事，倘若一个人一生中从来没有过类似的体验，他的精神视野就未免狭隘。尤其是对于一个思想家来说，这肯定是一种精神上的缺陷。

那些不幸的天才，例如尼采和梵高，他们最大的不幸并不在于无人理解，因为精神上的孤独是可以用创造来安慰的，而恰恰在于得不到普通的人间温暖，活着时就成了被人群遗弃的孤魂。

活在世上，没有一个人愿意完全孤独。天才的孤独是指他的思想不被人理解，在实际生活中，他却也是愿意有个好伴侣的，如果没有，那是运气不好，并非他的主动选择。人不论伟大平凡，真实的幸福都是很平凡很实在的。才赋和事业只能决定一个人是否优秀，不能决定他是否幸福。我们说贝多芬是一个不幸的天才，泰戈尔是一个幸福的天才，其根据就是在世俗领域的不同遭遇。

无聊、寂寞、孤独是三种不同的心境。

无聊是把自我消散于他人之中的欲望，它寻求的是消遣。寂寞是自我与他人共在的欲望，它寻求的是普通的人间温暖。孤独是把他人接纳到自我之中的欲望，它寻求的是理解。

无聊者自厌，寂寞者自怜，孤独者自足。

庸人无聊，天才孤独，人人都有寂寞的时光。

无聊是喜剧性的，孤独是悲剧性的，寂寞是中性的。

无聊属于生物性的人，寂寞属于社会性的人，孤独属于形而上的人。

一颗平庸的灵魂，并无值得别人理解的内涵，因而也不会感受到真正的孤独。孤独是一颗值得理解的心灵寻求理解而不可得，它是悲剧性的。无聊是一颗空虚的心灵寻求消遣而不可得，它是喜剧性的。寂寞是寻求普通的人间温暖而不可得，它是中性的。然而，人们往往将它们混淆，甚至以无聊冒充孤独……

"我孤独了。"啊，你配吗？

孤独者必不合时宜。然而，一切都可以成为时髦，包括孤独。

寂寞

生命是短暂的。可是,在短暂的一生中,有许多时间你还得忍,忍着它们慢慢地流过去,直到终于又有事件之石激起生命的浪花。

人生中辉煌的时刻并不多,大多数时间都是在对这种时刻的回忆和期待中度过的。

看破红尘易,忍受孤独难。在长期远离人寰的寂静中,一个人不可能做任何事,包括读书、写作、思考。甚至包括禅定,因为连禅定也是一种人类活动,唯有在人类的氛围中才能进行。难怪住在冷清古寺里的那位老僧要自叹:"怎生教老僧禅定?"

人们尽管慕林下高洁之名,却难耐林下寂寞之实。即使淡于功名的人,也未必受得了长期与世隔绝。所以,在世上忙碌着的不都是热衷功名之徒。

世上多的是一辈子住城市而从不嫌吵闹的俗人,却找不到一个一辈子住山林而从不觉寂寞的隐士。

寂寞是决定人的命运的情境。一个人忍受不了寂寞,就寻求方便的排遣办法,去会朋友,谈天,打牌,看电视,他于是成为一个庸人。靠内心的力量战胜寂寞的人，必是诗人和哲学家。

我的趣味一向是，寂寞比热闹好，无聊比忙碌好。寂寞是想近人而无人可近，无聊是想做事而无事可做。然而，离人远了，离神就近了。眼睛不盯着手头的事务，就可以观赏天地间的奥秘了。

独处也是一种能力，并非任何人任何时候都可具备的。具备这种能力并不意味着不再感到寂寞，而在于安于寂寞并使之具有生产力。

人在寂寞中有三种状态。一是惶惶不安，茫无头绪，百事无心，一心逃出寂寞。二是渐渐习惯于寂寞，安下心来，建立起生活的条理，用读书、写作或别的事务来驱逐寂寞。三是寂寞本身成为一片诗意的土壤，一种创造的契机，诱发出关于存在、生命、自我的深邃思考和体验。

人生了病，会变得更有人情味一些的。一方面，与种种事务疏远了，功名心淡漠了，纵然是迫不得已，毕竟有了一种闲适的心境。另一方面，病中寂寞，对亲友的思念更殷切了，对爱和友谊的体味更细腻了。疾病使人更轻功利也更重人情了。

一个人突然病了，不一定要是那种很快就死的绝症，但也不是无关痛痒的小病，他发现自己患的是一种像定时炸弹一样威胁着生命的病，在那种情形下，他眼中的世界也会发生很大的变化。他会突然意识到，这个他如此习以为常的世界其实并不属于他，他随时都会失去这个世界。他一下子看清了他在这个世界上的可能性原来非常有限，这使他感到痛苦，同时也使他变得冷静。

这时候，他就比较容易分清哪些事情是他无须关注、无须参与的，即使以前他对这些事情非常热衷和在乎。如果他仍然是一个热爱生命的人，那么，他并不会因此而自暴自弃，相反就会知道自己在世上还该做些什么事了，这些事对于他是真正重要的，而在以前未生病时很可能是被忽略了的。一个人在健康时，他在世界上的可能性似乎是无限的，那时候他往往眼花缭乱，主次不分。疾病限制了他的可能性，从而恢复了他的基本的判断力。

无聊

无聊是对欲望的欲望。当一个人没有任何欲望而又渴望有欲望之时,他便感到无聊。

叔本华把无聊看作欲望满足之后的一种无欲望状态,可说是知其一不知其二。完全无欲望是一种恬静状态,无聊却包含着不安的成分。人之所以无聊不是因为无欲望,而是因为不能忍受这无欲望的状态,因而渴望有欲望。

无聊的前提是闲。一般来说,只要人类在求温饱之余还有精力,无聊的可能性就存在了。席勒用剩余精力解释美感的发生。其实,人类特有的一切好东西坏东西,其发生盖赖于此,无聊也不例外。

所谓闲,是指没有非做不可的事,遂可以自由支配时间,做自己感兴趣的事。闲的可贵就在于此。闲了未必无聊,闲着没事干才会无聊。有了自由支配的时间,却找不到兴趣所在,或者做不成感兴趣的事,剩余精力茫茫然无所寄托,这种滋味就叫无聊。

闲是福气,无聊却是痛苦。在自由状态下,多半可以找到法子排遣无聊。排遣的方式因人而异,最能见出一个人的性情。愈浅薄的人，其无聊愈容易排遣，现成的法子有的是。"不有博弈者乎？"如今更好办，不有电视机和互联网乎？面对屏幕一坐几个钟点，天天坐到头昏脑涨然后上床去，差不多是现代人最常见的消磨闲暇的方式，——或者说，糟踏闲暇的方式。

时间就是生命，时间是我们的全部所有。谁都不愿意时间飞速流逝，一下子就到达生命的终点。可是大家似乎又都在"消磨"时间，也就是说，想办法把时间打发掉。如此宝贵的时间似乎又是一个极其可怕的东西，因而人们要用种种娱乐、闲谈、杂务隔开自己与时间，使自己不至于直接面对这空无所有而又确实在流逝着的时间。

时间就是生命。奇怪的是，人人都爱惜生命，不愿其速逝，却害怕时间，唯恐其停滞。我们好歹要做点什么事来打发时间，一旦无所事事，时间就仿佛在我们面前停住了。我们面对这脱去事件外衣的赤裸裸的时间，发现它原来空无所有，心中隐约对生命的实质也起了恐慌。无聊的可怕也许就在于此，所以要加以排遣。

人生中有些时候，我们会感觉到一种无可排遣的无聊。我们心不在焉，百事无心，觉得做什么都没意思。并不是疲倦了，因为我们有精力，只是茫无出路。并不是看透了，因为我们有欲望，只是空无对象。这种心境无端而来，无端而去，昙花一现，却是一种直接暴露人生根底的深邃的无聊。

当一个人无所事事而直接面对自己时，便会感到无聊。在通常情况下，我们仍会找些事做，尽快逃脱这种境遇。但是，也有无可逃脱的时候，即我就是百事无心，不想见任何人，不想做任何事。

自我似乎喜欢捉迷藏，无聊正是与自我邂逅的一个契机。这个自我，摆脱了一切社会的身份和关系，来自虚无，归于虚无。难怪我们和它相遇时，不能直面相视太久，便要匆匆逃离。可是，让我多坚持一会儿吧，我相信这个可怕的自我一定会教给我许多人生的真理。

兽和神大约都不会无聊。兽活命而已，只有纯粹的生存。神充实自足，具备完满的存在。兽人神三界，唯有夹在中间的人才会无聊，才可能有活得没意思的感觉和叹息。

人，永远走在从生存向存在的途中。他已经辞别兽界，却无望进入神界。他不甘于纯粹的生存，却达不到完美的存在。他有了超出生存的精力，却没有超出生存的目标。他寻求，却不知道寻求什么。人是注定要无聊的。

愈是心中老悬着一个遥远目的地的旅客，愈不耐旅途的漫长，容易百无聊赖。由此可见，无聊生于目的与过程的分离，乃是一种对过程疏远和隔膜的心境。孩子或者像孩子一样单纯的人，目的意识淡薄，沉浸在过程中，过程和目的浑然不分，他们能够随遇而安，即事起兴，不易感到无聊。商人或者像商人一样精明的人，有非常明确实际的目的，以此指导行动，规划过程，目的与过程丝丝相扣，他们能够聚精会神，分秒必争，也不易感到无聊。怕就怕既失去了孩子的单纯，又不肯学商人的精明，目的意识强烈却并无明确实际的目的，有所追求但所求不是太缥缈就是太模糊。"我只是想要，但不知道究竟想要什么。"这种心境是滋生无聊的温床。心中弥漫着一团空虚，无物可以填充。凡到手的一切都不是想要的，于是难免无聊了。

等的可怕，在于等的人对于所等的事完全不能支配，对于其他的事又完全没有心思，因而被迫处在无所事事的状态。有所期待使人兴奋，无所事事又使人无聊，等便是混合了兴奋和无聊的一种心境。随着等的时间延长，兴奋转成疲劳，无聊的心境就会占据优势。

活着总得等待什么，哪怕是等待戈多。有人问贝克特，戈多究竟代表什么，他回答道："我要是知道，早在剧中说出来了。"事实上，我们一生都在等待自己也不知道的什么，生活就在这等待中展开并且获得了理由。等的滋味不免无聊，然而，一无所等的生活更加无聊。不，一无所等是不可能的。即使在一无所等的时候，我们还是在等，等那个有所等的时刻到来。一个人到了连这样的等也没有的地步，就非自杀不可。所以，始终不出场的戈多先生实在是人生舞台的主角，没有他，人生这场戏是演不下去的。

生命太短暂了，太珍贵了，无论用它来做什么都有点可惜。总想做最有意义的事，足以使人不虚此生、死而无恨的事，却没有一件事堪当此重责。但是，人活着总得做点什么。于是．我们便做着种种微不足道的事。

精神一面要逃避无常，企求永恒，另一面却又厌倦重复，渴慕新奇。在自然中，变是绝对的，不变是相对的，绝对的变注定了凡胎肉身的易朽，相对的不变造就了日常生活的单调。所以，无常和重复原是自然为人生立的法则。但精神不甘于循此法则，偏要求绝对的不变——永恒，偏难忍相对的不变——重复，在变与不变之间陷入了两难。

对于那些不安的灵魂来说，重复比无常更不堪忍受。精神原是为逃脱无常而不倦地追求永恒，到后来这不倦的追求本身成了最大需要，以致当追求倦怠之时，为了逃脱重复，它就宁愿扑向无常，毁灭自己。

无聊：缺乏目的和意义。
无聊的天性：没有能力为自己设立一个目的，创造一种意义。
伟大天性的无聊时刻：对自己所创造的意义的突然看破。

如果消遣也不能解除你的无聊，你就有点儿深刻了。

往事

人分两种，一种人有往事，另一种人没有往事。

有往事的人爱生命，对时光流逝无比痛惜，因而怀着一种特别的爱意，把自己所经历的一切珍藏在心灵的谷仓里。

世上什么不是往事呢？此刻我所看到、听到、经历到的一切，无不转瞬即逝，成为往事。所以，珍惜往事的人便满怀爱怜地注视一切，注视即将被收割的麦田，正在落叶的树，最后开放的花朵，大路上边走边衰老的行人。这种对万物的依依惜别之情是爱的至深源泉。由于这爱，一个人才会真正用心在看，在听，在生活。

是的，只有珍惜往事的人才真正在生活。

没有往事的人对时光流逝毫不在乎，这种麻木使他轻慢万物，凡经历的一切都如过眼烟云，随风飘散，什么也留不下。他根本没有想到要留下。他只是貌似在看、在听、在生活罢了，实际上早已是一具没有灵魂的空壳。

人是怎样获得一个灵魂的？通过往事。正是被亲切爱抚着的无数往事使灵魂有了深度和广度，造就了一个丰满的灵魂。在这样一个灵魂中，一切往事都继续活着：从前的露珠在继续闪光，某个黑夜里飘来的歌声在继续回荡，曾经醉过的酒在继续芳香，早已死去的亲人在继续对你说话……你透过活着的往事看世界，世界别具魅力。活着的往事——这是灵魂之所以具有孕育力和创造力的秘密所在。

圣埃克苏佩里说："使沙漠显得美丽的，是它在什么地方藏着一口水井。"我相信童年就是人生沙漠中的这样一口水井。始终携带着童年走人生之路的人是幸福的，由于心中藏着永不枯竭的爱的源泉，最荒凉的沙漠也化作了美丽的风景。

人生中有些往事是岁月带不走的，仿佛愈经冲洗就愈加鲜明，始终活在记忆中。我们生前守护着它们，死后便把它们带入了永恒。

人心中应该有一些有分量的东西，使人沉重的往事是不会流失的。

人在世界上行走，在时间中行走，无可奈何地迷失在自己的行走之中。他无法把家乡的泉井带到异乡，把童年的彩霞带到今天，把十八岁生日的烛光带到四十岁的生日。不过，那不能带走的东西未必就永远丢失了。也许他所珍惜的所有往事都藏在某个人迹不至的地方，在一个意想不到的时刻，其中一件或另一件会突然向他显现，就像从前的某一片烛光突然在记忆的夜空中闪亮。

"子在川上曰：逝者如斯夫，不舍昼夜。"其实，光阴何尝是这样一条河，可以让我们伫立其上，河水从身边流过，而我却依然故我？时间不是某种从我身边流过的东西，而就是我的生命。弃我而去的不是日历上的一个个日子，而是我生命中的岁月；甚至也不仅仅是我的岁月,而就是我自己。我不但找不回逝去的年华,而且也找不回从前的我了。

当我回想很久以前的我,譬如说,回想大学宿舍里那个泪眼汪汪的我的时候,在我眼前出现的总是一个孤儿的影子,他被无情地遗弃在过去的岁月里了。他孑然一身,举目无亲,徒劳地盼望回到活人的世界里来,而事实上却不可阻挡地被过去的岁月带往更远的远方。我伸出手去,但是我无法触及他并把他领回。我大声呼唤,但是我的声音到达不了他的耳中。我不得不承认这是一种死亡,从前的我已经成为一个死者,我对他的怀念与对一个死者的怀念有着相同的性质。

我们总是觉得儿时尝过的某样点心最香甜,儿时听过的某支曲子最美妙,儿时见过的某片风景最秀丽。"幸福的岁月是那失去的岁月。"你可以找回那点心、曲子、风景,可是找不回岁月。所以,同一样点心不再那么香甜,同一支曲子不再那么美妙,同一片风景不再那么秀丽。

在回忆的引导下,我们寻访旧友,重游故地,企图找回当年的感觉,然而徒劳。我们终于怅然发现,与时光一起消逝的不仅是我们的童年和青春,而且是由当年的人、树木、房屋、街道、天空组成的一个完整的世界,其中也包括我们当年的爱和忧愁,感觉和心情,我们当年的整个心灵世界。

每次回母校,我都要久久徘徊在我过去住的那间宿舍的窗外。窗前仍是那株木槿,隔了这么些年居然既没有死去,也没有长大。我很想进屋去,看看从前那个我是否还在那里。从那时到现在,我到过许多地方,有过许多遭遇,可是这一切会不会是幻觉呢?也许,我仍然是那个我,只不过走了一会儿神?也许,根本没有时间，只有许多个我同时存在，说不定会在哪里突然相遇？但我终于没有进屋，因为我知道我的宿舍已被陌生人占据，他们会把我看作入侵者，尽管在我眼中，他们才是我的神圣的青春岁月的入侵者。

我不相信时间带走了一切。逝去的年华，我们最珍贵的童年和青春岁月，我们必定以某种方式把它们保存在一个安全的地方了。我们遗忘了藏宝的地点，但必定有这么一个地方，否则我们不会这样苦苦地追寻。或者说，有一间心灵的密室，其中藏着我们过去的全部珍宝，只是我们竭尽全力也回想不起开锁的密码了。然而，可能会有一次纯属偶然，我们漫不经心地碰对了这密码，于是密室开启，我们重新置身于从前的岁月。

当普鲁斯特的主人公口含一块泡过茶水的玛德莱娜小点心，突然感觉到一种奇特的快感和震颤的时候，便是碰对了密码。一种当下的感觉，也许是一种滋味，一阵气息，一个旋律，石板上的一片阳光，与早已遗忘的那个感觉巧合，因而混合进了和这感觉联结在一起的昔日的心境，于是昔日的生活情景便从这心境中涌现出来。

其实，每个人的生活中都不乏这种普鲁斯特式幸福的机缘，在此机缘触发下，我们会产生一种对某样东西似曾相识又若有所失的感觉。但是，很少有人像普鲁斯特那样抓住这种机缘，促使韶光重现。我们总是生活在眼前，忙碌着外在的事务。我们的日子是断裂的，缺乏内在的连续性。逝去的岁月如同一张张未经显影的底片，杂乱堆积在暗室里。它们仍在那里，但和我们永远失去了它们又有什么区别？

在很小的时候，我就自发地偷偷写起了日记。一开始的日记极幼稚,只是写些今天吃了什么好东西之类。我仿佛本能地意识到那好滋味会消逝,于是想用文字把它留住。年岁渐大,我用文字留住了许多好滋味:爱、友谊、孤独、欢乐、痛苦……通过写作,我不断地把自己最好的部分转移到文字中去,到最后,罗马不在罗马了,我借此逃脱了时光的流逝。

故地重游是一个越出通常旅游概念的行为。当我们不期然来到许多年前到过的某个地方,仿佛落到了空间中一个特殊的点上面,在其上一目了然地看到了时间流逝的一长段轨迹,我们便会被人生的沧桑感所震撼。

每到岁末年初,心中就会升起一种惆怅。中国人过年总是图个热闹,那热闹反而使我倍感寂寞。对我而言,过年无非意味着又一段生命的日子永远流失了,而在觥筹交错人声鼎沸之中,这件最重要的事情遭到了一致的忽略。我甚至觉得我的旧岁如同一个逝者,我必须远避尘嚣,独自来追念它,否则便是对逝者的亵渎。

人生中一切美好的时刻,我们都无法留住。人人都生活在流变中,人人的生活都是流变。那么,一个人的生活是否精彩,就并不在于他留住了多少珍宝,而在于他有过多少想留而留不住的美好的时刻,正是这些时刻组成了他的生活中的流动的盛宴。留不住当然是悲哀,从来没有想留住的珍宝却是更大的悲哀。

既然一切美好的价值都会成为过去,我们就必须承认过去的权利,过去不是空无,而是一切美好价值存在的唯一可能的形式。

逝去的感情事件，无论痛苦还是欢乐，无论它们一度如何使我们激动不宁，隔开久远的时间再看，都是美丽的。我们还会发现，痛苦和欢乐的差别并不像当初想象的那么大。欢乐的回忆夹着忧伤，痛苦的追念掺着甜蜜，两者又都同样令人惆怅。

消逝是人的宿命。但是，有了怀念，消逝就不是绝对的。人用怀念挽留逝者的价值，证明自己是与古往今来一切存在息息相通的有情。失去了童年，我们还有童心。失去了青春，我们还有爱。失去了岁月，我们还有历史和智慧。没有怀念，人便与木石无异。

然而，在这个日益匆忙的世界上，人们愈来愈没有工夫也没有心境去怀念了。人心如同躁动的急流，只想朝前赶，不复返顾。可是，如果忘掉源头，我们如何校正航向？如果不知道从哪里来，我们如何知道向哪里去？

意义的源泉是追求和怀念，而不是拥有。拥有的价值，似乎仅在于它使追求有了一个目标，使怀念有了一个对象。拥有好像只是一块屏幕，种种色彩缤纷的影像都是追求和怀念投射在上面的。

钟嗣成曲："当时事，仔细思，细思量不是当时。"的确如此。在我们的记忆中找不到真正的"当时"，我们无法用记忆来留住逝去的人和事。

李商隐诗："此情可待成追忆，只是当时已惘然。"事实是，不但当时，而且后来的追忆也是惘然的。

一切都会成为往事，记忆是每个人唯一能够留住的财富，这财富仅仅属于他,任何人无法剥夺,他也无法转让给任何人。一个人的记忆对于另一个人永远是一种异己的东西。可是,这并不意味着记忆是可靠的财富。相反,它几乎不可避免地会变形和流失,在最好的情况下,则会如同有生命之物一样生长成一种新的东西。

我想起一连串往事。我知道它们是我的往事,现在的我与那时的我是同一个我。但我知道这一点,并非靠直接的记忆,而是靠对记忆的记忆,记忆的无限次乘方。记忆不断重复,成了信念,可是离真实事件愈来愈远,愈来愈间接了。自我的统一性包含着这种间接性的骗局。

当我们回忆往事的时候,心灵中总是会出现自己的形象,我们看见自己在某个情境中做某件事。可是,我们真实的眼睛是看不见自己的形象的。那看见自己的形象的眼睛早已不是我们自己的真实的眼睛,而是代表着愿望和舆论的虚构的见证。

记忆是一种加工。一件往事经过不断回忆,也就是经过不断加工,早已面目全非了。

逝去的事件往往在回忆中获得了一种当时并不具备的意义,这是时间的魔力之一。

人生一切美好经历的魅力就在于不可重复,它们因此而永远活在了记忆中。

人生的每一个瞬间都是独特的重复。

年龄

有时候,我觉得我已经活了很久很久,我的记忆是一座复杂的迷宫。有时候,我又觉得我的生活昨天才开始,我的记忆是一片空白。我知道,这种矛盾的感觉会延续到生命的终结。

记忆是我们体悟时间的唯一手段,可是谁能够从记忆中找出时间的刻度呢?

我们看得见时针的旋转、日历的翻页,但看不见自己生命年轮的增长。我们无法根据记忆或身体感觉来确定自己的年龄。年龄只是一个抽象的数字,是我们依据最初的道听途说进行的计算。

假如一个人不知道自己的年龄,他能否根据头脑里积累的印象来判断这个年龄呢?几乎不可能。有的人活了很久,印象少得可怜。有的人还年轻,印象却很丰富了。如此看来,寿数实在是无稽的。我比你年轻十岁,假定我们将在同日死,即我比你短十年寿。但此时此刻,我心灵中的体验和大脑中的印象比你丰富得多,你那多活了的十年对于你又有什么意义呢?它们甚至连记忆也不是,因为抽象的时间是无法感受因而也无法记忆的,我们只能记住事件和印象。于是,只剩下了一个"多活十年"或"早生十年"的空洞的观念。

年龄是一个谣言，在记忆里找不到证据。人都活在当下，你当下的状态年轻，你就是年轻。

年龄就像面孔一样，自己是看不到的，必须照镜子，照见了的也只是一种外在的东西。

我不接受年龄就像有时不接受我的面孔一样。

我年轻得涨满情欲又在情欲的爆炸中失去了躯体，我老得堆满记忆又在记忆的重压下遗忘了一切。

我知道什么呢？——所以我年轻。
于是我不得不承认，只要活着，青春就是一种轮回。
而忘记年龄的人不会老，——当然会死。

生命不同季节的体验都是值得珍惜的，它们是完整的人生体验的组成部分。一个人在任何年龄段都可以有人生的收获，岁月的流逝诚然令人悲伤，但更可悲的是自欺式的年龄错位。

人生不同的年龄阶段，会有不同的风景。年幼的时候，我们沉浸在风景里，和风景是一体，自己还不会观赏，观赏者是父母和他人。长大以后，我们或多或少会观赏自己的年龄风景了，看自己青春的浪漫和寂寞，看自己壮年的成熟和努力。然后，老年来临了，好吧，让我们站在躯壳之外，笑看自己满头华发，满脸皱纹，脚步蹒跚，心情平和，恬然观赏自己人生的最后一道风景。

老是不知不觉来到的，"不知老之将至"实在是人的普遍心态。这很好，使人得以保持生命的乐趣直至生命的终结。

人总是不断地把老年的上限往后推，以便不把自己算作老人。

在我们的感觉中，爷爷辈的人似乎从来是老的，父辈的人是逐渐变老的，自己似乎是永远不会老的。

境遇与心情

人在孤身逆旅中最易感怀人生,因为说到底,人生在世也无非是孤身逆旅罢了。

若把人生比作一逆旅,我们便会发现,途中耽搁实在是人生的寻常遭际。我们向理想生活进发,因了种种必然的限制和偶然的变故,或早或迟在途中某一个点上停了下来。我们相信这是暂时的,总在等着重新上路,希望有一天能过自己真正想过的生活,殊不料就在这个点上永远停住了。有些人渐渐变得实际,心安理得地在这个点上安排自己的生活。有些人仍然等啊等,岁月无情,到头来悲叹自己被耽误了一辈子。

小时候喜欢乘车,尤其是火车,占据一个靠窗的位置,扒在窗户旁看窗外的风景。这爱好至今未变。

列车飞驰,窗外无物长驻,风景永远新鲜。

其实,窗外掠过什么风景,这并不重要。我喜欢的是那种流动的感觉。景物是流动的,思绪也是流动的,两者融为一片,仿佛置身于流畅的梦境。

当我望着窗外掠过的景物出神时,我的心灵的窗户也洞开了。许多似乎早已遗忘的往事,得而复失的感受,无暇顾及的思想,这时都不召自来，如同窗外的景物一样在心灵的窗户前掠过。于是我发现，平时我忙于种种所谓必要的工作，使得我的心灵的窗户有太多的时间是关闭着的，我的心灵的世界里还有太多的风景未被鉴赏。

有邂逅才有人生魅力。有时候，不必更多，不知来自何方的脉脉含情的一瞥，就足以驱散岁月的阴云，重新唤起我们对幸福的信心。

聚散乃人生寻常事，却也足堪叹息。最可叹的是散时视为寻常，不料再聚无日，一别竟成永诀。或者青春相别，再见时皆已白头，彼此如同一面镜子，瞬间照出了岁月的无情流逝。

月亏了能再盈，花谢了能再开。可是，人别了，能否再见却属未知。这是一。开谢盈亏，花月依旧，几度离合，人却老了。这是二。人生之所以最苦别离，就因为离别最使人感受到人生无常。

离别的场合，总有一个第三者在场——莫测的命运，从此就有了无穷的牵挂。

"断肠人忆断肠人"——一个"忆"字，点出了离别之苦的所在。离别之苦，就苦在心中有许多生动的记忆，眼前却看不见人。情由忆生，记忆越生动，眼前的空缺就越鲜明，人就越被思念之苦折磨，叫人如何不断肠。

单思或酸或辣，相思亦苦亦甜，思念的滋味最是一言难尽。

相思是一篇冗长的腹稿，发表出来往往很短。

失眠的滋味，春秋有别。春夜是小夜曲，秋夜是安魂曲。春夜听鸟鸣，秋夜听鬼哭。春夜怀人，秋夜悲己。春夜是色，秋夜是空。

和陌生女人调情，在陌生国度观光，我们所感受到的只是一种新奇的刺激，这种感觉无关乎存在的本质。相反，当我们面对一个朝夕相处的女人，一片熟门熟路的乡土，日常生活中一些自以为熟稔的人与事，突然产生一种陌生感和疏远感的时候，我们便瞥见了存在的令人震惊的本质了。此时此刻，我们一向借之生存的根据突然瓦解了，存在向我们展现了它的可怕的虚无本相。

路上迎面遇见一个女子，你怦然心动，她走过去了，你随即就忘记了她，也忘记了你刚才的怦然心动。

有一回，也在这样的邂逅之后，你开始思索怦然心动的原因。

当然，女子都比较可爱，但能看出不同的性格，或活泼，或端庄，或阳光，或忧郁，如此等等。在你怦然心动的那个瞬间，你是感觉到了你和她之间的一种可能性，那肯定不只是肌肤之亲，而是一种完整的生活。茫茫天地间的你和她，是完全可能结成伴侣、组成家庭乃至生儿育女的，而因为她的这一种性格，你就会和她拥有这一种生活了。

在你怦然心动的那个瞬间，你的另一个自我，那个不受你的实际生活束缚的自我，那个哲学的、文学的自我，经历了另一个人生。

人生中有两种情形，我自己经历过，在别人那里也见得很多，渐渐习以为常了。可是,一旦我仔细地去想它们,就仍然会觉得不可思议。

第一种情形是,两个原本完全陌生的人,后来怎么竟会天天生活在一起,并且觉得谁也离不开谁了?

第二种情形是,两个天天生活在一起的人,后来怎么竟会又成陌生人,甚至永远不通消息了?

苏轼的《江城子·乙卯正月二十日夜记梦》是一首传诵千古的悼亡词,句句无比沉痛,句句无比真实,句句有千钧之力。悼念的是去世十年的爱妻,却准确地写出了每一个曾经痛失爱侣、亲人、挚友的人的共同心境。

生者与逝者,无论从前多么相爱相知,现在已经生死隔绝,彼此都茫然不知对方的情形了。"两茫茫"是一个基本境况,笼罩着彼此的一切关系。生者的生活仍在继续,未必天天想念逝者,但这绝不意味着忘却。不忘却又能怎样,世界之大,找不到一个可以向逝者诉说的地方。即使有相逢的可能,双方都不是从前的样子了,不会再相识。这正是"两茫茫"造成的绝望境地。梦见了从前在一起时的熟悉情景,"两茫茫"的意识又立刻发生作用,把从前的温馨浸透在现在的哀伤之中。料想那逝者也是如此,年复一年地被隔绝在永恒的沉默之中。

一个人无论多大年龄上没有了父母,他都成了孤儿。他走入这个世界的门户,他走出这个世界的屏障,都随之塌陷了。父母在,他的来路是眉目清楚的,他的去路则被遮掩着。父母不在了,他的来路就变得模糊,他的去路反而敞开了。

少年人前面的光阴和老年人背后的光阴长度大致相等。但是,少年人往往觉得前面有无限的光阴，老年人却觉得背后的光阴十分有限。

年轻人没有什么可回忆，于是就展望。老年人没有什么可展望，于是就回忆。

从头开始是人生经常可能遇到的境况。大至地震，战争，国破家亡，死里逃生，事业一败涂地。小至丧偶，失恋，经济破产，钱财被窃，身上一文不名。凡此种种，皆会使你不同程度地产生一种废墟感。当此之时，最健康的心态便是忘掉你曾经拥有的一切，忘掉你所遭受的损失，就当你是赤条条刚来到这个世界，你对自己说："那么好吧，让我从头开始吧！"你不是坐在废墟上哭泣，而是拍拍屁股，朝前走去，来到一块空地，动手重建。你甚至不是重建那失去了的东西，因为那样你还是惦记着你的损失，你仍然把你的心留在了废墟上。不，你是带着你的心一起朝前走，你虽破产却仍是一个创业者，你虽失恋却仍是一个初恋者，真正把你此刻孑然一身所站立的地方当作了你的人生的起点。

也许这近于某种禅境。我必须承认的是，我自己达不到这种境界。一个人要达到这种无牵无挂的境界，上者必须大觉大悟，下者必须没心没肺，而我则上下两头皆够不着。

刚刚发生了一场灾祸，例如你最亲的亲人死了，火灾或盗贼使你失去了几乎全部财产，等等，那时候你会有一种奇异的一身轻的感觉，仿佛回到了天地间赤条条一身的原初状态。

人生似乎有两个大忌。一是突遭变故，不得不从零开始，重建生活或事业。二是壮年身死，撇下未完成的生活或事业，含恨撒手人寰。

可是，仔细想想，变故有大小，谁能完全躲避得了？寿命有长短，几人可称寿终正寝？

所以，从零开始与未完成是人生的常态。

所以，人应该具备两个觉悟：一是勇于从零开始，二是坦然于未完成。

回首往事，多少事想做而未做。瞻望前程，还有多少事准备做。未完成是人生的常态，也是一种积极的心态。如果一个人感觉到活在世上已经无事可做，他的人生恐怕就要打上句号了。当然，如果一个人在未完成的心态中和死亡照面，他又会感到突兀和委屈，乃至于死不瞑目。但是，只要我们认识到人生中的事情是永远做不完的，无论死亡何时到来，人生永远未完成，那么，我们就会在生命的任何阶段上与死亡达成和解，在积极进取的同时也保持超脱的心境。

世上事大抵如此，永远未完成，而在未完成中，生活便正常地进行着。所谓不了了之，不了就是了之，未完成是生活的常态。

世上事了犹未了，又何必了。这种心境，完全不是看破红尘式的超脱，而更像是一种对人生悲欢的和解和包容。

在人生的某个时期，行动的愿望是如此强烈，一心打破现状，改变生活，增加体验，往往并不顾忌后果是正是负，只要绝对数字大就行。

人生的一切矛盾都不可能最终解决，而只是被时间的流水卷走罢了。

人生是一场无结果的试验。因为无结果,所以怎样试验都无妨。也因为无结果,所以怎样试验都不踏实。

有人说,人生到处是陷阱,从一个陷阱跳出来,又掉入了另一个陷阱里。

可是,尽管如此,你还是想跳,哪怕明知道另一个更深的陷阱在等着你。最不能忍受的是永远待在同一个陷阱里。也许,自由就寓于跳的过程中。

人生难题

我不相信一切所谓人生导师。在这个没有上帝的世界上,谁敢说自己已经贯通一切歧路和绝境,因而不再困惑,也不再需要寻找了?

至于我,我将永远困惑,也永远寻找。困惑是我的诚实,寻找是我的勇敢。

因为色的诱惑,男人走向女人,女人走向男人,走进彼此的心灵,由色入情,于是有了爱。因为空的疑惑,人类呼唤世界之本相,呼唤神,由空入悟,于是有了哲学和宗教。

生命意义

人是唯一能追问自身存在之意义的动物。这是人的伟大之处，也是人的悲壮之处。

人到世上，无非活一场罢了，本无目的可言。人必须自己设立超出生存以上的目的，为生命加一个意义。然而，为什么活着？这是一个危险的问题。若问为什么吃喝劳作，我们很明白，是为了活。活着又为了什么呢？这个问题追究下去，没有谁不糊涂的。

对此大致有两类可能的答案。一类答案可以归结为：活着为了吃喝劳作，——为了一己的、全家的或者人类的吃喝劳作，为了吃喝得更奢侈，劳作得更有效，如此等等。这类答案虽然是多数人实际所奉行的，作为答案却不能令人满意，因为它等于说活着为了活着，不成其为答案。另一类答案就试图为生命指出一个高于生命的意义源泉，它应能克服人的生命的动物性和暂时性，因而必定是一种神性的不朽的东西。不管哲学家们如何称呼这个东西，都无非是神的别名罢了。其实，神只是一个记号，记录了我们追问终极根据而不可得的迷惘。

要解决个人生存的意义问题，就必须寻求个人与某种超越个人的整体之间的统一，寻求大我与小我、有限与无限的统一，无论何种人生哲学都不能例外。区别只在于，那个用来赋予个人生存以意义的整体是不同的。例如，它可以是自然（庄子，斯宾诺莎），社会（孔子，马克思），神（柏拉图，基督教）。如果不承认有这样的整体，就会走向悲观主义（佛教）。

"万物归一，一归何处？"
发问者看到的是一幅多么绝望的景象：那初始者、至高者、造物主、上帝也是一个流浪者！
不要跟我玩概念游戏，说什么万物是存在者，而一是存在本身。

人活一世，不过是到天地间走一趟罢了。人生的终点是死，死总不该是人生的目的。人生原本就是一趟没有目的的旅行。
鉴于人生本无目的，只是过程，有的哲人就教导我们重视过程，不要在乎目的。然而，看破目的阙如而执着过程，这就好比看破红尘的人还俗，与过程早已隔了一道鸿沟，至多只能做到貌合神离而已。

也许，寻求生命的意义，所贵者不在意义本身，而在寻求，意义就寓于寻求的过程之中。我们读英雄探宝的故事，吸引我们的并不是最后找到的宝物，而是探宝途中惊心动魄的历险情境。寻求意义就是一次精神探宝。

对人生的困惑，归结起来，无非两大类，借用佛家的话说，便是色与空。色代表情感的困惑，空代表生命意义的困惑。这两类问题，想来想去，也许到头来仍是困惑。不过，想的好处是，在困惑中仿佛有了方向，困惑中的寻求形成了人的精神生活。因为色的诱惑，男人走向女人，女人走向男人，走进彼此的心灵，由色入情，于是有了爱。因为空的疑惑，人类呼唤世界之本相，呼唤神，由空入悟，于是有了哲学和宗教。人的精神生活正是在这两个方向上展开的：情感生活指向人，其实质是人与人之间的精神联系，使我们在尘世扎下根来；沉思生活或信仰生活指向宇宙，其实质是人与宇宙之间的精神联系，使我们有了超越的追求。

对于少数人来说，人生始终是一个问题。对于多数人来说，一生中有的时候会觉得人生是一个问题。对于另一些少数人来说，人生从来不是一个问题。

我不相信一切所谓人生导师。在这个没有上帝的世界上，谁敢说自己已经贯通一切歧路和绝境，因而不再困惑，也不再需要寻找了？

至于我，我将永远困惑，也永远寻找。困惑是我的诚实，寻找是我的勇敢。

是的，人生是很简单的。可是，如果一个人麻木了，对于他一切都是很简单的。

常常有青年问我：一个人不去想那些人生大问题，岂不活得快乐一些？

事实上，不是因为思考，所以痛苦，而是因为痛苦，所以思考。想不想这类问题，不是自己可以选择的，基本上是由天生的禀赋决定的。那种已经在想这类问题的人，多半生性敏感而认真，他不是刻意要想，实在是身不由己，欲罢不能。

相反，另有一种人，哪怕你给他上一整套人生哲学课，他也未必会真正去想。

思得永恒和不思永恒的人都是幸福的。不幸的是那些思而不得的人。

但是，一个寻找终极价值而终于没有找到的人，他真的一无所获吗？至少，他获得了超越一切相对价值的眼光和心境，不会再陷入琐屑的烦恼和平庸的忧患之中。

为什么活着？由于生命本身并无目的，这个问题必然会悄悄地转化为另一个问题：怎样活着？我们为生命设置的目的，包括上帝、艺术、事业、爱情等，实际上都只是我们用以度过无目的的生命的手段而已，而生命本身则成了目的。

应该怎么生活？这是一个会令一切智者狼狈的问题。也许，一个人能够明白不应该怎么生活，他就可以算得上是一个智者了。

形而上学其实是人和自己较劲。人本是有限，必归于虚无，不甘心，于是想上升为神，变为无限。可是，人终归不能成为神。也许应该和解，不要太和自己较劲了，在无限与虚无之间，也肯定有限的价值。

追问生命的意义，是人的形而上的需要，而需要与能力总是互为条件的，通过创造赋予生命以意义，正是人的形而上的能力。

自然对意义是冷漠的，但人不能忍受自己在一个无意义的宇宙中度过无意义的生命。不过，既然人是自然的产物，我们也就可以把人的追求看作自然本身的要求的一种间接表达。

通过自己的存在来对抗自然的盲目和无意义，来赋予本无意义的自然以一种形而上的意义，这是人的使命，也不妨视为天地生人的目的之所在。

福克纳在加缪猝死那一年写道：加缪不由自主地把生命抛掷在探究唯有上帝才能解答的问题上了。其实，哲学家和诗人都是这样，致力于解开永无答案的人生之谜，因而都是不明智的。也许，对人来说，智慧的极限就在于认清人生之谜的无解，因而满足于像美国作家门肯那样宣布："我对人生的全部了解仅在于活着是非常有趣的。"

人类天性中有一种不可消除的冲动，就是要对世界和人生的问题追根究底。这种冲动虽说提升了人类存在的精神品质，但并不有利于人类在生物学意义上的生存。仿佛是为了保护人类的生存，上天就只让这种冲动在少数人身上格外强烈。古往今来，在世界的不同角落里，都有这样一些怀着强烈的形而上学冲动的人，不妨说，他们是一些中了形而上学之蛊的人。这样的人倘若同时具有巨大的才能，就可能成为精神领域里的天才。可是，倘若才能不足以驾御强烈的冲动，情形就惨了，很可能会被冲动所毁而毫无积极的结果。在一般人眼里，凡是痴迷于精神事物的人都有疯狂之嫌，区别在于，有的人同时是天才，有的人却仅仅是疯子。在某种意义上，后者是人类精神追求不得不付出的代价。

敏感与迟钝殊途同归。前者对人生看得太透，后者对人生看得太浅，两者得出相同的结论：人生没有意思。
要活得有意思，应该在敏感与迟钝之间。

在具体的人生中，每一个人对于意义问题的真实答案很可能不是来自他的理论思考，而是来自他的生活实践，具有事实的单纯性。

对于人生，我们无法想得太多太远。那越过界限的思绪终于惘然不知所之，不得不收回来，满足于知道自己此刻还活着，对于今天和明天的时光做些实际的安排。

人生的内容：a＋b＋c＋d＋……
人生的结局：0
人生的意义：(a＋b＋c＋d＋……)×0 = 0
尽管如此，人仍然想无限制地延长那个加法运算，不厌其长。这就是生命的魔力。

目的只是手段，过程才是目的。对过程不感兴趣的人，是不会有生存的乐趣的。

自我

活在世上，这似乎是一件最平常的事，凡活着的人都对它习以为常了。可是，它其实不是一件最可惊的事？为什么世界上有一个我，而不是没有我？每当这个问题在我心中浮现的时候，我就好像要从世界之梦中醒来一样。不过，我从来没有真正醒来。也许，梦醒之日，我才能知道答案，但同时也就没有我了。

我不知道，我的本质究竟是那独一无二的"自我"，还是那无所不包的"大全"。我只知道，对于我来说，无论是用"大全"否定"自我"，还是用"自我"否定"大全"，结局都是虚无。

哲学所提出的任务都是不可能完成的，包括这一个任务——认识你自己。

无人能知道他的真正的"自我"究竟是什么。关于我的"自我"，我唯一确凿知道的它的独特之处仅是，如果我死了，无论世上还有什么人活着，它都将不复存在。

我的存在不是一个自明的事实，而是需要加以证明的，于是有笛卡尔的命题：我思故我在。

但我听见佛教导说：诸法无我，一切众生都只是随缘而起的幻相。

我何尝不知道，在人类的悲欢离合中，我的故事极其普通。然而，我不能不对自己的故事倾注更多的悲欢。对于我来说，我的爱情波折要比罗密欧更加惊心动魄，我的苦难要比俄狄浦斯更加催人泪下。原因很简单，因为我不是罗密欧，不是俄狄浦斯，而是我自己。事实上，如果人人看轻一己的悲欢，世上就不会有罗密欧和俄狄浦斯了。

我终归是我自己。当我自以为跳出了我自己时，仍然是这个我在跳。我无法不成为我的一切行为的主体，我对世界的一切关系的中心。当然，同时我也知道每个人都有他的自我，我不会狂妄到要充当世界和他人的中心。

我走在街上，一路朝熟人点头微笑；我举起酒杯，听着应酬话，用笑容答谢；我坐在一群妙语连珠的朋友中，自己也说着俏皮话，赞赏或得意地大笑……

在所有这些时候，我心中会突然响起一个声音："这不是我！"于是，笑容冻结了。莫非笑是社会性的，真实的我则永远悲苦，从来不笑？

在个人身上，自我意识和死亡意识总是同时觉醒并且成正比发展的。当自我的边缘从混沌中清晰地分离出来时，自我化为乌有的前景就显得触目惊心了。反过来说，意识到了死亡的不可避免和万劫不复，也就意识到了自我的独一无二和不可重复。人正是以否定的方式，即通过自我的绝对不存在而获得关于绝对的概念。当人既意识到自我，又意识到绝对之时，生命的苦恼就开始折磨他了，他开始寻求智慧，即寻求把自我与绝对、小我与大我结合起来的途径了。他要参透他所从来的混沌，回到混沌中去，但是又不丧失自我。这是人的二律背反处境。

自我与世界的关系是一个最重要的哲学问题。一切哲学的努力，都是在寻求自我与世界的某种统一。这种努力大致朝着两个方向。其一是追问认识的根据，目的是要在作为主体的自我与作为客体的世界之间寻找一条合法的通道。其二是追问人生的根据，目的是要在作为短暂生命体的自我与作为永恒存在的世界之间寻找一种内在的联系。

关于"自我"，我们可以听到非常不同的谈论。一些人说，"自我"是每个人身上最真实的东西，另一些人说，"自我"只是一种幻觉，还有一些人说，"自我"是一种有待于塑造的东西。按照"成为自我""实现自我"的说法，"自我"好像是极有价值的东西。按照"克服自我""超越自我"的说法，"自我"又好像很没有价值。这些相左的谈论往往还会出自同一个哲学家之口。原因可能有二："自我"本身的确包含着悖论；用"自我"这个词谈论着不同的东西。

时间

时间对于人生的重要性似乎是不言而喻的：时间的流逝改变着人生的场景，时间的悠长衬托了人生的短暂。但是，时间又是一个千古之谜，一个绝对的悖论。我们既无法理解它以瞬间的形式存在，因为瞬间就意味着向不存在转化；我们也无法理解它以永恒的形式存在，因为永恒就意味着超越了时间。我们甚至无法说清时间究竟是否存在，它到底是什么。可是，它太重要了，我们不能不去说它，哪怕只是说一说我们的困惑。

一切关于时间的定义或者是文学化的描述和比喻，例如流逝、绵延之类，或者是数学化的量度，例如年、月、日之类。对于时间不可能给出一个哲学的定义。其原因就在于：时间是没有一个本质的；或者更直截了当地说，根本就不存在时间这种东西。

我们对于时间的想象也超不出这两种方式。因此，譬如说，我们无法想象上帝眼中的那种永不流逝、不可量度的时间，即所谓永恒。

我们唯一能理解的时间是历史——人类的历史或者人类眼中的自然界的历史。历史总是涉及一个有生有灭的事物，而世界本身是一个无始无终的过程，无所谓历史，一切历史都只不过是人类凭借自己的目力所及而从世界过程中截取的一个片断罢了。

我们的时间感觉根源于个体生命的暂时性,倘若人能够不死,我们便不会感觉到岁月的流逝。我们之所以以现在为分界点,把时间划分为过去、现在和未来,实在是因为我们不无恐惧地意识到,终有一天我们将不再有现在。如果生命永在,我们就会拥有一个包含着无尽过去和无尽未来的永恒的现在,我们就一定不会感觉到时间以及时间的虚幻了。

自古以来,不知多少人问过:时间是什么?它在哪里?人们在时间中追问和苦思,得不到回答,又被时间永远地带走了。

时间在哪里?被时间带走的人在哪里?

为了度量时间,我们的祖先发明了日历,于是人类有历史,个人有年龄。年龄代表一个人从出生到现在所拥有的时间。真的拥有吗?它们在哪里?

总是这样:因为失去童年,我们才知道自己长大;因为失去岁月,我们才知道自己活着;因为失去,我们才知道时间。

我们把已经失去的称作过去,尚未得到的称作未来,停留在手上的称作现在。但时间何尝停留,现在转瞬成为过去,我们究竟有什么?

多少个深夜,我守在灯下,不甘心一天就此结束。然而,即使我通宵不眠,一天还是结束了。我们没有任何办法能留住时间。

我们永远不能占有时间,时间却掌握着我们的命运。在它宽大无边的手掌里,我们短暂的一生同时呈现,无所谓过去、现在、未来,我们的生和死、幸福和灾祸早已记录在案。

可是,既然过去不复存在,现在稍纵即逝,未来尚不存在,世上真有时间吗?这个操世间一切生灵生杀之权的隐身者究竟是谁?

人生的秘密尽在时间，在时间的魔法和骗术，也在时间的真相和实质。时间把种种妙趣赐给人生：回忆，幻想，希望，遗忘……人生是过于依赖时间了，但时间本身又是不折不扣的虚无，是绝对的重复，是人心的一个虚构。哲学中没有比这更难解开的鬼结了。

我的一切都储存在时间那里，花掉了不少，还剩下一些，可都是支取的同时就花掉，手上什么也没有。

人生活在时间和空间的交叉点上，向两个方向瞻望永恒，得到的却永远只是瞬息。

希腊人有瞬时，中世纪人有永恒。现代人既没有瞬时，也没有永恒，他生活在两者的交接点上——生活在时间中。
瞬时和永恒都是非时间、超时间的。时间存在于两者的关系之中。

摆脱时间有三种方式：活在回忆中，把过去永恒化；活在当下的激情中，把现在永恒化；活在期待中，把未来永恒化。然而，想象中的永恒并不能阻止事实上的时光流逝。所以，回忆是忧伤的，期待是迷惘的，当下的激情混合着狂喜和绝望。难怪一个最乐观的诗人也如此喊道："时针指示着瞬息，但什么能指示永恒呢？"

谁能生活在时间之外，真正拥有永恒呢？
孩子和上帝。
孩子不在乎时光流逝。在孩子眼里，岁月是无穷无尽的。童年之所以令人怀念，是因为我们在童年曾经一度拥有永恒。可是，孩子会长大，我们终将失去童年。我们的童年是在我们明白自己必将死去的那一天结束的。自从失去了童年，我们也就失去了永恒。

从那以后，我所知道的唯一的永恒便是我死后时间的无限绵延，我的永恒的不存在。

还有上帝呢？我多么愿意和圣奥古斯丁一起歌颂上帝："你的岁月无往无来，永是现在，我们的昨天和明天都在你的今天之中过去和到来。"我多么希望世上真有一面永恒的镜子，其中映照着被时间劫走的我的一切珍宝，包括我的生命。可是，我知道，上帝也只是诗人的一个避难所！

命运

命运主要由两个因素决定：环境和性格。环境规定了一个人的遭遇的可能范围，性格则规定了他对遭遇的反应方式。由于反应方式不同，相同的遭遇就有了不同的意义，因而也就成了本质上不同的遭遇。我在此意义上理解赫拉克利特的这一名言：性格即命运。

但是，这并不说明人能决定自己的命运，因为人不能决定自己的性格。

性格无所谓好坏，好坏仅在于人对自己的性格的使用，在使用中便有了人的自由。

昔日的同学走出校门，各奔东西，若干年后重逢，便会发现彼此在做着很不同的事，在名利场上的沉浮也相差悬殊。可是，只要仔细一想，你会进一步发现，各人所走的道路大抵有线索可寻，符合各自的人格类型和性格逻辑，说得上各得其所。

上帝借种种偶然性之手分配人们的命运，除开特殊的天灾人祸之外，它的分配基本上是公平的。

"祸兮福之所倚，福兮祸之所伏。"老子如是说。

既然祸福如此无常，不可预测，我们就应该与这外在的命运保持一个距离，做到某种程度的不动心，走运时不得意忘形，背运时也不丧魂落魄。也就是说，在宏观上持一种被动、超脱、顺其自然的态度。

既然祸福如此微妙，互相包含，在每一具体场合，我们又并非无可作为。我们至少可以做到，在幸运时警惕和防备那潜伏在幸福背后的灾祸，在遭灾时等待和争取那依傍在灾祸身上的转机。也就是说，在微观上持一种主动、认真、事在人为的态度。

就命运是一种神秘的外在力量而言，人不能支配命运，只能支配自己对命运的态度。一个人愈是能够支配自己对于命运的态度，命运对于他的支配力量就愈小。

命运是不可改变的，可改变的只是我们对命运的态度。

狂妄的人自称命运的主人，谦卑的人甘为命运的奴隶。除此之外还有一种人，他照看命运，但不强求，接受命运，但不卑怯。走运时，他会揶揄自己的好运。背运时，他又会调侃自己的厄运。他不低估命运的力量，也不高估命运的价值。他只是做命运的朋友罢了。

塞涅卡说：愿意的人，命运领着走；不愿意的人，命运拖着走。他忽略了第三种情况：和命运结伴而行。

"愿意的人，命运领着走；不愿意的人，命运拖着走。"太简单一点了吧？活生生的人总是被领着也被拖着，抗争着但终于不得不屈服。

偶然性是上帝的心血来潮，它可能是灵感喷发，也可能只是一个恶作剧，可能是神来之笔，也可能只是一个笔误。因此，在人生中，偶然性便成了一个既诱人又恼人的东西。我们无法预测会有哪一种偶然性落到自己头上，所能做到的仅是——如果得到的是神来之笔，就不要辜负了它；如果得到的是笔误，就精心地修改它，使它看起来像是另一种神来之笔，如同有的画家把偶然落到画布上的污斑修改成整幅画的点睛之笔那样。当然，在实际生活中，修改上帝的笔误绝非一件如此轻松的事情，有的人为此付出了毕生的努力，而这努力本身便展现为辉煌的人生历程。

在设计一个完美的人生方案时，人们不妨海阔天空地遐想。可是，倘若你是一个智者，你就会知道，最美妙的好运也不该排除苦难，最耀眼的绚烂也要归于平淡。原来，完美是以不完美为材料的，圆满是必须包含缺憾的。最后你发现，上帝为每个人设计的方案无须更改，重要的是能够体悟其中的意蕴。

无人能完全支配自己在世间的遭遇，其中充满着偶然性，因为偶然性的不同，运气分出好坏。有的人运气特别好，有的人运气特别坏，大多数人则介于其间，不太好也不太坏。谁都不愿意运气特别坏，但是，运气特别好，太容易地得到了想要的一切，是否就一定好？恐怕未必。他得到的东西是看得见的，但也许因此失去了虽然看不见却更宝贵的东西。天下幸运儿大抵浅薄，便是证明。我所说的幸运儿与成功者是两回事。真正的成功者必定经历过苦难、挫折和逆境，绝不是只靠运气好。

运气好与幸福也是两回事。一个人唯有经历过磨难，对人生有了深刻的体验，灵魂才会变得丰富，而这正是幸福的最重要源泉。如此看来，我们一生中既有运气好的时候，也有运气坏的时候，恰恰是最利于幸福的情形。现实中的幸福，应是幸运与不幸按适当比例的结合。

人在世上生活，难免会遭遇挫折、失败、灾祸、苦难。这时候，基本的智慧是确立这样一种态度，就是把一切非自己所能改变的遭遇，不论多么悲惨，都当作命运接受下来，在此前提下走出一条最积极的路来。不要去想从前的好日子，那已经不属于你，你现在的使命是在新的规定性下把日子过好。这就好比命运之手搅了你的棋局，而你仍必须把残局走下去，那就好好走吧，把它走出新的条理来。

我们都会说命运无常，可是，一旦厄运降临，往往会陷在假如厄运没有降临的思路里，把命运的突变感受为生活的毁灭，丧失掉继续前行的勇气。厄运好比上帝给凡人出的一道试题，测试其灵魂的品质。人生没有假如，已经发生的厄运，只有面对它，接受它，从而在命运的新的规定下走出一条新的路来。

茫茫人海里，你遇见了这一些人而不是另一些人，这决定了你在人世间的命运。你的爱和恨，喜和悲，顺遂和挫折，这一切都是因为相遇。

但是，请记住，在相遇中，你不是被动的，你始终可以拥有一种态度。相遇组成了你的外部经历，对相遇的态度组成了你的内心经历。

还请记住，除了现实中的相遇之外，还有一种超越时空的相遇，即在阅读和思考中与伟大灵魂的相遇。这种相遇使你得以摆脱尘世命运的束缚，生活在一个更广阔、更崇高的世界里。

弗洛斯特在一首著名的诗中叹息：林中路分为两股，走上其中一条，把另一条留给下次，可是再也没有下次了。因为走上的这一条路又会分股，如此至于无穷，不复有可能回头来走那条未走的路了。

这的确是人生境况的真实写照。每个人的一生都包含着许多不同的可能性，而最终得到实现的仅是其中极小的一部分，绝大多数可能性被舍弃了，似乎浪费掉了。这不能不使我们感到遗憾。

但是，真的浪费掉了吗？如果人生没有众多的可能性，人生之路沿着唯一命定的轨迹伸展，我们就不遗憾了吗？不，那样我们会更受不了。正因为人生的种种可能性始终处于敞开的状态，我们才会觉得自己是命运的主人，从而踌躇满志地走自己正在走着的人生之路。绝大多数可能性尽管未被实现，却是现实人生不可缺少的组成部分，正是它们给那极少数我们实现了的可能性罩上了一层自由选择的光彩。这就好像尽管我们未能走遍树林里纵横交错的无数条小路，然而，由于它们的存在，我们即使走在其中一条上，也仍能感受到曲径通幽的微妙境界。

死亡

哲学是要去想一般人不敢想、不愿想的问题。作为一切人生——不论伟大还是平凡，幸福还是不幸——的最终结局，死是对生命意义的最大威胁和挑战，因而是任何人生思考绝对绕不过去的问题。

凡是有良好哲学悟性的人，必定有过对于死亡的隐秘体验和痛苦觉悟。这种体悟实质上是一切形而上思考的源头，不从这源头流出的思考就决非真正形而上的。因此，差不多可以把对死亡的体悟看作衡量一个人的哲学悟性的标志。

有的人很聪明，很有理解力，甚至也很真诚，但没有对死亡的体悟，你就很难和他做深入的哲学对话。

死有什么可思考的？什么时候该死就死，不就是一死？——可是，这种满不在乎的态度会不会也是一种矫情呢？

我最生疏的词：老。我最熟悉的词：死。尽管我时常沉思死的问题，但我从不觉得需要想一想防老养老的事情。

中国的圣人说："未知生，焉知死？"西方的哲人大约会倒过来说:"未知死,焉知生?"中西人生哲学的分野就在于此。

时间给不同的人带来不同的礼物,而对所有人都相同的是,它然后又带走了一切礼物,不管这礼物是好是坏。

善衣冠楚楚,昂首挺胸地招摇过市。回到家里,宽衣解带,美展现玫瑰色的裸体。进入坟墓,皮肉销蚀,唯有永存的骷髅宣示着真的要义。

死是最令人同情的,因为物伤其类,自己也会死。
死又是最不令人同情的,因为殊途同归,自己也得死。

我们对于自己活着这件事实在太习惯了,而凡是习惯了的东西,我们就很难想象有朝一日会失去。可是,事实上,死亡始终和我们比邻而居,它来光顾我们就像邻居来串一下门那么容易。所以,许多哲人主张,我们应当及早对死亡这件事也习惯起来,以免到时候猝不及防。在此意义上,他们把哲学看作一种思考死亡并且使自己对之习以为常的练习。

许多哲学家都教导:使自己愿意死,死就不可怕了。但有一位哲学家说:我不愿意死。
如果不懂得死的恐怖就是幸福,动物就是最值得羡慕的了。

死本质上是孤单的,不可能结伴而行。我们活在世上,与他人共在,死却把我们和世界、他人绝对分开了。在一个濒死者眼里,世界不再属于他,他人的生和死都与他无关。他站在自己的由生入死的出口上,那里只有他独自一人,别的濒死者也都在各自的出口上,并不和他同在。死总是自己的事,世上有多少个自我,就有多少独一无二的死,不存在一个一切人共有的死。死后的所谓虚无之境也无非是这一个独特的自我的绝对毁灭,并无一个人人共赴的归宿。

死亡不是同归大海,而是各回各的源头。

一种意识到自身存在的存在按其本性是不能设想自身的非存在的。我知道我的出生纯属偶然,但是,既已出生,我就不再能想象我将不存在。我甚至不能想象我会不出生,一个绝对没有我存在过的宇宙是超乎我的想象力的。

大自然产生出我们这些具有自我意识的个体,难道只是为了让我们意识到我们仅是幻相,而它自己仅是空无?不,我一定要否认。我要同时成为一和全,个体和整体,自我和宇宙,以此来使两者均获得意义。正是为了自救和救世,不肯接受死亡的灵魂走向了宗教和艺术。

没有死,就没有爱和激情,没有冒险和悲剧,没有欢乐和痛苦,没有生命的魅力。总之,没有死,就没有了生的意义。

最终剥夺了生的意义的死,一度又是它赋予了生以意义。

然而,欲取先予,最终还是剥夺了。

我想象自己是草地上的一座雕像,目睹一代又一代孩子嬉闹着从远处走来,渐渐长大,在我身旁谈情说爱,寻欢作乐,又慢慢衰老,蹒跚着向远处走去。我在他们中间认出了我自己的身影,他走着和大家一样的路程。我焦急地朝他瞪眼,示意他停下来,但他毫不理会。现在他已经越过我,继续向前走去了。我悲哀地看着他无可挽救地走向衰老和死亡。

我忧郁地想：我不该就这么永远地消失。

我听见一个声音对我说：人人都得死。

可是，我的意思是，不仅我，而且每一个人，都不该就这么永远地消失。

我的意思是，不仅我，而且每一个人，都应该忧郁地想：我不该就这永远地消失。

一个人只要认真思考过死亡，不管是否获得使自己满意的结果，他都好像是把人生的边界勘察了一番，看到了人生的全景和限度。如此他就会形成一种豁达的胸怀，在沉浮人世的同时也能跳出来加以审视。他固然仍有自己的追求，但不会把成功和失败看得太重要。他清楚一切幸福和苦难的相对性质，因而快乐时不会忘形，痛苦时也不致失态。

思考死亡的另一个收获是使我们随时做好准备，即使明天就死也不感到惊慌或委屈。尽管我始终不承认死是可以接受的，我仍赞同许多先哲的这个看法：既然死迟早要来，早来迟来就不是很重要的了，最后反正都是一回事。在我看来，我们应该也能够做到的仅是这个意义上的不怕死。

今天我活着，而明天我将死去——所以，我要执着生命，爱护自我，珍惜今天，度一个浓烈的人生。

今天我活着，而明天我将死去——所以，我要超脱生命，参破自我，宽容今天，度一个恬淡的人生。

死是哲学、宗教和艺术的共同背景。在死的阴郁的背景下，哲学思索人生，宗教超脱人生，艺术眷恋人生。

美感骨子里是忧郁，崇高感骨子里是恐惧。前者是有限者对有限者的哀怜，后者是有限者对无限者的敬畏。死仍然是共同的背景。

据说，临终的人容易宽恕一切。我想这并非因为他突然良心发现的缘故，而是因为在绝对的虚无面前，一切琐屑的往事对于他都真正无所谓了。

各种各样的会议，讨论着种种人间事务。我忽发奇想：倘若让亡灵们开会，它们会发怎样的议论？一定比我们超脱豁达。如果让每人都死一次，也许人人会变得像个哲学家。但是，死而复活，死就不成其为死，那一点彻悟又不会有了。

一辆卡车朝悬崖猛冲。

"刹车！"乘客惊呼。

司机回过头来，笑着说："你们不是想逃避死吗？在这人间，谁也逃不脱一死。要逃避死，只有离开人间。跟我去吧！"

卡车跌下悬崖。我醒来了，若有所悟。

死亡不是一个思考的对象。当我们自以为在思考死亡的时候，我们实际上所做的事情不是思考，而是别的，例如期望、相信、假设、想象、类比，等等。

不过，我不反对这样做，因为对于死亡的真正思考是不可能的，我们除了用各种诗意的解说来鼓励自己之外，还能够怎样呢？

死亡是神秘的黑夜，生命如同黑夜里一朵小小的烛光。它燃烧，照耀，突然被一阵风吹灭；或者，逐渐暗淡，终于慢慢地熄灭。

在另一个黑夜里，同一朵烛光会不会重新点燃？

也许，在天国里没有黑夜，只有光明，所有的烛光其实并未熄灭，只是回到了那永恒的光明中？

一般人活在世上，对于未来会有种种期望和计划，并且为之忙碌。可是，倘若一个人意识到死亡近在咫尺，他就会明白，期待中的未来也许并不存在，唯一可把握的是当下。事实上，每一个人都可能突然遭遇没有明天的一天。可是，世人往往为不可靠的明天复明天付出全部心力，却把一个个今天都当作手段牺牲掉了。

人的一生，有多少偶然和无奈。我们都将死去，而死在彼此的怀抱里，抑或死在另一个地方，这很重要吗？

从无中来，为何不能回到无中去？

对于死亡，我也许不是想明白了，而是受了哲人们态度的熏陶，能够坦然面对了。

光阴似箭，人生易老，实在是最无奈的事，引发了多少悲叹。装糊涂当然不是好办法，事实上也难做到。不过，许多时候，我们不是装糊涂，而是真糊涂，活在眼前，被具体的生活所吸引，忘记了岁月的流逝和死亡的来临。这是生命本身的魔力。

对于一切悲惨的事情，包括我们自己的死，我们始终是又适应又不适应，有时悲观有时达观，时而清醒时而麻木，直到最后都是如此。说到底，人的忍受力和适应力是惊人的，几乎能够在任何境遇中活着，或者——死去，而死也不是不能忍受和适应的。到死时，不适应也适应了，不适应也无可奈何了，不适应也死了。

第二编

情感体验

爱

爱的价值在于它自身,而不在于它的结果。结果可能不幸,可能幸福,但永远不会最不幸和最幸福。在爱的过程中间,才会有"最"的体验和想象。

爱是耐心,是等待意义在时间中慢慢生成。

爱

正是通过亲情、性爱、友爱等这些最具体的爱,我们才不断地建立和丰富了与世界的联系。深深地爱一个人,你借此所建立的不只是与这个人的联系,而且也是与整个人生的联系。一个从来不曾深爱过的人与人生的联系也是十分薄弱的,他在这个世界上生活,但他会感觉到自己只是一个局外人。爱的经历决定了人生内涵的广度和深度,一个人的爱的经历越是深刻和丰富,他就越是深入和充分地活了一场。

如果说爱的经历丰富了人生,那么,爱的体验则丰富了心灵。不管爱的经历是否顺利,所得到的体验对于心灵都是宝贵的收入。因为爱,我们才有了观察人性和事物的浓厚兴趣。因为挫折,我们的观察便被引向了深邃的思考。一个人历尽挫折而仍葆爱心,正证明了他在精神上足够富有,所以输得起。

相思不只是苦,苦中也有甜。心里惦着一个人,并且知道那个人心里也惦着自己,岂不比无人可惦记好得多?人是应该有所牵挂的,情感的牵挂使我们与人生有了紧密的联系。那些号称一无牵挂的人其实最可悲,他们活得轻飘而空虚。

一切终将黯淡，唯有被爱的目光镀过金的日子在岁月的深谷里永远闪着光芒。

心与心之间的距离是最近的，也是最远的。

到世上来一趟，为不多的几颗心灵所吸引，所陶醉，来不及满足，也来不及厌倦，又匆匆离去，把一点迷惘留在世上。

爱的价值在于它自身，而不在于它的结果。结果可能不幸，可能幸福，但永远不会最不幸和最幸福。在爱的过程中间，才会有"最"的体验和想象。

大自然提供的只是素材，唯有爱才能把这素材创造成完美的作品。

人们说爱，总是提出种种条件，埋怨遇不到符合这些条件的值得爱的对象。也许有一天遇到了，但爱仍未出现。那一个城市非常美，我在那里旅游时曾心旷神怡，但离开后并没有梦魂牵绕。那一个女人非常美，我邂逅她时几乎一见钟情，但错过了并没有日思夜想。人们举着条件去找爱，但爱并不存在于各种条件的哪怕最完美的组合之中。

爱不是对象，爱是关系，是你在对象身上付出的时间和心血。你培育的园林没有皇家花园美，但你爱的是你的园林而不是皇家花园。你相濡以沫的女人没有女明星美，但你爱的是你的女人而不是女明星。也许你愿意用你的园林换皇家花园，用你的女人换女明星，但那时候支配你的不是爱，而是欲望。

爱的给予既不是谦卑的奉献，也不是傲慢的施舍，它是出于内在的丰盈的自然而然的流溢，因而是超越于道德和功利的考虑的。爱心如同光源，爱者的幸福就在于光照万物。爱心又如同甘泉，爱者的幸福就在于泽被大地。丰盈的爱心使人像神一样博大，所以，《圣经》里说："神就是爱。"

爱是一份伴随着付出的关切，我们往往最爱我们倾注了最多心血的对象。

爱是耐心，是等待意义在时间中慢慢生成。

爱是一种精神素质，而挫折则是这种素质的试金石。

在这世界上，谁和谁的相遇不是偶然的呢？分歧在于对偶然的评价。在茫茫人海里，两个个体相遇的几率只是千千万万分之一，而这两个个体终于极其偶然地相遇了。我们是应该因此而珍惜这个相遇呢，还是因此而轻视它们？假如偶然是应该蔑视的，则首先要遭到蔑视的是生命本身，因为在宇宙永恒的生成变化中，每一个生命诞生的几率几乎等于零。然而，倘若一个偶然诞生的生命竟能成就不朽的功业，岂不更证明了这个生命的伟大？同样，世上并无命定的情缘，凡缘皆属偶然，好的情缘的魔力岂不恰恰在于，最偶然的相遇却唤起了最深刻的命运之感？

每一个人都是一个多么普通又多么独特的生命，原本无名无姓，却到底可歌可泣。我、你、每一个生命都是那么偶然地来到这个世界上，完全可能不降生，却毕竟降生了，然后又将必然地离去。想一想世界在时间和空间上的无限，每一个生命的诞生的偶然，怎能不感到一个生命与另一个生命的相遇是一种奇迹呢。

有时我甚至觉得,两个生命在世上同时存在过,哪怕永不相遇,其中也仍然有一种令人感动的因缘。我相信,对于生命的这种珍惜和体悟,乃是一切人间之爱的至深的源泉。

浩渺宇宙间,任何一个生灵的降生都是偶然的,离去却是必然的;一个生灵与另一个生灵的相遇总是千载一瞬,分别却是万劫不复。说到底,谁和谁不同是这空空世界里的天涯沦落人?

你说你爱你的妻子,可是,如果你不是把她当作一个独一无二的生命来爱,那么你的爱还是比较有限。你爱她的美丽、温柔、贤惠、聪明,当然都对,但这些品质在别的女人身上也能找到。唯独她的生命,作为一个生命体的她,却是在普天下的女人身上也无法重组或再生的,一旦失去,便是不可挽回地失去了。

世上什么都能重复,恋爱可以再谈,配偶可以另择,身份可以炮制,钱财可以重挣,甚至历史也可以重演,唯独生命不能。

人与人的相遇,是人生的基本境遇。爱情,一对男女原本素不相识,忽然生死相依,成了一家人,这是相遇。亲情,一个生命投胎到一个人家,把一对男女认作父母,这是相遇。友情,两个独立灵魂之间的共鸣和相知,这是相遇。

相遇是一种缘。爱情,亲情,友情,人生中最重要的相遇,多么偶然,又多么珍贵。

当我们的亲人远行或故世之后,我们会不由自主地百般追念他们的好处,悔恨自己的疏忽和过错。然而,事实上,即使尚未生离死别,我们所爱的人何尝不是在时时刻刻离我们而去呢?

在平凡的日常生活中，你已经习惯了和你所爱的人的相处，仿佛日子会这样无限延续下去。忽然有一天，你心头一惊，想起时光在飞快流逝，正无可挽回地把你、你所爱的人以及你们共同拥有的一切带走。于是，你心中升起一股柔情，想要保护你的爱人免遭时光劫掠。你还深切感到，平凡生活中这些最简单的幸福也是多么宝贵，有着稍纵即逝的惊人的美。

我们活在世上，人人都有对爱和善意的需要。今天你出门，不必有奇遇，只要一路遇到的是友好的微笑，你就会觉得这一天十分美好。如果你知道世上有许多人喜欢你，肯定你，善待你，你就会觉得人生十分美好，这个世界十分美好。即使你是一个内心很独立的人，情形仍是如此，没有人独立到了不需要来自同类的爱和善意的地步。

那么，我们就应该经常想到，我们的亲人、朋友、同学、同事，他们都有这同样的需要。这赋予了我们一种责任：对于我们周围的人来说，这个世界是否美好，在很大程度上取决于我们是否爱他们、善待他们，并且把爱和善意表达出来。

当亲友中某个人去世时，我们往往会后悔，有些一直想对他说的话再也没有机会说了。事实上，每一个人都在不可避免地走向死亡，我们随时面临着太迟的可能性。

因此，你心中不但要有爱和善意，而且要及时地表达，让那个与之相关的人和你共享。

当我们说到爱的时候，我们往往更多想到的是被爱。我们自觉不自觉地把自己的幸福系于被他人所爱的程度，一旦在这方面受挫，就觉得自己非常不幸。当然，对于我们的幸福来说，被爱是重要的。如果我们得到的爱太少，我们就会觉得这个世界很冷酷，自己在这个世界上很孤单。然而，与是否被爱相比，有无爱心却是更重要的。一个缺少被爱的人是一个孤独的人，一个没有爱心的人则是一个冷漠的人。孤独的人只要具有爱心，他仍会有孤独中的幸福，如雪莱所说，当他的爱心在不理解他的人群中无可寄托时，便会投向花朵、小草、河流和天空，并因此而感受到心灵的愉悦。可是，倘若一个人没有爱心，则无论他表面上的生活多么热闹，幸福的源泉已经枯竭，他那颗冷漠的心是绝不可能真正快乐的。

一个只想被人爱而没有爱人之心的人，其实根本不懂得什么是爱。他真正在乎的也不是被爱，而是占有。爱心是与占有欲正相反对的东西。爱本质上是一种给予，而爱的幸福就在这给予之中。许多贤哲都指出，给予比得到更幸福。一个明显的证据是亲子之爱，有爱心的父母在照料和抚育孩子的过程中便感受到了极大的满足。在爱情中，也是当你体会到你给你所爱的人带来了幸福之时，你自己才最感到幸福。

人在爱时都太容易在乎被爱，视为权利，在被爱时又都太容易看轻被爱，受之当然。如果反过来，有爱心而不求回报，对被爱知珍惜却不计较，人就爱得有尊严、活得有器度了。

对于个人来说，最可悲的事情不是在被爱方面受挫，例如失恋、朋友反目等等，而是爱心的丧失，从而失去了感受和创造幸福的能力。对于一个社会来说，爱心的普遍丧失则是可怕的，它的确会使世界变得冷如冰窟，荒如沙漠。在这样的环境中，善良的人们不免寒心，但我希望他们不要因此也趋于冷漠，而是要在学会保护自己的同时，仍葆有一颗爱心。应该相信，世上善良的人总是多数，爱心必能唤起爱心。不论个人还是社会，只要爱心犹存，就有希望。

凡正常人，都兼有疼人和被人疼两种需要。在相爱者之间，如果这两种需要不能同时在对方身上获得满足，便潜伏着危机。那惯常被疼的一方最好不要以为，你遇到了一个只想疼人不想被人疼的纯粹父亲型的男人或纯粹母亲型的女人。在这茫茫宇宙间，有谁不是想要人疼的孤儿？

有一句谚语说："因为爱而爱是神，因为被爱而爱是人。"说得对。人毕竟是人，不是神。所以，不论是谁，不论他（她）多么痴情或多么崇高，如果他（她）的爱长期没有回报，始终不被爱，他（她）的爱是坚持不下去的。

与平庸妥协往往是在不知不觉中完成的。心爱的人离你而去，你一定会痛苦。爱的激情离你而去，你却丝毫不感到痛苦，因为你的死去的心已经没有了感觉痛苦的能力。

爱的反义词不是孤独，也不是恨，而是冷漠。孤独者和恨者都是会爱的，冷漠者却与爱完全无缘。如果说孤独是爱心的没有着落，恨是爱心的受挫，那么，冷漠就是爱心的死灭。无论对于个人来说，还是对于社会来说，真正可怕的是冷漠，它使个人失去生活的意义，使社会发生道德的危机。在我看来，当今社会最触目惊心的现象之一便是人心的冷漠。在一个太重功利的社会里，冷漠会像病毒一样传播，从而使有爱心的人更感到孤独，甚至感到愤恨。不过，让我们记住，我们不要由孤独和愤恨而也堕入冷漠，保护爱心、拒绝冷漠乃是我们对于自己的灵魂的一份责任，也是我们对于社会的一份责任。

我乐于承认，在当今这个讲究实际的时代，爱是一种犯傻的能力。可不，犯傻也是一种能力，无此能力的人至多只犯一次傻，然后就学聪明了，从此看破了天下一切男人或女人的真相，不再受爱蒙蔽，而具备这种能力的人即使受挫仍不吸取教训，始终相信世上必有他所寻求的真爱。正是因为仍有这些肯犯傻能犯傻的男女存在，所以寻求真爱的努力始终是有希望的。

多么纯粹和热烈的爱，只要是人间的真实的爱，就必然具有人间性，沾染了人间的烟火味。不但亲子之爱，而且一切人间之爱，包括恋人的情爱，佳侣的恩爱，人间性都是必有的性质。如果罗密欧与朱丽叶真能喜结良缘，日久相伴，两人一定也会发生或大或小的摩擦。我们都生活在现象之中，都只能通过现象来体悟本质，没有人直接生活在爱的本质之中。如果有谁把自己的生活当作爱的本质展示给人们看，不用说，那肯定是在作秀，而且做得很不高明。

我突然感到这样忧伤。我思念着爱我或怨我的男人和女人，我又想到总有一天他们连同他们的爱和怨都不再存在，如此触动我心绪的这小小的情感天地不再存在，我自己也不再存在。我突然感到这样忧伤……

爱与孤独

爱和孤独是人生最美丽的两支曲子,两者缺一不可。无爱的心灵不会体味孤独,未曾体味过孤独的人也不可能懂得爱。

凡人群聚集之处,必有孤独。我怀着我的孤独,离开人群,来到郊外。我的孤独带着如此浓烈的爱意,爱着田野里的花朵、小草、树木和河流。

原来,孤独也是一种爱。

由于怀着爱的希望,孤独才是可以忍受的,甚至是甜蜜的。当我独自在田野里徘徊时,那些花朵、小草、树木、河流之所以能给我以慰藉,正是因为我隐约预感到,我可能会和另一颗同样爱它们的灵魂相遇。

在最内在的精神生活中,我们每个人都是孤独的,爱并不能消除这种孤独,但正因为由己及人地领悟到了别人的孤独,我们内心才会对别人充满最诚挚的爱。

孤独源于爱,无爱的人不会孤独。

也许孤独是爱的最意味深长的赠品,受此赠礼的人从此学会了爱自己,也学会了理解别的孤独的灵魂和深藏于它们之中的深邃的爱，从而为自己建立了一个珍贵的精神世界。

在我们的心灵深处，爱和孤独其实是同一种情感，它们如影随形，不可分离。愈是在我们感觉孤独之时，我们便愈是怀有强烈的爱之渴望。也许可以说，一个人对孤独的体验与他对爱的体验是成正比的，他的孤独的深度大致决定了他的爱的容量。孤独和爱是互为根源的，孤独无非是爱寻求接受而不可得，而爱也无非是对他人之孤独的发现和抚慰。

从茫茫宇宙的角度看，我们每一个人都是无依无靠的孤儿，偶然地来到世上，又必然地离去。正是因为这种根本性的孤独境遇，才有了爱的价值，爱的理由。

人人都是孤儿，所以人人都渴望有人爱，都想要有人疼。我们并非只在年幼时需要来自父母的疼爱，即使在年长时从爱侣那里，年老时从晚辈那里，孤儿寻找父母的隐秘渴望都始终伴随着我们，我们仍然期待着父母式的疼爱。

另一方面，如果我们想到与我们一起暂时居住在这颗星球上的任何人，包括我们的亲人，都是宇宙中的孤儿，我们心中就会产生一种大悲悯，由此而生出一种博大的爱心。我相信，爱心最深厚的基础是在这种大悲悯之中，而不是在别的地方。譬如说性爱，当然是离不开性欲的冲动或旨趣的相投的，但是，假如你没有那种把你的爱侣当作一个孤儿来疼爱的心情，我敢断定你的爱情还是比较自私的。即使是子女对父母的爱，其中最刻骨铭心的因素也不是受了养育之后的感恩，而是无法阻挡父母老去的绝望，在这种绝望之中，父母作为无人能够保护的孤儿的形象清晰地展现在了你的眼前。

在爱与孤独之间并不存在此长彼消的关系，现实的人间之爱不可能根除心灵对于孤独的体验，而且在我看来，我们也不应该对爱提出这样的要求，因为一旦没有了对孤独的体验，爱便失去了品格和动力。在两个不懂得品味孤独之美的人之间，爱必流于琐屑和平庸。

孤独是人的宿命，它基于这样一个事实：我们每个人都是这世界上一个旋生旋灭的偶然存在，从无中来，又要回到无中去，没有任何人任何事情能够改变我们的这个命运。

是的，甚至连爱也不能。凡是领悟人生这样一种根本性孤独的人，便已经站到了一切人间欢爱的上方，爱得最热烈时也不会做爱的奴隶。

当一个孤独寻找另一个孤独时，便有了爱的欲望。可是，两个孤独到了一起就能够摆脱孤独了吗？

孤独之不可消除，使爱成了永无止境的寻求。在这条无尽的道路上奔走的人，最终就会看破小爱的限度，而寻求大爱，或者——超越一切爱，而达于无爱。

爱可以抚慰孤独，却不能也不该消除孤独。如果爱妄图消除孤独，就会失去分寸，走向反面。

分寸感是成熟的爱的标志，它懂得遵守人与人之间必要的距离，这个距离意味着对于对方作为独立人格的尊重，包括尊重对方独处的权利。

有两种孤独。

灵魂寻找自己的来源和归宿而不可得，感到自己是茫茫宇宙中的一个没有根据的偶然性，这是绝对的、形而上的、哲学性质的孤独。灵魂寻找另一颗灵魂而不可得，感到自己是人世间的一个没有旅伴的漂泊者，这是相对的、形而下的、社会性质的孤独。

前一种孤独使人走向上帝和神圣的爱，或者遁入空门。后一种孤独使人走向他人和人间的爱，或者陷入自恋。

一切人间的爱都不能解除形而上的孤独。然而，谁若怀着形而上的孤独，人间的爱在他眼里就有了一种形而上的深度。当他爱一个人时，他心中会充满佛一样的大悲悯。在他所爱的人身上，他又会发现神的影子。

帕斯卡尔说："我们由于交往而形成了精神和感情，但我们也由于交往而败坏着精神和感情。"我相信，前一种交往是两个人之间的心灵沟通，它是马丁·布伯所说的那种"我与你"的相遇，既充满爱，又尊重孤独；相反，后一种交往则是熙熙攘攘的利害交易，它如同尼采所形容的"市场"，既亵渎了爱，又羞辱了孤独。

生命纯属偶然，所以每个生命都要依恋另一个生命，相依为命，结伴而行。

生命纯属偶然，所以每个生命都不属于另一个生命，像一阵风，无牵无挂。

每一个问题至少有两个相反的答案。

人在世上是需要有一个伴的。有人在生活上疼你，终归比没有好。至于精神上的幸福，这只能靠你自己，——永远如此。只要你心中的那个美好的天地完好无损，那块新大陆常新，就没有人能夺走你的幸福。

在我的生活中不能没有这样一个伴侣,我和她互相视为命根子,真正感到谁也缺不了谁。我自问是一个很有自我的人,能够欣赏孤独、寂寞、独处的妙趣,但我就是不能没有这样一个伴侣,如果没有,孤独、寂寞、独处就会失去妙趣,我会感到自己孤零零地生活在无边的荒漠中。

独身的最大弊病是孤独,乃至在孤独中死去。可是,孤独既是一种痛苦,也是一种享受,而再好的婚姻也不能完全免除孤独的痛苦,却多少会损害孤独的享受。至于死,任何亲人的在场都不能阻挡它的必然到来,而且死在本质上总是孤独的。

"有人独倚晚妆楼"——何等有力的引诱!她以醒目的方式提示了爱的缺席。女人一孤独,就招人怜爱了。

相反,在某种意义上,孤独是男人的本分。

当我们知道了爱的难度,或者知道了爱的限度,我们就谈论友谊。当我们知道了友谊的难度,或者知道了友谊的限度,我们就谈论孤独。当然,谈论孤独仍然是一件非常奢侈的事情。

我把我的孤独丢失在路上了。许多热心人围着我,要帮我寻找。我等着他们走开。如果他们不走开,我怎么能找回我的孤独呢?如果找不回我的孤独,我又怎么来见你呢?

大爱和小爱

人与人之间，部落与部落之间，种族与种族之间，国家与国家之间，为什么会仇恨？因为利益的争夺，观念的差异，隔膜，误会，等等。一句话，因为狭隘。一切恨都溯源于人的局限，都证明了人的局限。爱在哪里？就在超越了人的局限的地方。

只爱你的亲人和朋友是容易的，恨你的仇敌也是容易的，因为这都是出于一个有局限性的人的本能。做一个父亲爱自己的孩子，做一个男人爱年轻漂亮的女人，做一个处在种种人际关系中的人爱那些善待自己的人，这有什么难呢？作为某族的一员恨敌族，作为某国的臣民恨敌国，作为正宗的信徒恨异教徒，作为情欲之人恨伤了你的感情、损了你的利益的人，这有什么难呢？难的是超越所有这些局限，不受狭隘的本能和习俗的支配，作为宇宙之子却有宇宙之父的胸怀，爱宇宙间的一切生灵。

有人打了你的右脸，你就一定要回打他吗？你回打了他，他再回打你，仇仇相生，怨怨相报，何时了结？那打你的人在打你的时候是狭隘的，被胸中的怒气支配了，你又被他激怒，你们就一齐在狭隘中走不出来了。耶稣要你把左脸也送上去，这也许只是一个比喻，意思是要你丝毫不存计较之心，远离狭隘。当你这样做的时候，你已经上升得很高，你真正做了被打的你的肉躯的主人。相反，那计较的人只念着自己被打的右脸，他的心就成了他的右脸的奴隶。我开始相信，在右脸被打后把左脸送上去的姿态也可以是充满尊严的。

无论佛教还是基督教，都把人间亲情视为觉悟的障碍。乔达摩王子弃家出走，隐居丛林，然后才成佛陀。耶稣当着教众之面，不认前来寻他的母亲和兄弟，只认自己的门徒是亲人。然而，我对这种绝情之举始终不能赞赏。

诚然，在许多时候，尘躯的小爱会妨碍灵魂的大爱，俗世的拖累会阻挡精神的步伐。可是，也许这正是检验一个人的心灵力度的场合。难的不是避世修行，而是肩着人世间的重负依然走在朝圣路上。一味沉湎于小爱固然是一种迷妄，以大爱否定小爱也是一种迷妄。大爱者理应不弃小爱，而以大爱赋予小爱以精神的光芒，在爱父母、爱妻子、爱儿女、爱朋友中也体味到一种万有一体的情怀。

一个人只要活着，他的灵魂与肉身就不可能截然分开，在他的尘世经历中处处可以辨认出他的灵魂行走的姿态。唯有到了肉身死亡之时，灵魂摆脱肉身才是自然的，在此之前无论用什么方式强行分开都是不自然的，都是内心紧张和不自信的表现。不错，在一切对尘躯之爱的否定背后都隐藏着一个动机，就是及早割断和尘世的联系，为死亡预做准备。可是，如果遁入空门，禁绝一切生命的欲念，借此而达于对死亡无动于衷，这算什么彻悟呢？真正的彻悟是在恋生的同时不畏死，始终怀着对亲人的挚爱，而在最后时刻仍能从容面对生死的诀别。

我曾经无数次地想，在无限时空的一个短暂时间和一个狭小空间，我们一家四口——准确地说，我们这四个灵魂——极其偶然地相遇，组成了一个小小的家，相濡以沫，彼此相爱。我无比地爱这个家，爱我的妻子和孩子。可是，和我相遇的完全可能是别的灵魂，我完全可能和别的女人结婚，有别的孩子。那么，在那种情况下，我就会不爱我的家，不爱我的妻子和孩子了吗？当然不是，我仍然会爱。这难道不是说明，这一个实现了的具体的小爱只是无数个可能的小爱的一个代表，进一步说，只是普遍的生命之爱和灵魂之爱的一个代表？我正是首先通过爱我的亲人来爱一切生命和灵魂的。人间若有大爱，就只能首先以小爱的形式存在，只能从小爱中发端和升华。一个人真正从小爱中领悟了爱的实质，他就已经进入到大爱的境界中了。同样，凡是鄙弃小爱的人，我敢断定他和大爱无缘，一切爱的姿态和言论都只是表演而已。

以大爱之心珍惜人生中一切美好的相遇，珍惜已经得到的爱情、亲情和友情，在每一个小爱中实现大爱的境界。

真正富有人道精神的人，所拥有的不是那种浅薄的仁慈，也不是那种空洞的博爱，而是一种内在的精神上的丰富。因为丰富，所以能体验一切人间悲欢。也因为丰富，所以对情感的敏锐感应不会流于病态纤巧。他细腻而不柔弱，有力而不冷漠，这是一颗博大至深的心灵。

性与爱

爱,就是在这一世寻找那个仿佛在前世失散的亲人,就是在人世间寻找那个最亲的亲人。

好的爱情是双方以自由为最高赠礼的洒脱,以及绝不滥用这一份自由的珍惜。

凭人力可以成就和睦的婚姻,得到幸福的爱情却要靠天意。

性

性始终是自然界的一大神秘。无论生为男人,还是生为女人,我们都身在这神秘之中。对于神秘,人只能惊奇和欣赏。一个男人走向一个女人,一个女人走向一个男人,即将发生的不仅是两个人的相遇,而且是两个人各自与神秘的相遇。在一切美好的两性关系中,不管当事人是否意识到,对性的神秘感都占据着重要的位置。没有了这种神秘感,一个人在异性世界里无论怎样如鱼得水,所经历的都只是一些物理事件罢了。

在创世第六天,上帝的灵感达于顶峰,创造了最奇妙的作品——男人和女人。

然而,这些被造物今天却陷入了无聊的争论。

有一些极端的女权主义者竭力证明,男人和女人之间并无任何重要的差异,仅仅因为社会的原因,这些差异被夸大了,造成了万恶的性别歧视。

还有一些人——有男人也有女人——承认两性之间在生理上和心理上存在着差异,但热衷于评判这些差异,争论哪一性更优秀,上帝更宠爱谁。

我对所有这些争论都感到隔膜。

人们怎么看不到,上帝的杰作不是单独的某一性,而正是两性的差异,这差异里倾注了造物主的全部奇思妙想。一个领会了上帝的灵感的人才不理睬这种争论呢,他宁愿把两性的差异本身当作神的礼物,怀着感恩之心来欣赏和享用。

超出一切性别论争的一个事实是,自有人类以来,男女两性就始终互相吸引和寻找,不可遏止地要结合为一体。对于这个事实,柏拉图的著作里有一种解释:很早的时候,人都是双性人,身体像一只圆球,一半是男一半是女,后来被从中间劈开了,所以每个人都竭力要找回自己的另一半,以重归于完整。我曾经认为这种解释太幼稚,而现在,听多了现代人的性别论争,我忽然领悟了它的深刻的寓意。

寓意之一:无论是男性特质还是女性特质,孤立起来都是缺点,都造成了片面的人性,结合起来便都是优点,都是构成健全人性的必需材料。譬如说,如果说男性刚强,女性温柔,那么,只刚不柔便成脆,只柔不刚便成软,刚柔相济才是韧。

寓意之二:两性特质的区分仅是相对的,从本原上说,它们并存于每个人身上。一个刚强的男人也可以具有内在的温柔,一个温柔的女人也可以具有内在的刚强。一个人越是蕴含异性特质,在人性上就越丰富和完整,也因此越善于在异性身上认出和欣赏自己的另一半。相反,那些为性别优劣争吵不休的人,容我直说,他们的误区不只在理论上,真正的问题很可能出在他们的人性已经过于片面化了。借用柏拉图的寓言来说,他们是被劈开得太久了,以至于只能僵持自己的这一半,认不出自己的另一半了。

不应该否认两性心理特征的差异。大致而论,在气质上,女性偏于柔弱,男性偏于刚强,在智力上,女性偏于感性,男性偏于理性。当然,这种区别绝不是绝对的。事实上,许多杰出人物是集两性的优点于一身的。然而，其前提是保持本性别的优点。丢掉这个前提，譬如说，直觉迟钝的女人，逻辑思维混乱的男人，就很难优秀。

也许，在一定意义上，最优秀的男女都是雌雄同体的，既赋有本性别的鲜明特征，又巧妙地揉进了另一性别的优点。大自然仿佛要通过他们来显示自己的最高目的——阴与阳的统一。

一个女精神分析学家告诉我们：精子是一个前进的箭头，卵子是一个封闭的圆圈，所以，男人好斗外向，女人温和内向。她还告诉我们：在性生活中，女性的快感是全身心的，男性的快感则集中于性器官，所以，女性在整体性方面的能力要高于男性。

一个男哲学家告诉我们：男人每隔几天就能产生出数亿个精子，女人将近一个月才能产生出一个卵子，所以，一个男人理应娶许多妻子，而一个女人则理应忠于一个丈夫。

都是从性生理现象中找根据，结论却互相敌对。

我要问这位女精神分析学家：精子也很像一条轻盈的鱼，卵子也很像一只迟钝的水母，这是否意味着男人比女人活泼可爱？我还要问她：在性生活中，男人射出精子，而女人接受，这是否意味着女性的确是一个被动的性别？

我要问这位男哲学家：在一次幸运的性交中，上亿个精子里只有一个被卵子接受，其余均遭淘汰，这是否意味着男人在数量上过于泛滥，应当由女人来对他们加以精选而淘汰掉大多数？

我真正要说的是：性生理现象的类比不能成为性别褒贬的论据。

叔本华说：人有两极，即生殖器和大脑，前者是盲目的欲望冲动，后者是纯粹的认识主体。对应于太阳的两种功能，生殖器是热，使生命成为可能，大脑是光，使认识成为可能。

很巧妙的说法，但多少有些贬低了性的意义。

人有生殖器，使得人像动物一样，为了生命的延续，不得不受欲望的支配和折磨。用自然的眼光看，人在发情、求偶、交配时的状态与动物并无本质的不同，一样缺乏理智，一样盲目冲动，甚至一样不堪入目。在此意义上，性的确最充分地暴露了人的动物性一面，是人永远属于动物界的铁证。

但是，让我们设想一下，如果人只有大脑，没有生殖器，会怎么样呢？没有生殖器的希腊人还会为了绝世美女海伦打仗，还会诞生流传千古的荷马史诗吗？没有旺盛的情欲，还会有拉斐尔的画和歌德的诗吗？总之，姑且假定人类能无性繁殖，倘若那样，人类还会有艺术乃至文化吗？在人类的文化创造中，性是不可或缺的角色，它的贡献绝不亚于大脑。

情欲既是卑贱的，把人按倒在兽性的尘土中，又是伟大的，把人提升到神性的天堂上。性是生命之门，上帝用它向人喻示了生命的卑贱和伟大。

性爱是人生之爱的原动力。一个完全不爱异性的人不可能爱人生。

食欲引起初级革命，性欲引起高级革命。

人有两大欲望，食欲和性欲，科学与食欲相关，艺术与性欲相关。科学的原动力是食欲及其变形，它指向征服外物，目的是个体和种族的物质生存，与对象是一种狭义的功用关系。艺术的原动力是性欲及其变形，它指向自我享受，目的是个体和种族的生命繁衍，与对象是一种广义的情感关系。相比之下，性欲是更精神性的，可以从生命的创造升华到艺术的创造。用形而上学的语言说，性欲就相当于个体所秉承的宇宙生命的创造冲动，它同时是一种精神能力。

人在爱情中自愿放弃意志自由，在婚姻中被迫放弃意志自由。性是意志自由的天敌吗？

在上帝的赐予中，性是最公平的。一个人不论穷富美丑，都能从性交中得到快乐，而且其快乐的程度并不取决于他的穷富美丑。

爱情

有一个字,内心严肃的人最不容易说出口,有时是因为它太假,有时是因为它太真。

爱情不风流,爱情是两性之间最严肃的一件事。

调情是轻松的,爱情是沉重的。风流韵事不过是躯体的游戏,至多还是感情的游戏。可是,当真的爱情来临时,灵魂因恐惧和狂喜而战栗了。

爱情不风流,因为它是灵魂的事。真正的爱情是灵魂与灵魂的相遇,肉体的亲昵仅是它的结果。不管持续时间是长是短,这样的相遇极其庄严,双方的灵魂必深受震撼。相反,在风流韵事中,灵魂并不真正在场,一点儿小感情只是肉欲的作料。

爱情不风流,因为它极认真。正因为此,爱情始终面临着失败的危险,如果失败又会留下很深的创伤,这创伤甚至可能终身不愈。热恋者把自己全身心投入对方并被对方充满,一旦爱情结束,就往往有一种被掏空的感觉。风流韵事却无所谓真正的成功或失败,投入甚少,所以退出也甚易。

两性之间真正热烈的爱情未必是温馨的。这里无须举出罗密欧与朱丽叶,奥涅金与达吉亚娜,贾宝玉与林黛玉。每一个经历过热恋的人都不妨自问,真爱是否只有甜蜜,没有苦涩,只有和谐，没有冲突，只有温暖的春天，没有炎夏和寒冬？我不否认爱情中也有温馨的时刻，即两情相悦、心满意足的时刻，这样的时刻自有其价值，可是，倘若把它树为爱情的最高境界，就会扼杀一切深邃的爱情所固有的悲剧性因素，把爱情降为平庸的人间喜剧。

就像一万部艳情小说也不能填补《红楼梦》的残缺一样，一万件风流韵事也不能填补爱情的空白。

真正的爱情也许会让人付出撕心裂肺的代价，但一定也能使人得到刻骨铭心的收获。

爱情的滋味最是一言难尽，它无比甜美，带给人的却常是无奈、惆怅、苦恼和忧伤。不过，这些痛苦的体验又何尝不是爱情的丰厚赠礼，一份首先属于心灵、然后属于艺术的宝贵财富，古今中外大诗人的作品就是证明。

幸福是难的。也许，潜藏在真正的爱情背后的是深沉的忧伤，潜藏在现代式的寻欢作乐背后的是空虚。两相比较，前者无限高于后者。

爱情的质量取决于相爱者的灵魂的质量。真正高质量的爱情只能发生在两个富有个性的人之间。

对于灵魂的相知来说，最重要的是两颗灵魂本身的丰富以及由此产生的互相吸引，而决非彼此的熟稔乃至明察秋毫。

无幻想的爱情太平庸，基于幻想的爱情太脆弱，幸福的爱情究竟可能吗？我知道有一种真实，它能不断地激起幻想，有一种幻想，它能不断地化为真实。我相信，幸福的爱情是一种能不断地激起幻想，又不断地被自身所激起的幻想改造的真实。

给爱情划界时不妨宽容一些，以便为人生种种美好的遭遇保留怀念的权利。

让我们承认，无论短暂的邂逅，还是长久的纠缠，无论相识恨晚的无奈，还是终成眷属的有情，无论倾注了巨大激情的冲突，还是伴随着细小争吵的和谐，这一切都是爱情。每个活生生的人的爱情经历不是一座静止的纪念碑，而是一道流动的江河。当我们回顾往事时，我们自己不必否认，更不该要求对方否认其中任何一段流程、一条支流或一朵浪花。

我不相信人一生只能爱一次，我也不相信人一生必须爱许多次。次数不说明问题。爱情的容量即一个人的心灵的容量。你是深谷，一次爱情就像一道江河，许多次爱情就像许多浪花。你是浅滩，一次爱情只是一条细流，许多次爱情也只是许多泡沫。

一个人的爱情经历并不限于与某一个或某几个特定异性之间的恩恩怨怨，而且也是对于整个异性世界的总体感受。

爱情不是人生中一个凝固的点，而是一条流动的河。这条河中也许有壮观的激流，但也必然会有平缓的流程，也许有明显的主航道，但也可能会有支流和暗流。除此之外，天上的云彩和两岸的景物会在河面上映出倒影，晚来的风雨会在河面上吹起涟漪，打起浪花。让我们承认，所有这一切都是这条河的组成部分，共同造就了我们生命中的美丽的爱情风景。

爱情不论短暂或长久，都是美好的。甚至陌生异性之间毫无结果的好感，定睛的一瞥，朦胧的激动，莫名的惆怅，也是美好的。因为，能够感受这一切的那颗心毕竟是年轻的。生活中若没有邂逅以及对邂逅的期待，未免太乏味了。人生魅力的前提之一是，新的爱情的可能性始终向你敞开着，哪怕你并不去实现它们。如果爱情的天空注定不再有新的云朵飘过，异性世界对你不再有任何新的诱惑，人生岂不太乏味了？

不要以成败论人生，也不要以成败论爱情。
现实中的爱情多半是失败的，不是败于难成眷属的无奈，就是败于终成眷属的厌倦。然而，无奈留下了永久的怀恋，厌倦激起了常新的追求，这又未尝不是爱情本身的成功。
说到底，爱情是超越于成败的。爱情是人生最美丽的梦，你能说你做了一个成功的梦或失败的梦吗？

爱情既是在异性世界中的探险，带来发现的惊喜，也是在某一异性身边的定居，带来家园的安宁。但探险不是猎奇，定居也不是占有。毋宁说，好的爱情是双方以自由为最高赠礼的洒脱，以及绝不滥用这一份自由的珍惜。

好的爱情有韧性，拉得开，又扯不断。
相爱者互不束缚对方，是他们对爱情有信心的表现。谁也不限制谁，到头来仍然是谁也离不开谁，这才是真爱。

好的两性关系有弹性，彼此既非僵硬地占有，也非软弱地依附。相爱的人给予对方的最好礼物是自由。两个自由人之间的爱具有必要的张力，它牢固但不板结，缠绵但不粘滞。没有缝隙的爱太可怕了，爱情在其中失去了呼吸的空间，迟早会窒息。

世上并无命定的姻缘，但是，那种一见倾心、终生眷恋的爱情的确具有一种命运般的力量。

男女之间，真爱是什么感觉？有人说，必须是如痴如醉、要死要活，才可算数。这种激情状态当然很可贵也很美好，但一定是暂时的，不可能持久。真正长久和踏实的感情是这样一种感觉，仿佛两人从天老地荒就在一起了，并且将永远这样在一起下去。这是一种当下即永恒的感觉，只要有这种感觉，就是真爱。

爱情是盲目的，只要情投意合，仿佛就一丑遮百丑。爱情是心明眼亮的，只要情深意真，确实就一丑遮百丑。

一个爱情的生存时间或长或短，但必须有一个最短限度，这是爱情之为爱情的质的保证。小于这个限度，两情无论怎样热烈，也只能算作一时的迷恋，不能称作爱情。

爱情与事业，人生的两大追求，其实质为一，均是自我确认的方式。爱情是通过某一异性的承认来确认自身的价值，事业是通过社会的承认来确认自身的价值。

人们常说，爱情使人丧失自我。但还有相反的情形：爱情使人发现自我。在爱人面前，谁不是突然惊喜地发现，他自己原来还有这么多平时疏忽的好东西？他渴望把自己最好的东西献给爱人，于是他寻找，他果然找到了。呈献的愿望导致了发现。没有呈献的愿望，也许一辈子发现不了。

凭人力可以成就和睦的婚姻，得到幸福的爱情却要靠天意。

看两人是否相爱，一个可靠尺度是看他们是否互相玩味和欣赏。两个相爱者之间必定是常常互相玩味的，而且是不由自主地要玩，越玩越觉得有味。如果有一天觉得索然无味，毫无玩兴，爱就荡然无存了。

爱情是灵魂的化学反应。真正相爱的两人之间有一种亲和力，不断地分解，化合，更新。亲和力愈大，反应愈激烈持久，爱情就愈热烈巩固。

爱情和友情是人生的美酒，如果时间短暂，也有新酒的甘甜和芳香。可是，倘若能经受住漫长岁月的考验，味道就会越来越醇厚，最后变成了无比珍贵的陈年佳酿——亲情。恋人或朋友好到了极致，就真正是亲人，比血缘更亲。

性爱哲学

爱情，作为兽性和神性的混合，本质上是悲剧性的。兽性驱使人寻求肉欲的满足，神性驱使人追求毫无瑕疵的圣洁的美，而爱情则试图把两者在一个具体的异性身上统一起来，这种统一是多么不牢靠啊。由于自身所包含的兽性，爱情必然激发起一种疯狂的占有欲，从而把一个有限的对象当作目的本身。由于自身所包含的神性，爱情又试图在这有限的对象身上实现无限的美——完美。爱情所包含的这种内在的矛盾在心理上造成了多少幻觉和幻觉的破灭，从而在现实生活中导演了多少抛弃和被抛弃的悲剧。

确切地说，爱情不是人性的一个弱点，爱情就是人性，它是两性关系剖面上的人性。凡人性所具有的优点和弱点，它都具有。人性和爱情是注定不能摆脱动物性的根底的。在人性的国度里，兽性保持着它世袭的领地，神性却不断地开拓新的疆土，大约这就是人性的进步吧。

人不是木石，有一个血肉之躯，这个血肉之躯有欲望，需要得到满足。人又不仅是动物，有一个灵魂，灵魂要求欲望在一种升华的形式中得到满足，即具有美感，这差不多就是爱了，柏拉图正是在这个意义上把爱情定义为"在美中孕育"。

在精神的、形而上的层面上，爱情是为自己的孤独寻找一个守护者。在世俗的、形而下的层面上，爱情又是由性欲发动的对异性的爱慕。现实中的爱情是这两种冲动的混合，表现为在异性世界里寻找那个守护者。在异性世界里寻找是必然的，找到谁则是偶然的。当一个人不只是把另一个人作为一个异性来爱慕，而且认定她（他）就是那个守护者之时，这就已经是爱情而不仅仅是情欲了。爱情与情欲的区别就在于是否包含了这一至关重要的认定。

也许爱情的困难在于，它要把性质截然不同的两种东西结合在一起，反而使它们混淆不清了。假如一个人看清了那种形而上的孤独是不可能靠性爱解除的，于是干脆放弃这徒劳的努力，把孤独收归己有，对异性只以情欲相求，会如何呢？把性与爱拉扯在一起，使性也变得沉重了。那么，把性和爱分开，不再让它宣告爱或不爱，使它成为一种中性的东西，是否轻松得多？事实证明，结果往往是更加失落，在无爱的性乱中，被排除在外的灵魂愈发成了无家可归的孤魂。人有灵魂，灵魂必寻求爱，这注定了人不可能回到纯粹的动物状态。那么，承受性与爱的悖论便是人的无可避免的命运了。

爱情是两个整体的人之间的情感关系。在这个情感关系中，两人的人生观是否相洽，相洽到什么程度，一定会发生重要的作用。所谓高质量的爱情，一个必要条件是相洽的程度高。

但是，爱情又不只是人生观相洽的事情，相洽是必要条件，不是充分条件。在爱情的发生中，性吸引和审美方面的强烈感受往往起着更重要的作用。

你在热恋中？恭喜你，尽情地享受吧。不过请记住，没有人能够生活在爱的本质之中，我们都生活在现象之中，都只能通过现象来领悟本质。

可恨又可爱的现象世界，给我们快乐和苦恼，给我们昨天和明天，还给了我们不确定性。

无论你此刻陶醉于一个多么热烈的爱情，都不可用它来否定你曾有的人间情感的价值。你要在你的天地中给它一个恰当的位置，这天空是你的一生的灵魂追求，这大地是你的一生的尘世经历。

爱，就是在这一世寻找那个仿佛在前世失散的亲人，就是在人世间寻找那个最亲的亲人。

哪怕有情人终成眷属，那陪伴着轮回转世的爱人也永在互相的寻找之中，在互相的寻找之中方有永恒的爱情。

爱情是化学反应。同一个人与不同的异性会有不同的化学反应。

我心目中的上帝是顽皮的，富有游戏精神。在他眼里，尘世上最庄严的宣誓仪式也是过家家，最动人的爱情故事也是人间喜剧。

也许，性爱中总是交织着爱的对立面——恨，或者惧。拜伦属于前者，歌德属于后者。

"生命的意义在于爱。"

"不,生命的意义问题是无解的,爱的好处就是使人对这个问题不求甚解。"

一切迷恋都凭借幻觉,一切理解都包含误解,一切忠诚都指望报答,一切牺牲都附有条件。

我爱她,她成了我的一切,除她之外的整个世界似乎都不存在了。

那么,一旦我失去了她,是否就失去了一切呢?

不。恰恰相反,整个世界又在我面前展现了。我重新得到了一切。

未经失恋的人不懂爱情,未曾失意的人不懂人生。

性爱伦理

人在两性关系中袒露的不但是自己的肉体，而且是自己的灵魂——灵魂的美丽或丑陋，丰富或空虚。一个人对待异性的态度最能表明他的精神品级，他在从兽向人上升的阶梯上处在怎样的高度。

现代生活的匆忙是性爱的大敌，它省略细节，缩减过程，把两性关系简化为短促的发泄。两性的肉体接触更随便了，彼此在精神上却更陌生了。

如果男人和女人之间不再信任和关心彼此的灵魂，肉体徒然亲近，灵魂终是陌生，他们就真正成了大地上无家可归的孤魂了。如果亚当和夏娃互相不再有真情甚至不再指望真情，他们才是真正被逐出了伊甸园。

也许现代人真是活得太累了，所以不愿再给自己加上爱情的重负，而宁愿把两性关系保留为一个轻松娱乐的园地。也许现代人真是看得太透了，所以不愿再徒劳地经受爱情的折磨，而宁愿不动感情地面对异性世界。然而，逃避爱情不会是现代人精神生活空虚的一个征兆吗？

可能性是人生魅力的重要源泉。如果因为有了爱侣，结了婚，就不再可能与别的可爱的异性相遇，人生未免太乏味了。但是，在我看来，如果你真正善于欣赏可能性的魅力，你就不会怀着一种怕错过什么的急迫心理，总是想要把可能性立即兑现为某种现实性。因为这样做的结果，你表面上似乎得到了许多，实际上却是亲手扼杀了你的人生中一种最美好的可能性。我的意思是说，在你与一切异性的关系之中，不再有产生真正的爱情的可能性，只剩下了唯一的现实性——上床。

除去卖淫和变相的卖淫不说，我不相信一个女人和你在肉体上发生亲昵关系而在感情上却毫无所求。假定一个女人爱上了一个出色的男人，而这个男人譬如说有一百个追求者，那么，她是愿意他与一百个女人都有染，从而她也能占有一份呢，还是宁愿他只爱一人，因而她只有百分之一的获胜机会呢？我相信，在这个测验题目上，绝大多数女人都会做出相同的选择。

性是爱侣之间示爱的最热烈也最恰当的语言，对于他们来说，贞洁之所以必要，是为了保护这语言，不让它被污染从而丧失了示爱的功能。所以，如果一个人真的在爱，他就应该自愿地保持贞洁。反过来说，自愿的贞洁也就能够证明他在爱。

爱一个人的最好的方式是：把她（他）当作独立的个人尊重她，把她当作最亲的亲人心疼她。

衡量两性关系有两把尺子。一是法律，凡是不违背法律的行为，均应视为私事，他人不得强行干涉。二是道德，对一切真实的感情不可作道德判断，唯有感情上的不诚实或者借感情之名牟利才是不道德的。

一切真爱都是美的、善的，超越是非和道德的评判。

我主张对爱情的评判持宽松的标准。爱情的形态是多种多样的，是最不能一律的。只要是两情相悦，不以利益为目的，就都是美好的。

在爱情中，追求完美是一种必然的冲动，但其作用主要是否定性的，即督促双方不做有损爱情的事情。其主要成果，一是自律，用理性锁定易变的感情，二是宽容，爱和理性合力创造两人之间的自由空间。当然，这两点本身有助于使爱情持久和美好。

爱一个人，就是心疼一个人。爱得深了，潜在的父性或母性必然会参加进来。只是迷恋，并不心疼，这样的爱还只停留在感官上，没有深入到心窝里，往往不能持久。

爱就是心疼。可以喜欢许多人，但真正心疼的只有一个。

爱，就是没有理由的心疼和不设前提的宽容。

爱就是对被爱者怀着一些莫须有的哀怜，做一些不必要的事情：怕她（他）冻着饿着，担心她遇到意外，好好地突然想到她有朝一日死了怎么办，轻轻地抚摸她好像她是病人又是易损的瓷器。爱就是做被爱者的保护人的冲动，尽管在旁人看来这种保护毫无必要。

有爱便有牵挂，而且牵挂得似乎毫无理由，近乎神经过敏。你在大风中行走，无端地便担心爱人的屋宇是否坚固。你在睡梦中惊醒，莫名地便忧虑爱人的旅途是否平安。哪怕爱人比你强韧，你总放不下心，因为在你眼中她（他）永远比你甚至比一切世人脆弱，你自以为比世人也比她（他）自己更了解她（他），唯有你洞察那强韧外表掩盖下的脆弱。

不论男女，真爱的时候必定温柔。爱一个人，就是疼她，怜她，宠她，所以有"疼爱""怜爱""宠爱"之说。疼她，因为她受苦。怜她，因为她弱小。宠她，因为她这么信赖地把自己托付给你。女人对男人也一样。再幸运的女人也有受苦的时候，再强大的男人也有弱小的时候，所以温柔的呵护总有其理由和机会。

爱本质上是一种指向弱小者的感情，在爱中，占优势的是提供保护的冲动，而非寻求依靠的需要。如果以寻求强大的靠山为鹄的，那么，正因为再强的强者也有弱的时候和方面，使这种结合一开始就隐藏着破裂的必然性。

爱是给予，对于爱者来说，这给予是必需，是内在丰盈的流溢，是一种大满足。温柔也是一种能量，如果得不到释放，便会造成内伤，甚至转化为粗暴和冷酷。好的爱情能使双方的这种能量获得最佳释放，这便是爱情中的幸福境界。

"爱就是奉献"——如果除去这句话可能具有的说教意味，便的确是真理，准确地揭示了爱这种情感的本质。爱是一种奉献的激情，爱一个人，就会遏制不住地想为她（他）做些什么，想使她（他）快乐，而且是绝对不求回报的。爱者的快乐就在这奉献之中，在他所创造的被爱者的快乐之中。最明显的例子是父母对幼仔的爱，推而广之，一切真爱均应如此。可以用这个标准去衡量男女之恋中真爱所占的比重，剩下的就只是情欲罢了。

爱是一种了解的渴望，爱一个人，就会不由自主地想了解她（他）的一切，把她（他）所经历和感受的一切当作最珍贵的财富接受过来，精心保护。如果你和一个异性发生了很亲密的关系，但你并没有这种了解的渴望，那么，我敢断定你并不爱她，你们之间只是又一段风流因缘罢了。

可以不爱，不可无情。

在情场上，两造都真，便刻骨铭心爱一场。两造都假，也无妨逢场作戏玩一场。最要命的是一个真，一个假，就会种下怨恨甚至灾祸了。主动的假，玩弄感情，自当恶有恶报。被动的假，虚与委蛇，也决非明智之举。对于真情，是开不得玩笑，也敷衍不得的。"你若肯时肯、不肯时罢手，休把人空拖逗"——这是一句忠告。

我赞赏对爱情持不计得失、不计成败的达观态度。不过，你首先要有一个基本判断，就是对方是真爱你还是只想跟你玩玩。在这一点上发生了误解，你迟早会达观不下去的。

在性爱中，嫉妒和宽容各有其存在的理由。如果你真心爱一个异性，当他（她）与别人发生性爱关系时，你不可能不嫉妒。如果你是一个通晓人类天性的智者，你又不会不对他（她）宽容。这是带着嫉妒的宽容，和带着宽容的嫉妒。二者互相约束，使得你的嫉妒成为一种有尊严的嫉妒，你的宽容也成为一种有尊严的宽容。相反，在此种情境中一味嫉妒，毫不宽容，或者一味宽容，毫不嫉妒，则都是失了尊严的表现。

两人因为相爱在一起，不管时间久暂，都是美好的。有朝一日分手了，请不要互相怨恨，而应该感谢对方给了你一段美好的时光。有人说，到头来发现，对方其实并不真爱自己，只是利用和欺骗了自己。我说，即使如此，你也不要怨恨，而应该蔑视。怨恨仍是强烈的感情，人生的一个重要原则是节省感情，蔑视就是不动感情，不把感情浪费在不值得的人身上。

在爱情中，专一不是预设的目标——预设了也没有用，而是主观相爱程度和客观情势共同作用的一个结果。

爱情的专一可以有两个含义，一是热恋时的排他性，二是长期共同生活中彼此相爱的主旋律。在这两个含义之外苛求爱情的专一，我认为是对人性的无知。

爱情史上不乏忠贞的典范，但是，后人发掘的材料往往证实，在这类佳话与事实之间多半有不小的出入。我对自己说：这就对了，他们不是神，都是人。

经历过了许多女人，你就懂女人了吗？更成问题的是，你就懂爱情了吗？数量不说明什么，也许还说明了相反的什么。如果你一生中从未深入地爱过一回，你谈女人和爱情其实都是在谈你的欲望。唯有深入地爱过的人，不管他最后对女人和爱情是褒还是贬，他的意见必含有片面的真理。女人和爱情本来就是无法定义的，必定见仁见智，但仁者才能见仁，智者才能见智，如果你不仁不智，你是仁智都见不到的。

如同一切游戏一样，犯规和惩罚也是爱情游戏的要素。当然，前提是犯规者无意退出游戏。不准犯规，或犯了规不接受惩罚，游戏都进行不下去了。

在现实中，爱往往扮演受难者的角色，因为受难而备受赞美。

人们常说：爱与死。的确，相爱到死，乃至为爱而死，是美好的。但是，为了爱，首先应该活，活着才能爱。我不愿把死浪漫化。使爱我的人感到轻松，更加恋生，这是我对爱的回赠。

性爱心理

爱情的发生需要适宜的情境。彼此太熟悉,太了解,没有了神秘感,就不易发生爱情。当然,彼此过于陌生和隔膜,也不能发生爱情。爱情的发生,在有所接触又不太稔熟之间,既有神秘感,又有亲切感,既能给想象力留出充分余地,又能使吸引力发挥到最满意的程度。

幻想本是爱情不可或缺的因素,太理智、太现实的爱情算不上爱情。最热烈的爱情总是在两个最富于幻想的人之间发生,不过,同样真实的是,他们也最容易感到幻灭。爱情中的理想主义往往导致拜伦式的感伤主义,又进而导致纵欲主义。唐璜有过一千零三个情人,但他仍然没有找到他的"唯一者",他注定找不到。

强烈的感情经验往往会改变两个热恋者的心理结构,从而改变他们与其他可能的对象之间的关系。犹如经过一次化合反应,他们都已经不是原来的元素,因而很难再与别的元素发生相似的反应了。在这个意义上,一个人一生也许只能有一次震撼心灵的爱情。

关汉卿曲:"骂你个俏冤家,一半儿难当一半儿耍。""虽是我话儿嗔,一半儿推辞一半儿肯。"

男女风情,妙在一半儿一半儿的。琢磨透了,哪里还有俏冤家?想明白了,如何还会芳心乱?

与其说有理解才有爱,毋宁说有爱才有理解。爱一个人、一本书、一件艺术品,就会反复玩味这个人的一言一行,这本书的一字一句,这件作品的细枝末节,自以为揣摩出了某种深长意味,于是,"理解"了。

我不知道什么叫爱情。我只知道,如果那张脸庞没有使你感觉到一种甜蜜的惆怅,一种依恋的哀愁,那你肯定还没有爱。

最深邃的爱都是"见人羞,惊人问,怕人知"的,因为一旦公开,就会走样和变味。

你是看不见我最爱你的时候的情形的,因为我在看不见你的时候才最爱你。

正像恋爱者夸大自己的幸福一样,失恋者总是夸大自己的痛苦。
在失恋的痛苦中,自尊心的受挫占了很大比重。

邂逅的魅力在于它的偶然性和一次性,完全出乎意料,毫无精神准备,两个陌生的躯体突然互相呼唤,两颗陌生的灵魂突然彼此共鸣。但是,倘若这种突发的亲昵长久延续下去,绝大部分邂逅都会变得索然无味了。

在人类文化的发展中，性的羞耻心始终扮演着一个重要的角色。性的羞耻心不只意味着禁忌和掩饰，它更来自对于差异的敏感、兴奋和好奇。在个体发育中，我们同样可以看到，性的羞耻心的萌发是与个人心灵生活的丰富化过程微妙地交织在一起的。

心灵相通，在实际生活中又保持距离，最能使彼此的吸引力耐久。

近了，会厌倦。远了，会陌生。不要走近我，也不要离我远去……

李寿卿曲："金刀利，锦鲤肥，更那堪玉葱纤细。添得醋来风韵美，试尝道怎生滋味。"

醋味三辨：一、醋是爱情这道菜不可缺少的调料，能调出美味佳肴，并使胃口大开；二、一点醋不吃的人不解爱情滋味，一点醋味不带的爱情平淡无味；三、醋缸打翻，爱情这道菜也就烧砸了。

此曲通篇隐喻，看官自明。

向天下情侣和仍然相爱的夫妇问一个问题：你能否容忍你的情人、妻子或丈夫在爱你的同时还对别的异性动情？我相信，回答基本上是否定的。这么说来，爱情应该是专一的了。

再问第二个问题：你在爱你的情人、妻子或丈夫的同时，能否保证对别的异性绝不动情？我相信，如果你足够诚实，回答基本上也是否定的。这么说来，爱情又很难是专一的了。

其实，专一是爱情的要求，却不是每一个有血有肉的男人和女人的本性。凡是身心健康的男女，我的意思是说，凡是不用一种不自然的观念来压抑自己的男女,在和异性接触时都会有一种和同性接触所没有的愉快感受,有时这种感受还会比较强烈,成为特别的好感,这乃是一个基于性别差异的必然倾向,这个倾向不会因为一个人已经有了情人或结了婚而完全改变。

所以,不妨说,天下的男女在不同程度上都是花心的。那么,天下的爱情岂不都岌岌可危了吗?我想不会的,原因是在每一个人身上,一方面固然可能对不止一个异性发生愉悦之感,另一方面却又希望得到专一的爱情,二者之间产生了一种微妙的平衡。在一定的意义上可以说,忠贞的爱情是靠了克制人性的天然倾向才得以成全的。不过,如果双方都珍惜现有的爱情,这种克制就会是自愿的,并不显得勉强。

性爱的排他性,所欲排除的只是别的同性对手,而不是别的异性对象。它的根据不在性本能中,而在嫉妒本能中。事情够清楚的:自己的所爱再有魅力,也不会把其他所有异性的魅力都排除掉。在不同异性对象身上,性的魅力并不互相排斥。所以,专一的性爱仅是各方为了照顾自己的嫉妒心理而自觉地或被迫地向对方的嫉妒心理做出的让步,是一种基于嫉妒本能的理智选择。

如果你喜欢的一个女人没有选择你,而是选择了另一个男人,你所感到的嫉妒有三种情形:

第一,如果你觉得那个情敌比你优秀,嫉妒便伴随着自卑,你会比以往任何时候更为自己的弱点而痛苦。

第二,如果你觉得自己与那个情敌不相上下,嫉妒便伴随着委屈,你会强烈地感到自己落入了不公平的境地。

第三,如果你觉得那个情敌比你差,嫉妒便伴随着蔑视,你会因为这个女人的鉴赏力而降低对她的评价。

性爱美学

看见一个美丽的女人,你怦然心动。你目送她楚楚动人地走出你的视野,她不知道你的心动,你也没有想要让她知道。你觉得这是最好的:把欢喜留在心中,让女人成为你的人生中的一种风景。

歌德说:美人只在瞬间是美的。我想换一种比较宽容的说法:任何美人都有不美的瞬间。

在朦胧的光线下,她的脸庞无比柔美,令我爱不自禁。可是,到了明亮处,我发现了她的憔悴和平常,心中为之黯然。

她仍然是她。如果光线永远朦胧,她在我眼中就会永远柔美了。

所谓美是多么没有理性。

酒吧,歌厅,豪华商场,形形色色的现代娱乐场所。这么多漂亮女人。可是,她们是多么相像呵。我看到了一张张像屁股一样的脸蛋,当然是漂亮的屁股,但没有内容。此时此刻,我的爱美的天性渴望看到一张丑而有内容的脸,例如罗丹雕塑的那个满脸皱纹的老妓女。

风流场所有一些极美的女人。可是，我无法把美女和卖淫联系起来，不能想象如此天生丽质会让许多龌龊的男人任意糟蹋。

美是高贵的，——也许这是一个迂腐之见？

美从来不是一种纯粹的物理属性，人的美更是如此。当我们看见一个美人时，最吸引我们的是光彩和神韵，而不是颜色和比例。那种徒然长着一张漂亮脸蛋的女人尤其男人最让人受不了，由于他们心灵的贫乏，你会觉得他们的漂亮多么空洞，甚至多么愚蠢。

恋爱，人生中美丽的时刻。如同黎明和黄昏，沐浴在柔和金光中的一切景物都变美了，包括那个美人儿。恋爱中的人以为那个美人儿是光源，其实她也是被照的景物。

当我们贪图感官的享受时，女人是固体，诚然是富有弹性的固体，但毕竟同我们只能有体表的接触。然而，在那样一些充满诗意的场合，女人是气体，那样温馨芬芳的气体，她在我们的四周飘荡，沁入我们的肌肤，弥漫在我们的心灵。一个心爱的女子每每给我们的生活染上一种色彩，给我们的心灵造成一种氛围，给我们的感官带来一种陶醉。

一个漂亮女人能够引起我的赞赏，却不能使我迷恋。使我迷恋的是那种有灵性的美，那种与一切美的事物发生内在感应的美。在具有这种美的特质的女人身上，你不仅感受到她本身的美，而且通过她感受到了大自然的美，艺术的美，生活的美。因为这一切美都被她心领神会，并且在她的气质、神态、言语、动作中奇妙地表现出来了。她以她自身的存在增加了你眼中那个世界的美，同时又以她的体验强化了你对你眼中那个世界的美的体验。不，这么说还有点不够。事实上，当你那样微妙地对美发生共鸣时，你从她的神采中看到的恰恰是你对美的全部体验，而你本来是看不到，甚至把握不住你的体验的。

爱情常常给人一种错觉，误以为对美的肉体的占有就是对美的占有。其实，美怎么可能占有呢？占有者总是绝望地发现，美仍然在他之外，那样转瞬即逝而不可捉摸。

美是无法占有的，一个雄辩的证据便是那种娶了一个不爱他的漂亮女人的丈夫，他会深切感到，这朝夕在眼前晃动的美乃是一种异在之物，绝对不属于他，对他毫无意义。这个例子也说明了仅仅根据外貌选择配偶是多么愚蠢。

假如不是因为艺术的神化以及这种神化对女性的熏陶作用，女性美恐怕至今还是一种动物性的东西，爱情的新月恐怕至今还没有照临肉欲的峡谷。

不纯净的美使人迷乱，纯净的美使人宁静。
女人身上兼有这两种美。所以，男人在女人怀里癫狂，又在女人怀里得到安息。
女人作为母亲，最接近大自然。大自然的美总是纯净的。

两个漂亮的姑娘争吵了起来，彼此用恶言中伤。我望着她们那轮廓纤秀的嘴唇，不禁惶惑了：如此美丽的嘴唇，使男人忍不住想去吻它们，有时竟是这么恶毒的东西吗？

问：你认为女人漂亮不漂亮重要吗？

答：这点对男人重要，于是对女人也变得重要了。男人都很容易被女人的漂亮迷惑，男人的这种愚蠢几乎不可救药，也就对女人的遭遇发生了影响。

性爱现象

恋爱是青春的确证。一个人不管年龄多大,只要还能恋爱,就证明他并不老。

也许每个人在恋爱方面的能量是一个常数,因机遇和性情而或者一次释放,或者分批支出。当然,在不同的人身上,这个常数的绝对值是不同的,差异大得惊人。但是,不论是谁,只要是要死要活地爱过一场,就很难再热恋了。

"我爱你。"
"不,你只是喜欢我罢了。"她或他哀怨地说。
"爱我吗?"
"我喜欢你。"她或他略带歉疚地说。
在所有的近义词里,"爱"和"喜欢"似乎被掂量得最多,其间的差异被最郑重其事地看待。这时男人和女人都成了最一丝不苟的语言学家。

艺术、技术、魔术,这是性爱的三种境界。
男女之爱往往从艺术境界开始,靠技术境界维持,到维持不下去时,便转入魔术境界。
恋爱中的男女,谁不是天生的艺术家?他们陶醉在诗的想象中，梦幻的眼睛把情侣的一颦一笑朦胧得意味无穷。一旦结婚，琐碎平凡的日常生活就迫使他们着意练习和睦相处的技巧，家庭稳固与否实赖于此。如果失败，我们的男主角和女主角就可能走火入魔，因其心性高低，或者煞费苦心地互相欺骗，或者心照不宣地彼此宽容。

这也是在性爱上人的三种类型。

不同类型的人在性爱中寻求不同的东西：艺术型的人寻求诗和梦，技术型的人寻求实实在在的家，魔术型的人寻求艳遇、变幻和冒险。

每一类型又有高低雅俗之分。有艺术家，也有爱好艺术的门外汉。有技师，也有学徒工。有魔术大师，也有走江湖的杂耍。

如果命运乱点鸳鸯谱，使不同类型的人相结合，或者使某一类型的人身处与本人类型不合的境界，喜剧性的误会发生了，接着悲剧性的冲突和离异也发生了。

性欲旺盛的人并不过分挑剔对象，挑剔是性欲乏弱的结果，于是要用一个理由来弥补这乏弱，这个理由就叫作爱情。

其实，爱情和性欲是两回事。

当然，当性欲和爱情都强烈时，性的体验最佳。

老来风流，有人传为佳话，有人斥为丑闻。其实，都大可不必，只须用平常眼光去看待，无非是有一分热发一分热罢了。

情种爱得热烈，但不专一。君子爱得专一，但不热烈。此事古难全。不过，偶尔有爱得专一的情种，却注定没有爱得热烈的君子。

浪漫的恋情是一种非常规的美好体验，如果试图把它变成常规，就不再美好，甚至有害。这种情况与醉酒、吸毒、白日梦相类似。

情人间的盟誓不可轻信，夫妻间的是非不可妄断。

世上痴男怨女一旦翻脸，就斥旧情为假，讨回情书"都扯做纸条儿"，原来自古已然。

情当然有真假之别。但是，真情也可能变化。懂得感情的人珍惜以往一切爱的经历。

被延宕的约会，相思更浓。受阻挠的交欢，情欲更烈。不过，万事都有个限度。延宕太久，相思会淡漠。阻挠太甚，情欲会熄灭。

眼睛是爱情的器官，其主要功能是顾盼和失眠。

初恋的感情最单纯也最强烈，但同时也最缺乏内涵，几乎一切初恋都是十分相像的。因此，尽管人们难以忘怀自己的初恋经历，却又往往发现可供回忆的东西很少。

我相信成熟的爱情是更有价值的，因为它是全部人生经历发出的呼唤。

在崇拜者与被崇拜者之间隔着无限的距离，爱便是走完这个距离的冲动。一旦走到一起，想象中的无限距离变成了零距离，爱很可能就结束了。

比较起来，以相互欣赏为基础的爱要牢靠得多。在这种情形下，距离本来是有限的，且为双方所乐于保持，从而形成了一个弹性的场。

每一个戴绿帽子的丈夫都认为那个插足者远远不如自己，并因此感到深深的屈辱。

人大约都这样：自己所爱的人，如果一定要失去，宁愿给上帝或魔鬼，也不愿给他人。

优异易夭折，平庸能长寿。爱情何尝不是如此？

女人和男人

　　普天下男人聚集在一起，也不能给女人下一个完整的定义。反之也一样。

　　男女关系是一个永无止境的试验。

　　好女人能刺激起男人的野心，最好的女人却还能抚平男人的野心。

女性价值

歌德诗曰:"永恒之女性,引导我们走。"

走向何方?走向一个更实在的人生,一个更人情味的社会。

对于女人,有两种常见的偏见。男权主义者在"女人"身上只见"女",不见"人",把女人只看作性的载体,而不看作独立的人格。某些偏激的女权主义者在"女人"身上只见"人",不见"女",只强调女人作为人的存在,抹杀其性别存在和性别价值。后者实际上是男权主义的变种,是男权统治下女性自卑的极端形式。真实的女人当然既是"人",又是"女",是人的存在与性别存在的统一。正像一个健全的男子在女人身上寻求的既是同类,又是异性一样,在一个健全的女人看来,倘若男人只把她看作无性别的抽象的人,所受侮辱的程度绝不亚于只把她看作泄欲和生育的工具。

女性本来就比男性更富于人性的某些原始品质,例如情感、直觉和合群性,而由于她们相对脱离社会的生产过程和政治斗争,使这些品质较少受到污染。因此,在"女人"身上,恰恰不是抽象的"人",而是作为性别存在的"女",更多地保存和体现了人的真正本性。同为强调"女人"身上的"女",男权偏见是为了说明女人不是人，现代智慧却是要启示女人更是人。

一个男人真正需要的只是自然和女人。其余的一切，诸如功名之类，都是奢侈品。

当我独自面对自然或面对女人时，世界隐去了。当我和女人一起面对自然时，有时女人隐去，有时自然隐去，有时两者都似隐非隐，朦胧一片。

女人也是自然。

文明已经把我们同自然隔离开来，幸亏我们还有女人，女人是我们与自然之间的最后纽带。

女人比男人更属于大地。一个男人若终身未受女人熏陶，他的灵魂便是一颗飘荡天外的孤魂。

女人比男人更接近自然之道，这正是女人的可贵之处。男人有一千个野心，自以为负有高于自然的许多复杂使命。女人只有一个野心，骨子里总是把爱和生儿育女视为人生最重大的事情。一个女人，只要她遵循自己的天性，那么，不论她在痴情地恋爱，在愉快地操持家务，在全神贯注地哺育婴儿，都无往而不美。

我的意思不是要女人回到家庭里。妇女解放，男女平权，我都赞成。女子才华出众，成就非凡，我更欣赏。但是，一个女人才华再高，成就再大，倘若她不肯或不会做一个温柔的情人、体贴的妻子、慈爱的母亲，她给我的美感就要大打折扣。

大自然把生命孕育和演化的神秘过程安置在女性身体中，此举非同小可，男人当知敬畏。与男性相比，女性更贴近自然之道，她的存在更为圆融，更有包容性，男人当知谦卑。

在面临人生灾难和重大抉择的时刻，女人往往比男人理智。她们同样悲痛难当，但她们能够不让感情蒙蔽理智。这也许是因为，男人的理智是逻辑，与感情异质，容易在感情的冲击下溃散；女人的理智是直觉，与感情同质，所以能够在感情的汹涌中保持完好无损。

也许可以说，男人站得高些，视野宽些，所以容易瞻前顾后，追悔往事，忧虑未来。但是，女人的状态是更健康的，她们更贴近生命的自然之道。当男人为亲人的去世痛心疾首时，女人嘹亮地抚尸恸哭，然后利索地替尸体洗浴更衣，送亲人踏上通往天国的路。

女性智慧是一种尘世的智慧，实际生活的智慧。女人不像男人那样好作形而上学的沉思。弥尔顿说：男人直接和上帝相通，女人必须通过男人才能和上帝相通。依我看，对于女人，这并非一个缺点。一个人离上帝太近，便不容易在人世间扎下根来。男人寻找上帝，到头来不免落空。女人寻找一个带着上帝的影子的男人，多少还有几分把握。当男人为死后的永生或虚无这类问题苦恼时，女人把温暖的乳汁送进孩子的身体，为人类生命的延续做着实在的贡献。如果世上只有大而无当的男性智慧，没有体贴入微的女性智慧，世界不知会多么荒凉。

在《战争与和平》中，托尔斯泰让安德烈和皮埃尔都爱上娜塔莎，这是意味深长的。娜塔莎，她整个儿是生命，是活力，是"一座小火山"。对于悲观主义者安德烈来说，她是抗衡悲观的欢乐的生命。对于空想家皮埃尔来说，她是抗衡空想的实在的生活。男人最容易患的病是悲观和空想，因而他最期待于女人的是欢乐而实在的生命。

男人喜欢上天入地，天上太玄虚，地下太阴郁，女人便把他拉回到地面上来。女人使人生更实在，也更轻松了。

女人是人类的感官，具有感官的全部盲目性和原始性。只要她们不是自卑地一心要克服自己的"弱点"，她们就能成为抵抗这个世界理性化即贫乏化的力量。

我相信，有两样东西由于与自然一脉相通，因而可以避免染上时代的疾患，这就是艺术和女人。好的女人如同好的艺术一样属于永恒的自然，都是非时代的。

也许有人要反驳说，女人岂非比男人更喜欢赶时髦？但这是表面的，女人多半只在装饰上赶时髦，男人却容易全身心投入时代的潮流。

女人推进艺术，未必要靠亲自创作。世上有一些艺术直觉极敏锐的奇女子，她们像星星一样闪烁在艺术大师的天空中。

女人的聪明在于能欣赏男人的聪明。

男人是孤独的，在孤独中创造文化。女人是合群的，在合群中传播文化。

也许，男人是没救的。一个好女人并不自以为能够拯救男人，她只是用歌声、笑容和眼泪来安慰男人。她的爱鼓励男人自救，或者，坦然走向毁灭。

好女人能刺激起男人的野心，最好的女人却还能抚平男人的野心。

如果说男人喜欢女人弱中有强，那么，女人则喜欢男人强中有弱。一个窝囊废的软弱是可厌的，一个男子汉的软弱却是可爱的。女人本能地受强有力的男子吸引，但她并不希望这男子在她面前永远强有力。她最骄傲的事情是亲手包扎她所崇拜的英雄的伤口，亲自抚慰她所爱的强者的弱点。这时候，不但她的虚荣和软弱，而且她的优点——她的母性本能，也得到了满足。母性是女人天性中最坚韧的力量，这种力量一旦被唤醒，世上就没有她承受不了的苦难。

强的男子可能对千百个只知其强的崇拜者无动于衷，却会在一个知其弱点的女人面前倾倒。

恋爱是短暂的，与每一个女人的肌肤之亲是短暂的，然而，女性是永恒的。这永恒的女性化身为青春少女，引我们迷恋可爱的人生，化身为妻子，引我们执着平凡的人生，又化身为母亲，引我们包容苦难的人生。在这永恒的女性引导下，人类世代延续，生生不息，不断唱响生命的凯歌。

我对女性只有深深的感恩。男女恩怨，一切怨都会消逝，女性给人生、给世界的恩却将永存。我相信，不但我，一切懂得算总账的男人，都会是这样的心情。

女人作为整体是浑厚的，所以诗人把她们喻为土地。但个别的女人未必浑厚。

女性魅力

一个真正有魅力的女人,她的魅力不但能征服男人,而且也能征服女人。因为她身上既有性的魅力,又有人的魅力。

好的女人是性的魅力与人的魅力的统一。好的爱情是性的吸引与人的吸引的统一。好的婚姻是性的和谐与人的和谐的统一。

性的诱惑足以使人颠倒一时,人的魅力方能使人长久倾心。

大艺术家兼有包容性和驾驭力,他既能包容广阔的题材和多样的风格,又能驾驭自己的巨大才能。

好女人也如此。她一方面能包容人生丰富的际遇和体验,其中包括男人们的爱和友谊,另一方面又能驾驭自己的感情,不流于轻浮,不会在情欲的汪洋上覆舟。

我对女人的要求与对艺术一样:自然,质朴,不雕琢,不做作。对男人也是这样。

女性温柔,男性刚强。但是,只要是自然而然,刚强在女人身上,温柔在男人身上,都不失为美。

问:你最喜欢异性身上的什么特点?
答:温柔,聪慧,善解人意。单纯一点,不要太功利,女人一功利就特别俗。当然,我摆脱不了男人的偏见,还喜欢女人漂亮。

我所欣赏的女人,有弹性,有灵性。

弹性是性格的张力。有弹性的女人,性格柔韧,伸缩自如。她善于妥协,也善于在妥协中巧妙地坚持。她不固执己见,但在不固执中自有一种主见。

都说男性的优点是力,女性的优点是美。其实,力也是好女人的优点。区别只在于,男性的力往往表现为刚强,女性的力往往表现为柔韧。弹性就是女性的力,是化作温柔的力量。

弹性的反面是僵硬或软弱。和僵硬的女人相处,累。和软弱的女人相处,也累。相反,有弹性的女人既温柔,又洒脱,使人感到双倍的轻松。

如果说爱是一门艺术,那么,弹性便是善于爱的女子固有的艺术气质。

灵性是心灵的理解力。有灵性的女人天生慧质,善解人意,善悟事物的真谛。她极其单纯,在单纯中却有一种惊人的深刻。

如果说男性的智慧偏于理性,那么,灵性就是女性的智慧,它是和肉体相融合的精神,未受污染的直觉,尚未蜕化为理性的感性。

灵性的反面是浅薄或复杂。和浅薄的女人相处,乏味。和复杂的女人相处,也乏味。有灵性的女人则以她的那种单纯的深刻使我们感到双倍的韵味。

所谓复杂的女人,既包括心灵复杂,工于利益的算计,也包括头脑复杂,热衷于抽象的推理。在我看来,两者都是缺乏灵性的表现。

其实，弹性和灵性是不可分的。灵性其内，弹性其外。心灵有理解力，接人待物才会宽容灵活。相反，僵硬固执之辈，天性必愚钝。

灵性与弹性的结合，表明真正的女性智慧也具一种大器，而非琐屑的小聪明。智慧的女子必有大家风度。

有灵性的女子最宜于做天才的朋友，她既能给天才以温馨的理解，又能纠正男性智慧的偏颇。在幸运天才的生涯中，往往有这类女子的影子。未受这类女子滋润的天才，则每每因孤独和偏执而趋于狂暴。

现在人们很强调女人的独立性。所谓现代女性，其主要特征大约就是独立性强，以区别于传统女性的依附于丈夫。过去女人完全依赖男人，原因在社会。去掉了社会原因，是否就一点不依赖了呢？大自然的安排是要男人和女人互相依赖的，谁也离不了谁。由男人的眼光看，一个太依赖的女人是可怜的，一个太独立的女人却是可怕的，和她们在一起生活都累。最好是既独立，又依赖，人格上独立，情感上依赖，这样的女人才是可爱的，和她一起生活既轻松又富有情趣。

风骚，放荡，性感，这些近义词之间有着细微的差别。

"性感"译自西文 sexappeal，一位朋友说，应该译作汉语中的"骚"，其含义正相同。怕未必，只要想想有的女人虽骚却并不性感，就可明白。

"性感"是对一个女人的性魅力的肯定评价，"风骚"则用来描述一个女人在性引诱方面的主动态度。风骚也不无魅力。喜同男性交往的女子，或是风骚的，或是智慧的。你知道什么是尤物吗？就是那种既风骚又智慧的女子。

放荡和贞洁各有各的魅力，但更有魅力的是二者的混合：荡妇的贞洁，或贞女的放荡。

痴心女子把爱当作宗教，男子是她崇拜的偶像。风流女子把爱当作艺术，男子是她诱惑的对象。二者难以并存。集二者于一身，"一片志诚心，万种风流相"，既怀一腔痴情，又解万种风情，此种情人自是妙不可言，势不可挡。那个同时受着崇拜和诱惑的男子有福了，或者——有危险了。

在风情女子对男人的态度里，往往混合了羞怯和大胆。羞怯来自对异性的高度敏感，大胆来自对异性的浓烈兴趣，二者形异而质同。她躲避着又挑逗着，拒绝着又应允着，相反的态度搭配出了风情的效果。如果这出于自然，是可爱的，如果成为一种技巧，就令人厌恶了。

美自视甚高，漂亮女子往往矜持。美不甘寂寞，漂亮女子往往风流。这两种因素相混合又相制约，即成魅力。一味矜持的冷美人，或者十足风流的荡妇，便无此等魅力。

我发现，美丽的女孩子天性往往能得到比较健康的发展。也许这是因为她们从小讨人喜欢，饱吸爱的养料，而她们的错误又容易得到原谅，因而行动较少顾虑，能够自由地生长。犹如一株植物，她们得到了更加充足的阳光和更加开阔的空间，所以不致发生病态。

在男人心目中，那种既痴情又知趣的女人才是理想的情人。痴情，他得到了爱。知趣，他得到了自由。可见男人多么自私。

男人期待于女人的并非她是一位艺术家，而是她本身是一件艺术品。她会不会写诗无所谓，只要她自己就是大自然创造的一首充满灵感的诗。

当然，女诗人和女权主义者听到这意见是要愤慨的。

女人很少悲观，也许会忧郁，但更多的是烦恼。最好的女人一样也不。

快乐地生活，一边陶醉，一边自嘲，我欣赏女人的这种韵致。

女人搞哲学，对于女人和哲学两方面都是损害。

老天知道，我这样说，是因为我多么爱女人，也多么爱哲学！

我要躲开两种人：浅薄的哲学家和深刻的女人。前者大谈幸福，后者大谈痛苦，都叫我受不了。

喜欢哲学的女人，也许有一个聪明的头脑，想从哲学求进一步的训练；也许有一颗痛苦的灵魂，想从哲学找解脱的出路。可惜的是，在多数情形下，学了哲学，头脑变得复杂、抽象也就是不聪明了；灵魂愈加深刻、绝望也就是更痛苦了。看到一个聪慧的女子陷入概念思辨的迷宫，说着费解的话，我不免心酸。看到一个可爱的女子登上形而上学的悬崖，对着深渊落泪，我不禁心疼。坏的哲学使人枯燥，好的哲学使人痛苦，两者都损害女性的美。我反对女人搞哲学，实出于一种怜香惜玉之心。

虚荣难免，有一点无妨，还可以给人生增添色彩，但要适可而止。为了让一个心爱的女人高兴，我将努力去争取成功。然而，假如我失败了，或者我看穿了名声的虚妄而自甘淡泊，她仍然理解我，她在我眼中就更加可敬了。男人和女人之间，毕竟有比名声或美貌更本质更长久的东西存在着。

当一位忧郁的女子说出一句极轻松的俏皮话，或者，当一位天真的女子说出一个极悲观的人生哲理，我怎么能再忘记这话语，怎么能再忘记这女子呢？强烈的对比，使我同时记住了话和人。

而且，我会觉得这女子百倍地值得爱了。在忧郁背后发现了生命的活力，在天真背后发现了生命的苦恼，这就是丰富，这就是深刻。

女性心理

女子乍有了心上人,心情极缠绵曲折:思念中夹着怨嗔,急切中夹着羞怯,甜蜜中夹着苦恼。一般男子很难体察其中奥秘,因为缺乏细心,或者耐心。

有时候,女人的犹豫乃至抗拒是一种期望,期望你来攻破她的堡垒。当然,前提是"意思儿真,心肠儿顺",她的确爱上了你。她不肯投降,是因为她盼望你作为英雄去辉煌地征服她,把她变成你的光荣的战俘。

有人说,女人所寻求的只是爱情、金钱和虚荣。其实,三样东西可以合并为一样:虚荣。因为,爱情的满足在于向人夸耀丈夫,金钱的满足在于向人夸耀服饰。

当然,这里说的仅是一部分女人。但她们并不坏。

一种女人把男人当作养料来喂她的虚荣,另一种女人把她的虚荣当作养料来喂男人。

对于男人来说,女人的虚荣并非一回事。

一种女人向人展示痛苦只是为了寻求同情,另一种女人向人展示痛苦却是为了进行诱惑。对于后者，痛苦是一种装饰。

在男人眼里，女人的一点儿软弱时常显得楚楚动人。有人说俏皮话：当女人的美眸被泪水蒙住时，看不清楚的是男人。但是，不能说女人的软弱都是装出来的，她不过是巧妙地利用了自己固有的软弱罢了。女人的软弱，说到底，就是渴望有人爱她，她比男人更不能忍受孤独。对于这一点儿软弱，男人倒是乐意成全。但是，超乎此，软弱到不肯自立的地步，多数男人是要逃跑的。

自古多痴情女，薄情郎。但女人未必都是弱者，有的女人是用软弱武装起来的强者。

你占有一个女人的肉体乃是一种无礼，占有了以后你不再去占有却是一种更可怕的无礼。前者只是侵犯了她的羞耻心，后者却侵犯了她的自尊心。

肉体是一种使女人既感到自卑，又感到骄傲的东西。

侵犯女人的是男人，保护女人的也是男人。女人防备男人，又依赖男人，于是有了双重的自卑。

好女人也善于保护自己，但不是靠世故，而是靠灵性。她有正确的直觉，这正确的直觉是她的忠实的人生导师，使她在非其同类面前本能地引起警觉，报以不信任。

女人的肉体和精神是交融在一起的，她的肉欲完全受情感支配，她的精神又带着浓烈的肉体气息。女人之爱文学，是她的爱情的一种方式。她最喜欢的作家，往往是她心目中理想配偶的一个标本。于是，有的喜欢海明威式的硬汉子，有的喜欢拜伦式的悲观主义者。

在男人那里，肉体与精神可以分离得比较远。

女性蔑视者只把女人当作欲望的对象。他们或者如叔本华，终身不恋爱不结婚，但光顾妓院，或者如拜伦、莫泊桑，一生中风流韵事不断，但绝不真正堕入情网。

女人好像不在乎男人蔑视她，否则拜伦、莫泊桑身边就不会美女如云了。虚荣心（或曰纯洁的心灵）使她仰慕男人的成功（或曰才华），本能又使她期待男人性欲的旺盛。一个好色的才子使她获得双重的满足，于是对她就有了双重的吸引力。

男人

做什么样的男人？我从来不考虑这种问题。我心目中从来没有一个指导和规范我的所谓男子汉形象。我只做我自己。我爱写作，我只考虑怎样好好写我想写的作品。我爱女人，我只考虑怎样好好爱那一个与我共命运的好女人。这便是我作为男人所考虑的全部问题。

好男人是可以有非常不同的个性和形象的。如果一定要我提出一个标准，那么，我只能说，他们的共同特点是对人生，包括对爱情有一种根本的严肃性。

我认为今天的社会在总体上不存在男性压迫女性或女性压迫男性的情况，已经基本上实现了两性之间的社会平等。在此前提下，性别冲突是一个必须个案分析和解决的问题。在每一对配偶中，究竟是男人还是女人承受了更大的压力，不可一概而论。我怀疑无论是那些愤怒声讨男性压迫的女权主义者，还是那些沉痛呼喊男性解放的男权主义者，都是在同一架风车作战，这架风车的名字叫作——男子汉形象。按照某种仿佛公认的模式，它基本上是两性对比中的强者形象。这个模式令一些好强而争胜的女人愤愤不平，又令一些好强而不甘示弱的男人力不从心。那么，何不抛开这个模式,男人和女人携起手来,肩并肩共同应付艰难生活的挑战呢?

在动物世界中,雄性所承受的压力在很大程度上来自争夺雌性,这种争夺往往十分残酷,唯有胜者才能得到交配和繁衍的权利。其实,在人类社会中,同样的压力以稍微隐蔽的方式也落在了男性身上。不过,这是无法避免的,在优生的意义上可能也是公平的。

女人是男人的永恒话题。男人不论雅俗智愚,聚在一起谈得投机时,话题往往落到女人身上。由谈不谈女人,大致可以判断出聚谈者的亲密程度。男人很少谈男人。女人谈女人却不少于谈男人,当然,她们更投机的话题是时装。

有两种男人最爱谈女人:女性蔑视者和女性崇拜者。两者的共同点是欲望强烈。历来关于女人的最精彩的话都是从他们口中说出的。那种对女性持公允折中立场的人说不出什么精彩的话,女人也不爱听,她们很容易听出公允折中背后的欲望乏弱。

在一个人的哲学思想和他对女人的态度之间,也许有某种联系。例如,理想主义者往往崇拜女性,虚无主义者往往蔑视女性。很难说孰为因,孰为果。两者很可能同是一种更隐秘的因素——例如个人的肉体和心理素质——的结果。

海涅在一首诗里说:"我要是克制了邪恶的欲念,那真是一件崇高的事情;可是我要是克制不了,我还有一些无比的欢欣。"这个原来的痴情少年后来变得多么玩世不恭啊。

你知道相反的情形是什么吗？就是：克制了欲念，感到压抑和吃亏；克制不了，又感到良心不安。

一个男人如果不再痴情，他在男女关系上大体上就只有玩世不恭和麻木不仁这两种选择。

只用色情眼光看女人，近于无耻。但身为男人，看女人的眼光就不可能完全不含色情。我想不出在滤尽色情的中性男人眼里，女人该是什么样子。

多情和专一未必互相排斥。一个善于欣赏女人的男人，如果他真正爱上了一个女人，那爱是更加饱满而且投入的。

"女人用心灵思考，男人用头脑思考。"
"不对。女人用肉体思考。"
"那么男人呢？"
"男人用女人的肉体思考。"

男人总是看透了集合的女人，又不断受个别的女人魅惑。

两性比较

一般而论,男性重行动,女性重感情,男性长于抽象观念,女性长于感性直觉,男性用刚强有力的线条勾画出人生的轮廓,女性为之抹上美丽柔和的色彩。

男人抽象而明晰,女人具体而混沌。

所谓形而上的冲动总是骚扰男人,他苦苦寻求着生命的家园。女人并不寻求,因为她从不离开家园,她就是生命、土地、花、草、河流、炊烟。

男人是被逻辑的引线放逐的风筝,他在风中飘摇,向天空奋飞,直到精疲力竭,逻辑的引线断了,终于坠落在地面,回到女人的怀抱。

女人比男人更信梦。在女人的生活中,梦占据着不亚于现实的地位。

男人不信梦,但也未必相信现实。当男人感叹人生如梦时,他是把现实和梦一起否定了。

女人有一千种眼泪,男人只有一种。女人流泪给男人看,给女人看,给自己看,男人流泪给上帝看。女人流泪是期望,是自怜自爱，男人流泪是绝望，是自暴自弃。

上帝保佑我不要看见男人流女人的眼泪。上帝保佑我更不要看见男人流男人的眼泪。

男人和女人，各有各的虚荣。世上也有一心想出名的女人，许多男人也很关心自己的外表。不过，一般而论，男人更渴望名声，炫耀权力，女人更追求美貌，炫耀服饰，其间似乎有精神和物质的高下之分。但是，换个角度看，这岂不恰好表明女人的虚荣仅是表面的，男人的虚荣却是实质性的？女人的虚荣不过是一条裙子、一个发型、一场舞会，她对待整个人生并不虚荣，在家庭、儿女、婚丧等大事上抱着相当实际的态度。男人虚荣起来可不得了，他要征服世界，扬名四海，流芳百世，为此不惜牺牲掉一生的好光阴。

女人在多数场合比男人更能适应环境，更经得住灾难的打击。这倒不是说女人比男人刚强，毋宁说，女人柔弱，但柔者有韧性，男人刚强，但刚者易摧折。大自然是公正的，不教某一性别占尽风流，它又是巧妙的，处处让男女两性互补。

男人凭理智思考，凭感情行动。女人凭感情思考，凭理智行动。所以，在思考时，男人指导女人，在行动时，女人支配男人。

女性为阴，男性为阳。于是，人们常把敏感、细腻、温柔等阴柔气质归于女性，把豪爽、粗犷、坚毅等阳刚气质归于男性。我怀疑这很可能是受了语言的暗示。事实上，女人也可以是刚强的，男人也可以是温柔的，而只要自然而然，都不失为美。

有一种说法：男人而具女性气质，女人而具男性气质，是优秀的征兆。我承认这种说法有一定道理，即如果男人的力有温柔的表达，女人的美有恢宏的器度，便能取得刚柔相济的效果。

但是，倘若一个男人缺乏内在的力，阴柔气质在他身上就会成为令人恶心的"娘们气"，一个女人缺乏内在的美，阳刚气质在她身上就会成为令人反感的"爷们气"。

总之，重要的是内在的素质，是灵魂的力度和精致，唯有这才能赋予一个人的性格以风格，使男人和女人身上的不论男性气质还是女性气质都闪放出精神的光华。

两性之间在生理和心理上的差异是一个明显的事实，否认这种差异是愚蠢的，试图论证在这种差异中哪一性更优秀则是无聊的，正确的做法是把两性的差异本身当作价值，用它来增进共同的幸福。

女人总是把大道理扯成小事情。男人总是把小事情扯成大道理。

男人通过征服世界而征服女人，女人通过征服男人而征服世界。

男人是突然老的，女人是逐渐老的。

我最厌恶的缺点，在男人身上是懦弱和吝啬，在女人身上是粗鲁和庸俗。

两性之间

男人与女人之间有什么是非可说？只有选择。你选择了谁，你就和谁放弃了是非的评说。

两性之间，只隔着一张纸。这张纸是不透明的，在纸的两边，彼此高深莫测。但是，这张纸又是一捅就破的，一旦捅破，彼此之间就再也没有秘密了。

普天下男人聚集在一起，也不能给女人下一个完整的定义。反之也一样。

男女关系是一个永无止境的试验。

对于异性的评价，在接触之前，最易受幻想的支配，在接触之后，最易受遭遇的支配。

其实，并没有男人和女人，只有这一个男人或这一个女人。

男人一旦和女人一起生活便自以为已经了解女人了。他忘记了一个真理：我们最熟悉的事物，往往是我们最不了解的。

也许，对待女人的最恰当态度是，承认我们不了解女人，永远保持第一回接触女人时的那种新鲜和神秘的感觉。难道两性差异不是大自然的一个永恒奇迹吗？对此不再感到惊喜，并不表明了解增深，而只表明感觉已被习惯磨钝。

我确信，两性间的愉悦要保持在一个满意的程度，对彼此身心差异的那种惊喜之感是不可缺少的条件。

男人和女人的虚荣不是彼此孤立的，他们实际上在互相鼓励。男人以娶美女为荣，女人以嫁名流为荣，各自的虚荣助长了对方的虚荣。如果没有异性的目光注视着，女人们就不会这么醉心于时装，男人们追求名声的劲头也要大减了。

一个男人同别的女人调情，这是十分正常也十分平常的。如果他同自己的老婆调情，则或者是极不正常的——肉麻，或者是极不平常的——婚后爱情新鲜如初的动人显现。

调情需要旁人凑兴。两人单独相处，容易严肃，难调起情来。一旦调上，又容易半真半假，弄假成真，动起真情。
当众调情是斗智，是演剧，是玩笑。
单独调情是诱惑，是试探，是意淫。

调情之妙，在于情似有似无，若真若假，在有无真假之间。太有太真，认真地爱了起来，或全无全假，一点儿不动情，都不会有调情的兴致。调情是双方认可的意淫，以戏谑的方式表白了也宣泄了对于对方的爱慕或情欲。
昆德拉的定义是颇为准确的：调情是并不兑现的性交许诺。

对于男人来说，一个美貌的独身女子总归是极大的诱惑。如果她已经身有所属，诱惑就会减小一些。如果她已经身心都有所属，诱惑就荡然无存了。

一个男人和一个女人要彼此以性别对待，前提是他们之间存在着发生亲密关系的可能性，哪怕他们永远不去实现这种可能性。

男人不坏，女人不爱。女人不贱，男人不睬。

我必须马上补充：男人的所谓坏，是指对女人充满欲望；女人的所谓贱，是指希望男人对她充满欲望。所以，其实是男人和女人的最正常状态。

在夫妇甚至情人之间，恩爱与争吵的混合，大约谁也避免不了，区别只在：一、两者的质量，有刻骨铭心的恩爱，也有表层的恩爱，有伤筋动骨的争吵，也有挠痒式的争吵；二、两者的比例。不过，情形很复杂，有时候大恩爱会伴随着大争吵，恩爱到了极致又会平息一切争吵。

男人和女人互相是故事，我们不可能读到纯粹的"他的故事"或"她的故事"，人世间说不完的永远是"她和他的故事"。

女人对于男人，男人对于女人，都不要轻言看透。你所看透的，至多是某几个男人或某几个女人，他们的缺点别有来源，不该加罪于性别。

有一种无稽之谈，说什么两性之间存在着永恒的斗争，不是东风压倒西风，就是西风压倒东风。我的信念与此相反。我相信，男人和女人都最真切地需要对方，只有在和平的联盟中才能缔造共同的幸福。

女人的非理性可以表现为灵性和直觉好，也可以表现为任性和不讲理。和女人一起生活的男人，前者把他造就成诗人，后者把他造就成哲人。

在异性友谊中，性的神秘力量起的作用是不言而喻的。区别只在于，这种力量因客观情境或主观努力而被限制在一个有益无害的地位，既可为异性友谊罩上一种为同性友谊所未有的温馨情趣，又不致像爱情那样激起疯狂的占有欲。

在男女之间，凡亲密的友谊都难免包含性吸引的因素，但未必是性关系，更多是一种内心感受。交异性朋友与交同性朋友，倘若两者的内心感受是一样的，这个人一定出了毛病。

作为一个通晓人性的智者，蒙田曾经设想，男女之间最美满的结合方式不是婚姻，而是一种肉体得以分享的精神友谊。倘若有人问：这种肉体得以分享的精神友谊究竟是什么东西——是爱情，准爱情，抑或仍是友谊？我来替蒙田回答吧：智者不在乎定义。

两性之间的情感或超过友谊，或低于友谊，所以异性友谊是困难的。在这里正好用得上"过犹不及"这句成语——"过"是自然倾向，"不及"是必然结果。

婚姻和家庭

在两性之间,发生肉体关系是容易的,发生爱情便很难,而最难的便是使一个好婚姻经受住岁月的考验。

好的婚姻是人间,坏的婚姻是地狱,别想到婚姻中寻找天堂。
人终究是要生活在人间的,而人间也自有人间的乐趣,为天堂所不具有。

婚姻

如果说性别是大自然的一个最奇妙的发明,那么,婚姻就是人类的一个最笨拙的发明。自从人类发明这部机器,它就老是出毛病,使我们为调试它修理它伤透脑筋。遗憾的是,迄今为止的事实表明,人类的智慧尚不能发明出一种更好的机器,足以配得上并且对付得了大自然那个奇妙的发明。

好的婚姻是人间,坏的婚姻是地狱,别想到婚姻中寻找天堂。人终究是要生活在人间的,而人间也自有人间的乐趣,为天堂所不具有。

关于婚姻是否违背人的天性的争论永远不会有一个结果,因为世上没有比所谓人的天性更加矛盾的东西了。每人最好对自己提出一个具体得多的问题:你更想要什么?如果是安宁,你就结婚;如果是自由,你就独身。

恋爱时闭着的眼睛,结婚使它睁开了。恋爱时披着的服饰,结婚把它脱掉了。她和他惊讶了:"原来你是这样的?"接着气愤了:"原来你是这样的!"而事实上的他和她,诚然比从前想象的差些,却要比现在发现的好些。

结婚是一个信号,表明两个人如胶似漆仿佛融成了一体的热恋有它的极限,然后就要降温,适当拉开距离,重新成为两个独立的人,携起手来走人生的路。然而,人们往往误解了这个信号,反而以为结了婚更是一体了,结果纠纷不断。

性是肉体生活,遵循快乐原则。爱情是精神生活,遵循理想原则。婚姻是社会生活,遵循现实原则。这是三个完全不同的东西。婚姻的困难在于,如何在同一个异性身上把三者统一起来,不让习以为常麻痹性的诱惑和快乐,不让琐碎现实损害爱的激情和理想。

爱情仅是感情的事,婚姻却是感情、理智、意志三方面通力合作的结果。因此,幸福的婚姻必定比幸福的爱情稀少得多。理想的夫妇关系是情人、朋友、伴侣三者合一的关系,兼有情人的热烈、朋友的宽容和伴侣的体贴。三者缺一,便有点美中不足。然而,既然世上许多婚姻竟是三者全无,你若能拥有三者之一也就应当知足了。

可以用两个标准来衡量婚姻的质量,一是它的爱情基础,二是它的稳固程度。这两个因素之间未必有因果关系,所谓佳偶难久,热烈的爱情自有其脆弱的方面,而婚姻的稳固往往更多地取决于一些实际因素。两者俱佳,当然是美满姻缘。然而,如果其中之一甚强而另一稍弱,也就算得上是合格的婚姻了。

婚姻的稳固与其说取决于爱情,不如说取决于日常生活小事的和谐。具有艺术气质的人在后一方面往往笨拙得可笑,所以,两个艺术家的结合多半是脆弱的。

对艺术家的一个忠告：慎勿与同行结婚。

进一步的忠告：慎勿结婚。

有三种婚姻：一、以幻想和激情为基础的艺术型婚姻；二、以欺骗和容忍为基础的魔术型婚姻；三、以经验和方法为基础的技术型婚姻。

就稳固程度而论，技术型最上，魔术型居中，艺术型最下。

男人和女人的结合，两个稳定得稳定，一个易变、一个稳定得易变，两个易变可得稳定，可得易变。

在婚姻中，双方感情的满足程度取决于感情较弱的那一方的感情。如果甲对乙有十分爱，乙对甲只有五分爱，则他们都只能得到五分的满足。剩下的那五分欠缺，在甲会成为一种遗憾，在乙会成为一种苦恼。

婚姻中不存在一方单独幸福的可能。必须共赢，否则就共输，是婚姻游戏的铁的法则。

人真是什么都能习惯，甚至能习惯和一个与自己完全不同的人生活一辈子。

习惯真是有一种不可思议的力量，甚至能使夫妇两人的面容也渐渐变得相似。

正像恋爱能激发灵感一样，婚姻会磨损才智。家庭幸福是一种动物式的满足状态。要求两个人天天生活在一起，既融洽相处，又保持独特，未免太苛求了。

在婚姻这部人间乐曲中，小争吵乃是必有的音符，倘若没有，我们就要赞叹它是天上的仙曲了，或者就要怀疑它是否已经临近曲终人散了。

在夫妻吵架中没有胜利者，结局不是握手言和，就是两败俱伤。

把自己当作人质，通过折磨自己使对方屈服，是夫妇之间争吵经常使用的喜剧性手段。一旦这手段失灵，悲剧就要拉开帷幕了。

一个已婚男子为自己订立的两点守则：一、不为了与任何女子有暧昧关系而装出一副婚姻受害者的苦相；二、不因为婚姻的满意而放弃欣赏和结交其他可爱女性的权利。

婚姻是一种契约关系。

一个小小的谬想：既然如此，为什么不像别的契约一样，为它规定一个适当的期限呢？譬如说，五年为期，期满可以续订，否则自动失效。

这样做至少有以下好处：

一、削弱婚姻容易造成的占有心理，双方更加尊重自己和对方的独立人格；

二、变"终身制"为"竞选制"，表现好才能"连选连任"，无疑有助于增强当事人维护爱情的责任心；

三、提高婚姻的质量，及时淘汰劣质和变质婚姻，并且使这种淘汰和平实现，毋须经过大伤元气的离婚战；

四、白头偕老仍然是可能的，且更加有权感到自豪，因为每一回都重新选择对方的行动明白无误地证明了这是出于始终如一的爱情,而非当今比比皆是的那种无可奈何的凑合。

在某婚礼上,我作为证婚人讲了三句话。一、真爱都是美好的。一个男人和一个女人,仅仅因为相爱在一起,不管结婚不结婚,不管时间长短,都是人生中的美好经历。当然,时间短毕竟是遗憾,所以,二、因相爱而结婚不但是美好的,而且是幸运的。结婚意味着两人不但是恋人,而且是亲人了,要携起手来共同走人生之路了。但是,考验在后面,所以,三、婚后仍能终身相爱不但是美好的、幸运的,而且是伟大的,一个好婚姻经受住了漫长岁月的考验,的确是人生的伟大成就。

"看来,要使丈夫品行端正,必须家有悍妻才行。"
"那只会使丈夫在别的坏品行之外,再加上一个坏品行:撒谎。"

"我们两人都变傻了。"
"这是我们婚姻美满的可靠标志。"

在别的情形下,仇人可以互相躲开,或者可以决一死战,在婚姻中都不能。明明是冤家,偏偏躲不开,也打不败,非朝夕相处不可。不幸的婚姻之所以可怕,盖在于此。这种折磨足以摧垮最坚强的神经。

其实,他们本来是可以不做仇人的,做不了朋友,也可以做路人。冤家路窄,正因为路窄才成冤家。

想开点,路何尝窄?

离婚毕竟是一种撕裂,不能不感到疼痛。当事人愈冷静,疼痛感愈清晰。尤其是忍痛割爱的一方,在她(他)的冷静中自有一种神圣的尊严,差不多可以和从容赴死的尊严媲美。她(他)以这种方式最大限度地抢救了垂危婚姻中一切有价值的东西,将它们保存在双方的记忆中了。相反,战火纷飞,血肉模糊,疼痛感会麻痹,而一切曾经有过的美好的东西连同对它们的记忆也就真正毁灭了。

爱情与婚姻

爱情似花朵,结婚便是它的果实。植物界的法则是,果实与花朵不能两全,一旦结果,花朵就消失了。由此的类比是,一旦结婚,爱情就消失了。

有没有两全之策呢?

有的,简单极了,只须改变一下比喻的句法:未结婚的爱情如同未结果的花朵的美,而结了婚的爱情则如同花已谢的果实的美。是的,果实与花朵不能两全,果实不具有花朵那种绚烂的美,但果实有果实的美,只要它是一颗饱满的果实,只要你善于欣赏它。

植物不会为花落伤心。人是太复杂了,他在结果以后仍然缅怀花朵,并且用花朵的审美标准批判果实,终于使果实患病而失去了属于它的那一种美。

无论如何,你对一个女人的爱倘若不是半途而废,就不能停留在仅仅让她做情人,还应该让她做妻子和母亲。只有这样,你才亲手把她变成了一个完整的女人,你们的爱情也才有了一个完整的过程。至于这个过程是否叫作婚姻,倒是一件次要的事情。

婚姻有何必要?我的回答是:为爱筑一个好巢。

爱情是一只鸟儿在天空飞翔，它自由，但也需要栖息，它空灵，但也需要踏实，它娇弱，因此需要保护，它任性，因此需要训导。婚姻所提供的，正是栖息、踏实、保护和训导。

鸟儿总在空中飞，会疲惫、恐慌，会累死，爱情也是如此。

当然，筑一个好巢不容易，要学鸟儿筑巢的勤勉、细致和耐心。

一个男人把一个女人叫作妻子，一个女人把一个男人叫作丈夫，这不仅仅是一个法律行为，而且是一个神圣行为，是在上帝面前的互相确认。唯有通过这个命名，她才成为他的"自己的女人"，他也才成为她的"自己的男人"。无此命名，不论他们如何相爱，终归不互相拥有。同样，他们的屋宇在他们互相命名为妻子和丈夫之前只是一个住处，唯有通过这个命名才成为"自己的家"。

结婚是神圣的命名。是否在教堂里举行婚礼，这并不重要。苍天之下，命名永是神圣的仪式。"妻子"的含义就是"自己的女人"，"丈夫"的含义就是"自己的男人"，对此命名当知敬畏。没有终身相爱的决心，不可妄称夫妻。有此决心，一旦结为夫妻，不可轻易伤害自己的女人和自己的男人，使这神圣的命名蒙羞。

《圣经》记载，上帝用亚当身上的肋骨造成一个女人，于是世上有了第一对夫妇。据说这一传说贬低了女性。可是，亚当说得明白："这是我的骨中之骨，肉中之肉。"今天有多少丈夫能像亚当那样，把妻子带到上帝面前，问心无愧地说出这话呢？

爱情是两颗心灵之间不断互相追求和吸引的过程，这个过程不应该因为结婚而终结。以婚姻为爱情的完成，这是一个有害的观念，在此观念支配下，结婚者自以为大功告成，已经获得了对方，不需要继续追求了。可是，求爱求爱，爱即寓于追求之中，一旦停止追求，爱必随之消亡。好的婚姻应当使爱情始终保持未完成的态势，也就是说，相爱双方始终保持必要的距离和张力，各方都把对方看作独立的个人，因而是一个永远需要重新追求的对象，绝不可能一劳永逸地加以占有。在此态势中，彼此才能不断重新发现和欣赏，而非互相束缚和厌倦，爱情才能获得继续生长的空间。

世上婚配，形形色色，真正基于爱情的结合并不太多，因而弥足珍贵。然而，偏偏愈是基于爱情的结合，比起那些以传统伦理和实际利益为基础的婚姻来，愈有其脆弱之处。所谓佳偶难久，人们眼中的天作之合往往不能白头偕老，这差不多是古老而常新的故事了。究其原因，也许是因为人的内在的感情要比外在的规范和利益更加难以捉摸，更加不易把握，爱情是比世俗的婚姻纽带更易变的东西。以爱情为婚姻的唯一依据，在逻辑上便意味着爱情高于婚姻，因此，一方面，如果既有的爱情出现瑕疵，婚姻便成问题，另一方面，一旦新的爱情产生，婚姻便当让位。真正以爱情为基础的婚姻永远不会大功告成，一劳永逸，再好的姻缘也不可能获得终身保险。

婚姻的困难在于，婚姻是一种社会组织，在本性上是要求稳定的，可是，作为它的自然基础的性爱却天然地倾向于变易，这种内在的矛盾是任何社会策略都消除不了的。面对这种矛盾，传统的社会策略是限制乃至扼杀性爱自由，以维护婚姻和社会的稳定，中国的儒家社会和西方的天主教社会都是这种做法。这样做的代价是牺牲了个人幸福，曾在历史上——在较弱的程度上仍包括今天——造成无数有形或无形的悲剧。然而，如果把性爱自由推至极端，完全无视婚姻稳定的要求，只怕普天下剩不下多少幸存的家庭了。

我一向认为，只要相爱，无论结不结婚都是好的。我不认为婚姻能够保证爱情的稳固，但我也不认为婚姻会导致爱情的死亡。一个爱情的生命取决于它自身的质量和活力，事实上与婚姻无关。既然如此，就不必刻意追求或者拒绝婚姻的形式了。

在一次长途旅行中，最好是有一位称心的旅伴，其次好是没有旅伴，最坏是有一个不称心的旅伴。

婚姻同样如此。夫妻恩爱，携手走人生之旅，当然是幸运的。如果做不到，独身前行，虽然孤单，却也清静，不算什么大不幸。最不幸的是两人明明彼此厌烦，偏要朝夕相处，把一个没有爱情的婚姻维持到底。

爱情大抵要死要活，婚姻大抵不死不活。

婚姻当然应该以爱情为基础，但是，在实际生活中，人们很难做到把爱情作为婚姻选择上的唯一考虑，利益的考虑往往占有一定地位，这是正常的。只是万事都有一个度，如果利益成了主要的甚至唯一的考虑，正常就变成庸俗了。如果进而很有心计地把婚姻当作谋取利益的手段，庸俗就变成卑鄙了。

婚姻的智慧

要亲密,但不要无间。人与人之间必须有一定的距离,相爱的人也不例外。婚姻之所以容易终成悲剧,就因为它在客观上使得这个必要的距离难以保持。一旦没有了距离,分寸感便丧失。随之丧失的是美感、自由感、彼此的宽容和尊重,最后是爱情。

相爱的人要亲密有间,即使结了婚,两个人之间仍应保持一个必要的距离。所谓必要的距离是指,各人仍应是独立的个人,并把对方作为独立的个人予以尊重。

一个简单的道理是,两个人无论多么相爱,仍然是两个不同的个体,不可能变成同一个人。

另一个稍微复杂一点的道理是,即使可能,两个人变成一个人也是不可取的。

太封闭和太开放都不利于婚姻的维护。要使婚姻长久,就应该在忠诚与自由、限制与开放之间寻找一种适当的关系。难就难在把握好这个度,我相信它是因人而异的,不存在一个统一的尺寸。总的原则是亲密而有距离,开放而有节制。最好的状态是双方都以信任之心不限制对方的自由,同时又都以珍惜之心不滥用自己的自由。归根结底,婚姻是两个自由个体之间的自愿联盟,唯有在自由的基础上才能达到高质量的稳定和有创造力的长久。

在任何情形下，都不存在万无一失的办法以确保一个婚姻绝对安全。在一切办法中，捆绑肯定是最糟糕的一种，其结果只有两种可能：或者是成全了一个缺乏生机的平庸的婚姻，或者是一方或双方不甘平庸而使婚姻终于破裂。

婚姻无非就是给自由设置一道门栏，在实际生活中，它也许关得严，也许关不严，但好歹得有。没有这道门栏，完全开放，就不成其为婚姻了。婚姻本质上不可能承认当事人有越出门栏的自由，必然把婚外恋和婚外性关系视作犯规行为。当然，犯规未必导致婚姻破裂，但几乎肯定会破坏安宁。迄今为止，我还不曾见到哪怕一个开放的婚姻试验成功的例子。

有人问：如何能克服一般婚姻带来的审美疲劳？我觉得没有什么好办法。不过，无止境的浪漫会产生另一种审美疲劳，频繁地更换性伴侣也会丧失性经验的新鲜感。也许最好是不变中略有变化，如同有节假日一样，双方都有出去自由一下的时候。但是，这个办法需要双方有很高的承受力和修养，也有很大的风险，所以一般不宜采用。

即使防微杜渐是可能的，我们也没有这个权利。如果为了"杜渐"而"防微"，禁绝一切婚外恋情的苗头，那就只好遵循男女授受不亲的古训了。当然，对"微"宽容而不防，就有开"渐"之危险，但这种危险乃是人类情感生活的题中应有之义，试图杜绝这种危险就意味着窒息情感生活。

在我看来，不管我们把婚外男女之情可允许的界限划在哪里，那么，在此界限之内的，便是不该管的，超过此界限的，又是想管也管不了的。所以，反正不要去管。

婚姻中的一个原则：不要企图改变对方。

两口子争吵，多半是因为性格的差异，比如你性子急，我性子慢，你细心，我粗心，诸如此类。吵多了，便会有怨恨，责备对方总也改不了。可是，人的性格是难变的，只能互相适应，民间的智慧称作磨合。仔细分析，比起性格差异来，要对方改变的企图是争吵的更重要原因。如果承认差异，在此基础上各方调整自己的态度，许多争吵都可以平息。

夫妻容易发生争吵，因为亲近之人往往挑剔。当然也有不争吵的夫妻，情况可能有二。一是双方或其中一方内心已足够疏远，到了不屑于挑剔的程度。二是双方或其中一方有足够好的教养，摆脱了对亲近者挑剔的本能逻辑。是的，对亲近者挑剔是一种本能，而警惕这种本能，做到对亲近者不挑剔，则是一种教养。

有一种观念认为，相爱的夫妇间必须绝对忠诚，对各自的行为乃至思想不得有丝毫隐瞒，否则便亵渎了纯洁的爱和神圣的婚姻。

一个人在有了足够的阅历后便会知道，这是一种多么幼稚的观念。

问题在于，即使是极深笃的爱缘，或者说，正因为是极深笃的爱缘，乃至于白头偕老，共度人生，那么，在这漫长岁月中，各人怎么可能，又怎么应该没有自己的若干小秘密呢？

依我看，只要爱情本身是真实的，那么，即使当事人有一些不愿为人知悉甚至不愿为自己的爱人知悉的隐秘细节，也完全无损于这种真实性。我无法设想，两个富有个性的活生生的人之间的天长日久的情感生活，会是一条没有任何暗流或支流、永远不起波澜的平坦河流。倘这样，那肯定不是大自然中的河流，而只是人工修筑的水渠，倒反见其不真实了。

当然，爱侣之间应该有基本的诚实和相当的透明度。但是，万事都有个限度。水至清无鱼。苛求绝对诚实反而会酿成不信任的氛围，甚至逼出欺骗和伪善。一种健全的爱侣关系的前提是互相尊重，包括尊重对方的隐私权。这种尊重一方面基于爱和信任，另一方面基于对人性弱点的宽容。羞于追问相爱者难以启齿的小隐秘，乃是爱情中的自尊和教养。

夫妻间是否应该有个人隐私？我的看法是：应该有——应该尊重对方的隐私权；不应该有——不应该有太多事实上的隐私。

隐私有一个特别的性格：它愿意向尊重它的人公开。在充满信任氛围的好的婚姻中，正因为夫妻间都尊重对方的隐私权，事实上的隐私往往最少。

也许有人会问：信任和宽容会不会助长人性弱点的恶性发展，乃至毁坏爱的基础？我的回答是：凡是会被信任和宽容毁坏的，猜疑和苛求也决计挽救不了，那就让该毁掉的毁掉吧。说到底，会被信任和宽容毁坏的爱情本来就是脆弱的，相反，猜疑和苛求却可能毁坏最坚固的爱情。我们冒前一种险，却避免了后一种更坏的前途，毕竟是值得的。

我们当然不能也不该对爱情可能发生的变化严加防范，但是也大可不必为它创造条件。红尘中人，诱惑在所难免，而每个当事人对于自己所面临的究竟是不可抵御的更强烈的爱情，还是一般的风流韵事，心里大致是清楚的。我的劝告是，如果是后者，而你又很看重（不看重则另当别论）既有的婚爱，就请你三思而不要行了。这对你也许是一种损失，但你因此避免了更严重的损失。如果是前者，我就不说什么了，因为说了也没有用。

爱情是人生的珍宝，当我们用婚姻这只船运载爱情的珍宝时，我们的使命是尽量绕开暗礁，躲开风浪，安全到达目的地。谁若故意迎着风浪上，固然可以获得冒险的乐趣，但也说明了他（她）对船中的珍宝并不爱惜。好姻缘是要靠珍惜之心来保护的，珍惜便是缘，缘在珍惜中，珍惜之心亡则缘尽。

爱情有太多的变数，不完全是人力所能控制，可是，因相爱而结婚的人至少应争取把变数减到最小量。

鉴于世上真正幸福的婚姻如此稀少，已经得此幸福的男女应该明白：一个男人能够使一个女人幸福，一个女人能够使一个男人幸福，就算功德无量了；根本不存在能够同时使许多个异性幸福的超级男人或超级女人。

人们常说，牢固的婚姻以互相信任为前提。这当然不错，但还不够，必须再加上互相宽容。

在两人相爱的情形下，各人仍然可能和别的异性发生瓜葛，这是一个可在理论上证明并在经验中证实的确凿事实。然而，由于不宽容，本来也许还可以延续的婚爱就毁于一旦了。

所以，我主张，相爱者在最基本的方面互相信任，即信任彼此的爱，同时在比较次要的方面互相宽容，包括宽容对方偶然的出轨行为。唯有如此，才能保证婚姻的稳固，避免不该发生的破裂。

如果你的爱人偶然出轨了，我的建议是，倘若你对于你们的爱情仍怀有基本的信心，就最好本着对人性的理解予以原谅。要知道，那种绝对符合定义的完美的爱情只存在于童话中，现实生活中的爱情不免有这样那样的遗憾，但这正是活生生的男人和女人之间的活生生的爱情。

当然，万事都有一个限度，如果出轨成为常规，再宽容的人也无法相信爱情的真实存在了，或者有理由怀疑这个风流成性的哥儿姐儿是否具备做伴侣的能力。

家

凡是经历过远洋航行的人都知道,一旦海平线上出现港口朦胧的影子,寂寞已久的心会跳得多么欢快。如果没有一片港湾在等待着拥抱我们,无边无际的大海岂不令我们绝望?在人生的航行中,我们需要冒险,也需要休憩,家就是供我们休憩的温暖的港湾。在我们的灵魂被大海神秘的涛声陶冶得过分严肃以后,家中琐屑的噪音也许正是上天安排来放松我们精神的人间乐曲。

不要说"赤条条来去无牵挂"。至少,我们来到这个世界,是有一个家让我们登上岸的。当我们离去时,我们也不愿意举目无亲,没有可以向之告别的亲人。倦鸟思巢,落叶归根,我们回到故乡故土,犹如回到从前靠岸的地方,从这里启程驶向永恒。我相信,如果灵魂不死,我们在天堂仍将怀念留在尘世的这个家。

家庭是人类一切社会组织中最自然的社会组织,是把人与大地、与生命的源头联结起来的主要纽带。有一个好伴侣,筑一个好窝,生儿育女,恤老抚幼,会给人一种踏实的生命感觉。无家的人倒是一身轻,只怕这轻有时难以承受,容易使人陷入一种在这世上没有根基的虚无感觉之中。

家不仅仅是一个场所，而更是一个本身即具有生命的活体。两个生命因相爱而结合为一个家，在共同生活的过程中，他们的生命随岁月的流逝而流逝，流归何处？我敢说，很大一部分流入这个家，转化为这个家的生命了。共同生活的时间愈长，这个家就愈成为一个有生命的东西，其中交织着两人共同的生活经历和命运，无数细小而宝贵的共同记忆，在多数情况下还有共同抚育小生命的辛劳和欢乐。正因为如此，即使在爱情已经消失的情况下，离异仍然会使当事人感觉到一种撕裂的痛楚。此时不是别的东西，而正是家这个活体，这个由双方生命岁月交织成的生命体在感到疼痛。如果我们时时记住家是一个有生命的东西，它也知道疼，它也畏惧死，我们就会心疼它，更加细心地爱护它了。那么，我们也许就可以避免一些原可避免的家庭破裂的悲剧了。

心疼这个家吧，如同心疼一个默默护佑着也铭记着我们的生命岁月的善良的亲人。

我尝自问：大千世界，有许多可爱的女人，生活有无数种可能性，你坚守着与某一个女人组成的这个小小的家，究竟有什么理由？我给自己一条条列举出来，觉得都不成其为充足理由。我终于明白了：恋家不需要理由。只要你在这个家里感到自由自在，没有压抑感和强迫感，摩擦和烦恼当然免不了，但都能够自然地化解，那么，这就证明你的生活状态是基本对头的，你是适合过有家的生活的。

一片空地，几间空屋，有人来到这里，贴上标签，于是为家。

家太平凡了，再温馨的家也充满琐碎的重复，所以家庭生活是难以入诗的。相反,羁旅却富有诗意。可是,偏偏在羁旅诗里,家成了一个中心意象。只有在"孤舟五更家万里"的情境中,我们才真正感受到家的可贵。

伴侣之情

在两性之间,发生肉体关系是容易的,发生爱情便很难,而最难的便是使一个好婚姻经受住岁月的考验。

喜新厌旧乃人之常情,但人情还有更深邃的一面,便是恋故怀旧。一个人不可能永远年轻,终有一天会发现,人生最值得珍惜的乃是那种历尽沧桑始终不渝的伴侣之情。在持久和谐的婚姻生活中,两个人的生命已经你中有我,我中有你,血肉相连一般地生长在一起了。共同拥有的无数细小珍贵的回忆犹如一份无价之宝,一份仅仅属于他们两人无法转让他人也无法传之子孙的奇特财产。说到底,你和谁共有这一份财产,你也就和谁共有了今生今世的命运。与之相比,最浪漫的风流韵事也只成了过眼烟云。

人的心是世上最矛盾的东西,它有时很野,想到处飞,但它最平凡最深邃的需要却是一个憩息地,那就是另一颗心。倘若你终于找到了这另一颗心,当知珍惜,切勿伤害它。历尽人间沧桑,遍阅各色理论,我发现自己到头来信奉的仍是古典的爱情范式:真正的爱情必是忠贞专一的。惦着一个人并且被这个人惦着,心便有了着落,这样活着多么踏实。与这种相依为命的伴侣之情相比,一切风流韵事都显得何其虚飘。

大千世界里，许多浪漫之情产生了，又消失了。可是，其中有一些幸运地活了下来，成熟了，变成了无比踏实的亲情。好的婚姻使爱情走向成熟，而成熟的爱情是更有分量的。当我们把一个异性唤做恋人时，是我们的激情在呼唤。当我们把一个异性唤做亲人时，却是我们的全部人生经历在呼唤。

爱情不风流，它是两性之间最严肃的一件事。风流韵事频繁之处，往往没有爱情。爱情也未必浪漫，浪漫只是爱情的早期形态。在浪漫结束之后，一个爱情是随之结束，还是推进为亲密持久的伴侣之情，最能见出这个爱情的质量的高低。

男女之间的浪漫之情依赖于某种奇遇和新鲜感，其表现形式是一见钟情，销魂断肠，如痴如醉，难解难分。这样一种感情诚然也是美好的，但肯定不能持久，并且这与婚姻无关，即使不结婚也一样持久不了。因为一旦持久，任何奇遇都会归于平凡，任何陌生都会变成熟悉。

如果把爱情理解为男女之间极其深笃的感情，那么，它绝不仅限于浪漫之情，事实上还有别样的形态。在一个好的婚姻中，随着浪漫之情减退，会有另一种感情生长起来，其主要的因素是长期共同生活中形成的互相的信任感，彼此深切的惦念，行为方式上的默契，以及今生今世命运与共的感觉。我把这种感情称作亲情式的爱情，在我看来，与浪漫之情相比，它是爱情更为成熟的形态。

爱情一定是以亲情为指向和归宿的，其终极目标是在人世间寻找那个最亲的亲人，两个人相依为命，共度此生。结婚以后，如果恋爱时的激情渐渐转化成了牢不可破的亲情，两个人之间始终是最亲的亲人这个感觉，爱情就成了正果。婚后长久相处，摩擦难免，只要这个感觉牢固，婚姻就是对头的。亲情不是爱情的消亡，而是爱情的升级版。

相反，如果不能转化，激情消退之后，亲情并未产生，双方怎么也不觉得对方是亲人，那就意味着这个婚姻是失败的，不如趁早散伙。

夫妇之间，亲子之间，情太深了，怕的不是死，而是永不再聚的失散，以至于真希望有来世或者天国。佛教说诸法因缘生，教导我们看破无常，不要执着。可是，千世万世只能成就一次的佳缘，不管是遇合的，还是修来的，叫人怎么看得破。

茫茫宇宙中，两个生命相遇和结合，然后又有新的生命来投胎，若干生命相伴了漫长岁月，在茫茫宇宙中却只是一瞬间。此中的缘和情，喜和悲，真令人不胜唏嘘。

每当看见老年夫妻互相搀扶着，沿着街道缓缓地走来，我就禁不住感动。他们的能力已经很微弱，不足以给别人以帮助。他们的魅力也已经很微弱，不足以吸引别人帮助他们。于是，他们就用衰老的手臂互相搀扶着，彼此提供一点儿尽管太少但极其需要的帮助。

年轻人结伴走向生活，最多是志同道合。老年人结伴走向死亡，才真正是相依为命。

亲子之爱

性本能分两个层次。浅层次是快乐本能，即男欢女爱。直到孩子出生，一直潜伏着的深层次才显现出来，那便是种属本能，它以势不可挡的力量觉醒了，使我们感受到巨大的幸福。这是大自然的狡计，让你男欢女爱，让你贪图快乐，结果弄出来了一个孩子，接着就让你辛苦，还让你感到这辛苦是更大的快乐。不过，就算是中了大自然的狡计，那快乐却是实实在在的，是生命根底里的快乐，而做一回大自然的工具也不算什么耻辱。从生命的角度看，世上有什么事业比种属延续更伟大？为人父母让我们体会到，生命既是巨大的喜悦，也是伟大的事业。

在一切人间之爱中，父爱和母爱也许是最特别的一种，它极其本能，却又近乎神圣。爱比克泰德说得好："孩子一旦生出来，要想不爱他已经为时过晚。"正是在这种似乎被迫的主动之中，我们如同得到神启一样领悟了爱的奉献和牺牲之本质。

然而，随着孩子长大，本能便向经验转化，神圣也便向世俗转化。于是，教育、代沟、遗产等各种社会性质的问题产生了。

我们从小就开始学习爱，可是我们最擅长的始终是被爱。直到我们自己做了父母，我们才真正学会了爱。

在做父母之前，我们不是首先做过情人吗？

不错，但我敢说，一切深笃的爱情必定包含着父爱和母爱的成分。一个男人深爱一个女人，一个女人深爱一个男人，潜在的父性和母性就会发挥作用，不由自主地要把情人当作孩子一样疼爱和保护。

然而，情人之爱毕竟不是父爱和母爱。所以，一切情人又都太在乎被爱。

当我们做了父母，回首往事，我们便会觉得，以往爱情中最动人的东西仿佛是父爱和母爱的一种预演。与正剧相比，预演未免相形见绌。不过，成熟的男女一定会让彼此都分享到这新的收获。谁真正学会了爱，谁就不会只限于爱子女。

养育小生命或许是世上最妙不可言的一种体验。小的就是好的，小生命的一颦一笑都那么可爱，交流和成长的每一个新征兆都叫人那样惊喜不已。这种体验是不能从任何别的地方获得，也不能用任何别的体验来代替的。一个人无论见过多大世面，从事多大事业，在初当父母的日子里，都不能不感到自己面前突然打开了一个全新的世界。小生命丰富了大心胸。生命是一个奇迹，可是，倘若不是养育过小生命，对此怎能有真切的领悟呢？

我以前认为，人一旦做了父母就意味着老了，不再是孩子了。现在我才知道，人唯有自己做了父母，才能最大限度地回到孩子的世界。

为人父母提供了一个机会，使我们有可能更新对于世界的感觉。用你的孩子的目光看世界，你会发现一个全新的世界。

父母对儿女的爱很像诗人对作品的爱：他们如同创作一样在儿女身上倾注心血，结果儿女如同作品一样体现了他们的存在价值。

但是，让我们记住，这只是一个譬喻，儿女不完全是我们的作品。即使是作品，一旦发表，也会获得独立于作者的生命，不是作者可以支配的。昧于此，就会可悲地把对儿女的爱变成惹儿女讨厌的专制了。

过去常听说，做父母的如何为子女受苦、奉献、牺牲，似乎恩重如山。自己做了父母，才知道这受苦同时就是享乐，这奉献同时就是收获，这牺牲同时就是满足。所以，如果要说恩，那也是相互的。而且，愈有爱心的父母，愈会感到所得远远大于所予。

其实，任何做父母的，当他们陶醉于孩子的可爱时，都不会以恩主自居。一旦以恩主自居，就必定是已经忘记了孩子曾经给予他们的巨大快乐，也就是说，忘恩负义了。人们总谴责忘恩负义的子女，殊不知天下还有忘恩负义的父母呢。

对孩子的爱是一种自私的无私，一种不为公的舍己。这种骨肉之情若陷于盲目，真可以使你为孩子牺牲一切，包括你自己，包括天下。

从理论上说，亲子之爱和性爱都植根于人的生物性：亲子之爱为血缘本能，性爱为性欲。但血缘关系是一成不变的，性欲对象却是可以转移的。也许因为这个原因，亲子之爱要稳定和专一得多。在性爱中，喜新厌旧、见异思迁是寻常事。我们却很难想象一个人会因喜欢别人的孩子而厌弃自己的孩子。孩子愈幼小，亲子关系的生物学性质愈纯粹，就愈是如此。君不见，欲妻人妻者比比皆是，欲幼人幼者却寥寥无几。

当然，世上并非没有稳定专一的性爱，但那往往是非生物因素起作用的结果。性爱的生物学性质愈纯粹，也就是说，愈是由性欲自发起作用，则性爱愈难专一。

有人说性关系是人类最自然的关系，怕未必。须知性关系是两个成年人之间的关系，因而不可能不把他们的社会性带入这种关系中。相反，当一个成年人面对自己的幼崽时，他便不能不回归自然状态，因为一切社会性的附属物在这个幼小的对象身上都成了不起作用的东西，只好搁置起来。随着孩子长大，亲子之间社会关系的比重就愈来愈增加了。

亲子之爱的优势在于：它是生物性的，却滤尽了肉欲；它是无私的，却与伦理无关；它非常实在，却不沾一丝功利的计算。

我说亲子之爱是无私的，这个论点肯定会遭到强有力的反驳。

可不是吗，自古以来酝酿过多少阴谋，爆发了多少战争，其原因就是为了给自己的血亲之子争夺王位。

可不是吗，有了遗产继承人，多少人的敛财贪欲恶性膨胀，他们不但要此生此世不愁吃穿，而且要世世代代永享富贵。

这么说，亲子之爱反倒是天下最自私的一种爱了。

但是，我断然否认那个揪着正在和小伙伴们玩耍的儿子的耳朵，把他强按在国王宝座上的母亲是爱她的儿子。我断然否认那个夺走女儿手中的破布娃娃，硬塞给她一枚金币的父亲是爱他的女儿。不，他们爱的是王位和金币，是自己，而不是那幼小纯洁的生命。

如果王位的继承迫在眉睫，刻不容缓，而这位母亲却挡住前来拥戴小王子即位的官宦们说:"我的孩子玩得正高兴,别打扰他,随便让谁当国王好了!"如果一笔大买卖机不可失,时不再来,而这位父亲却对自己说:"我必须帮我的女儿找到她心爱的破布娃娃,她正哭呢,那笔买卖倒是可做可不做。"——那么,我这才承认我看到了一位真正懂得爱孩子的母亲或父亲。

好孩子是爱出来的。一个在爱的呵护下成长的孩子,他的心是温暖的,充满阳光的,也会开放爱的花朵。亲子之爱是孩子最早的爱的课堂,孩子一定会以爱回应爱,并且由爱父母而学会了爱一切善待他的人。一个人如果在童年时代缺乏被爱和爱,日后在其他各种爱的形态上就很容易产生障碍。

人们常说,孩子是婚姻的纽带。这句话是对的,但不应做消极的理解,似乎为了孩子只好维持婚姻。孩子对于婚姻的意义是非常积极的,是在实质上加固了婚姻的爱情基础。

有些年轻人选择做丁克族的理由是,孩子是第三者,会破坏二人世界的亲密。表面看似乎如此,各人都为孩子付出了爱,给对方的爱好像就减少了。但是,爱所遵循的法则不是加减法,而是乘法。各人给孩子的爱不是从给对方的爱中扣除出来的,而是孩子激发出来的。爱的新源泉打开了,爱的总量增加了,爱的品质提高了,而这一点必定会在夫妇之爱中体现出来。把对方给孩子的爱视为自己的亏损,这是我最无法理解的一种奇怪心理。事实上,双方都特别爱孩子,夫妻感情一定是加深了而不是减弱了。

爱情是寻找灵魂的亲人。婚姻是结为肉体的亲人。在性行为中,双方的身体达到了亲昵的极限。但是,一对男女通过做爱永远不能成为血缘意义上的亲人,唯有通过生育,才能开创出一个新的血缘关系。在孩子身上，双亲的血流在一起，两支本无联系的血脉联结成亲缘，从此生生不息，延续久远。正是凭借孩子，夫妻之爱在血缘意义上也成为了亲情。

父母和孩子的联系，在生物的意义上是血缘，在宗教的意义上是灵魂的约会。在超越时空的那个世界里，这一个男人、这一个女人、这一个孩子原本都是灵魂，无所谓夫妻和亲子，却仿佛一直在相互寻找，相约了来到这个时空的世界，在一个短暂的时间里组成了一个亲密的家，然后又将必不可免地彼此失散。每念及此，我心中充满敬畏、感动和忧伤，倍感亲情的珍贵。

和孩子相处，最重要的原则是尊重孩子，亦即把孩子看作一个灵魂，一个有自己独立人格的个体。爱孩子是一种本能，尊重孩子则是一种教养，而如果没有教养，爱就会失去风格，仅仅停留在动物性的水准上。

做孩子的朋友，孩子也肯把自己当作朋友，乃是做父母的最高境界。

在婴儿期，父母和孩子的关系如同成年兽和幼兽，生物性因素占据着优势。随着孩子逐渐长大，社会性因素必然逐渐扩大，并且终将占据优势。于是，亲子之间的自然人的关系变成了社会人的关系，孩子越来越成为社会的一员，不管亲子双方是否愿意，都必须脱离父母的庇护，独立地走自己的人生之路了。但是，这只是一个方面。

另一方面，随着孩子逐渐长大，亲子关系中的精神性因素也应该逐渐扩大，占据主导地位。然而，社会性因素的主宰是由客观的社会力量强迫实现的，与此相反，倘若没有父母的自觉，亲子关系就永远不可能具备精神性品格，会始终停留在动物性溺爱的水平上。判断是否具备精神性品格，一个恰当的标志是看父母和孩子之间是否逐渐形成了一种朋友式的关系。

朋友式的关系有两个显著特征，一是独立，二是平等。

独立，就是把孩子视为一个灵魂，一个正在成形的独立的人格，不但爱他疼他，而且给予信任和尊重。当然，父母自己也是独立的灵魂，而正是通过对孩子的尊重，孩子会鲜明地意识到这一点，从而学会了也尊重父母，尊重他人。我要强调灵魂的概念，有些父母是没有这个概念的，从不把自己视为一个灵魂，因而也不可能把孩子视为一个灵魂。这样的父母往往把孩子视为一个宠物，甚至视为一个实施自己的庸俗抱负的工具，其结果恰恰是扼杀了孩子的独立人格，使孩子成为灵魂萎缩的不完整的人。

既然都是独立的灵魂，彼此的关系就应该是平等的。平等尤其体现在两个方面。一方面，亲子之间要有商量的氛围，凡属孩子自己的事情，既不越俎代庖，也不横加干涉，而是怀着爱心加以关注，以平等的态度进行商量。另一方面，亲子之间要有交流的氛围，经常聊天和谈心，就共同感兴趣的问题展开讨论，在自愿的前提下，分担孩子的忧愁，共享双方的喜乐，沟通彼此的心灵。

孩子

孩子是使家成其为家的根据。没有孩子,家至多是一场有点儿过分认真的爱情游戏。有了孩子,家才有了自身的实质和事业。

男人是天地间的流浪汉,他寻找家园,找到了女人。可是,对于家园,女人有更正确的理解。她知道,接纳了一个流浪汉,还远远不等于建立了一个家园。于是她着手编筑一只摇篮,——摇篮才是家园的起点和核心。在摇篮四周,和摇篮里的婴儿一起,真正的家园生长起来了。

我没有孩子的时候,觉得孩子真是可有可无。现在我才知道,男人不做一回父亲,女人不做一回母亲,实在算不上完整的人。一个人不亲自体验一下创造新生命的神秘,实在没有资格奢谈永恒。

并不是说,养儿育女是人生在世的一桩义务。我至今仍蔑视一切义务。可是,如果一个男人的父性、一个女人的母性——人性中最人性的部分——未得实现,怎能有完整的人性呢?

并不是说,传宗接代是个体死亡的一种补偿。我至今仍不相信任何补偿。可是,如果一个人不曾亲自迎接过来自永恒的使者,不曾从婴儿尚未沾染岁月尘埃的目光中品读过永恒,对永恒会有多少真切的感知呢？

在我迄今为止的生涯中，成为父亲是最接近于奇迹的经历，令我难以置信。以我凡庸之力，我怎么能从无中把你产生呢？不，必定有一种神奇的力量运作了无数世代，然后才借我产生了你。没有这种力量，任何人都不可能成为父亲或母亲。

所以，对于男人来说，唯有父亲的称号是神圣的。一切世俗的头衔都可以凭人力获取，而要成为父亲却必须仰仗神力。

在亲自迎来一个新生命的时候，人离天国最近。

在哲学家眼里，生儿育女是凡夫俗子的行为。这自然不错。不过，我要补充一句：生儿育女又是凡夫俗子生涯中最不凡俗的一个行为。

婴儿都是超凡脱俗的，因为他们刚从天国来。再庸俗的父母，生下的孩子绝不庸俗。有时我不禁惊诧，这么天真可爱的孩子怎么会出自如此平常的父母。

孩子的世界是尘世上所剩不多的净土之一。凡是走进这个世界的人，或多或少会受孩子的熏陶，自己也变得可爱一些。被孩子的明眸所照亮，多少因岁月的销蚀而暗淡的心灵又焕发出了人性的光辉，成就了可歌可泣的爱的事业。

在这个世界上，唯有孩子和女人最能使我真实，最能使我眷恋人生。

电视镜头：妈妈告诉小男孩怎么放刀叉，小男孩问："可是吃的放哪里呢？"

当大人们在枝节问题上纠缠不清的时候，孩子往往一下子进入了实质问题。

与成人相比，孩子诚然缺乏知识。然而，他们富于好奇心、感受性和想象力，这些正是最宝贵的智力品质，因此能够不受习见的支配，用全新的眼光看世界。

与成人相比，孩子诚然缺乏阅历。然而，他们诚实、坦荡、率性，这些正是最宝贵的心灵品质，因此能够不受功利的支配，做事只凭真兴趣。

如果一个成人仍葆有这些品质，我们就说他有童心。凡葆有童心的人，往往也善于欣赏儿童，二者其实是一回事。耶稣说，在天国里儿童最伟大。泰戈尔说，在人生中童年最伟大。几乎一切伟人都用敬佩的眼光看孩子。

我在所有的孩子身上都观察到，孩子最不能忍受的不是生活的清苦，而是生活的单调、刻板、无趣。几乎每个孩子都热衷于在生活中寻找、发现、制造有趣，并报以欢笑，这是生长着的智力的嬉戏和狂欢。

然而，人们往往严重低估孩子对于有趣的需要。

人生有两个时期最盛产幽默。一是孩提时期，倘若家庭是幸福的，生活的氛围是欢快的，孩子往往会萌生幽默感，用戏谑、调侃、嘲弄、玩笑来传达快乐的心情。这是充满活力的新生命发出的天真单纯的欢笑。另一是成熟时期，一个人倘若有足够的悟性，又有了足够的阅历，就会借幽默的态度与人生的缺憾和解。这是历经沧桑而依然健康的生命发出的宽容又不乏辛酸的微笑。我相信，如果一个人在孩提时期拥有前一种幽默，未来就比较容易拥有后一种幽默。

我一再发现，孩子对于荣誉极其敏感，那是他们最看重的东西。可是，由于尚未建立起内心的尺度，他们就只能根据外部的标志来判断荣誉。在孩子面前，教师不论智愚都能够成为权威，靠的就是分配荣誉的权力。

一个相信童话的孩子，即使到了不再相信童话的年龄，仍会比较容易相信善良和拒绝冷酷。

在孩子眼中，世界是不变的。在世界眼中，孩子一眨眼就老了。

如果孩子永远不长大，那当然是可怕的。但是，孩子会长大，婴儿时的种种可爱留不住，将来会无可挽回地消失殆尽，却也是常常使守在摇篮旁的父母感到遗憾的。

童年和成长

在人的一生中，童年似乎是最不起眼的。大人们都在做正经事，孩子们却只是在玩耍，在梦想，仿佛在无所事事中挥霍宝贵的光阴。可是，这似乎最不起眼的童年其实是人生中最重要的季节。粗心的大人看不见，在每一个看似懵懂的孩子身上，都有一个灵魂在朝着某种形态生成。

在人的一生中，童年似乎是最短暂的。如果只看数字，孩提时期所占的比例确实比成年时期小得多。可是，这似乎短暂的童年其实是人生中最悠长的时光。我们仅在儿时体验过时光的永驻，而到了成年之后，儿时的回忆又将伴随我们的一生。

童年无小事，人生最早的印象因为写在白纸上而格外鲜明，旁人觉得琐碎的细节很可能会对本人性格的形成发生重大作用。

华兹华斯说："孩子是大人的父亲。"我这样来论证这个命题——

孩子长于天赋、好奇心、直觉，大人长于阅历、知识、理性，因为天赋是阅历的父亲，好奇心是知识的父亲，直觉是理性的父亲，所以孩子是大人的父亲。

这个命题除了表明我们应该向孩子学习之外，还可做另一种解释：对于每一个人来说，他的童年状况也是他的成年状况的父亲，因此，早期的精神发育在人生中具有关键作用。

据说童年是从知道大人们的性秘密那一天开始失去的。在资讯发达的今天，孩子们过早地失去了童年，而大人们的尴尬在于，不但失去了秘密，而且失去了向孩子揭示秘密的权力。

在人的精神成长过程中，少年时期无疑是至关重要的。谁没有体验过青春的魔力降临时的那种奇妙的心情呢？突然之间，眼前仿佛打开了一个五彩缤纷的世界，一片隐藏着无穷宝藏的新大陆。少年人看世界的眼光是天然地理想化的，异性的面庞，两小无猜的友情，老师的一句赞扬，偶尔读到的一则故事或一段格言，都会使他们对世界充满美好的期望。从总体上比较，少年人比成年人更具精神性，他们更加看重爱情、友谊、荣誉、志向等精神价值，较少关注金钱、职位之类的物质利益。当然，由于阅世不深，他们的理想未免空泛。随着入世渐深，无非有两种可能：或者把理想当作一种幼稚的东西抛弃，变得庸俗实际起来；或者坚持精神上的追求，因为实际生活的教训和磨炼，那会是一种更成熟、更自觉的追求。一个人最后走上哪一条路，取决于种种因素，不可一概而论。不过，他年少之时那种自发的精神性是否受到有效的鼓励和培育，肯定是其中一个重要的因素。

在人的一生中，中学时代是重要的。一个人由童年进入少年，身体和心灵都发生着急剧的变化，造化便借机向他透露了自己的若干秘密。正是在上中学那个年龄，人生中某些本质的东西开始显现在一个人的精神视野之中。所以，我把中学时代称作发现的时代。发现了什么？因为求知欲的觉醒，发现了一个书的世界。

因为性的觉醒，发现了一个异性世界。因为自我意识的觉醒，发现了自我也发现了死亡。总之，所发现的是人生画面上最重要的几笔，质言之，可以说就是发现了人生。千万不要看轻中学生，哪怕他好似无忧无虑，愣头愣脑，在他的内部却发生着多么巨大又多么细致的事件。

青春似乎有无数敌人，但是，在某种意义上，学校、老师、家长、社会等等都是假想敌，真正的敌人只有一个，就是虚伪。当一个人变得虚伪之时，便是他的青春终结之日。在成长的过程中，一个人能够抵御住虚伪的侵袭，依然真实，这该是多么非凡的成就。

情窦初开的年龄，绽开的不只是欲望的花朵。初开的欲望之花多么纯洁，多么羞怯，多么有灵性，其实同时也是精神之花。所以，和青春一起，心灵世界一切美好的东西，包括艺术和理想，个性和尊严，也都觉醒了。这在人人都一样。区别在后来，有的花朵昙花一现，有的长开不败结出了果实。

成长是一个不断学习的过程，学习如何做人处世，如何思考问题。不过，学习的场所未必是在课堂上。事实上，生活中偶然的契机，意外的遭遇，来自他人的善意或恶意，智者的片言只语，都会是人生中生动的一课，甚至可能改变我们人生的方向。

怎样做父母

家庭环境对孩子成长有巨大影响，在我看来，最重要影响有二。其一，如果父母相爱，家庭和睦，孩子在爱和快乐的氛围里度过童年，他的人生就有温暖明亮的底色，可保心理健康，情商良好。其二，如果父母自身素质比较高，给孩子以心智上的熏陶，同时有一个相对自由宽松的童年，可保人格健康，心智发育良好。

对聪明的大人说的话：倘若你珍惜你的童年，你一定也要尊重你的孩子的童年。当孩子无忧无虑地玩耍时，不要用你眼中的正经事去打扰他。当孩子编织美丽的梦想时，不要用你眼中的现实去纠正他。如果你执意把孩子引上成人的轨道，当你这样做的时候，你正是在粗暴地夺走他的童年。

有一些人执意要把孩子引上成人的轨道，在他们眼中，孩子什么都不懂，什么都不会，一切都要大人教，而大人在孩子身上则学不到任何东西。恕我直言，在我眼中，他们是世界上最愚蠢的大人。

在失去想象力的大人眼里，孩子的想象力也成了罪过。

有一些正经的父母，自己十分无趣，看见孩子调皮就加以责罚，听见孩子的有趣话语也无动于衷，我真为他们的孩子感到冤枉。在干旱的沙漠中，孩子的智性花朵过早地枯萎了。在沉寂的闷屋中，孩子的灵性笑声过早地喑哑了。如果一个孩子天赋正常却不会幽默，责任一定在大人。

在幼儿面前，聪明的父母要具备两种本领。一是不懂装懂，孩子咿呀学语，说一些不成语言的音节，你听不明白他的意思，也要装作懂了，鼓励他多说话。二是懂装不懂，你听懂了孩子的词不达意的表达，不妨装作不懂，适当地提问，引导他寻找更准确的表达。

看到欧美儿童身上的那一股小大人气概，每每忍俊不禁，觉得非常可爱。相比之下，中国的孩子太缺乏这种独立自主的精神，不论大小事都依赖父母，不肯自己动脑动手，不敢自己做主。当然，并非中国孩子的天性如此，这完全是后天教育的结果。所以，在这方面首先应该做出改变的是中国的父母们。

做家长的最高境界是成为孩子的知心朋友。在这一点上，中国的家长相当可怜，一面是孩子的主子、上司，另一面是孩子的奴仆、下属，始终找不到和孩子平等相处的位置。

从一个人教育孩子的方式，最能看出这个人自己的人生态度。那种逼迫孩子参加各种竞争的家长，自己在生活中往往也急功近利。相反，一个淡泊于名利的人，必定也愿意孩子顺应天性愉快地成长。
我由此获得了一个依据，去分析貌似违背这个规律的现象。

譬如说，我基本可以断定，一个自己无为却逼迫孩子大有作为的人，他的无为其实是无能和不得志；一个自己拼命奋斗却让孩子自由生长的人，他的拼命多少是出于无奈。这两种人都想在孩子身上实现自己的未遂愿望，但愿望的性质恰好相反。

做人和教人在根本上是一致的。我在人生中最看重的东西，也就是我在教育上最想让孩子得到的东西。进一个名牌学校，谋一个赚钱职业，这种东西怎么有资格成为人生的目标，所以也不能成为教育的目标。我的期望比这高得多，就是愿孩子成为一个善良、丰富、高贵的人。

做父母的很少有不爱孩子的，但是，怎样才是真爱孩子，却大可商榷。现在的普遍方式是，物质上无微不至，功课上步步紧逼，精神上麻木不仁。在我看来，这样做不但不是爱孩子，而且是在害孩子。

做父母的当然要对孩子的将来负责，但只能负起作为凡人的责任，其中最重要的，就是悉心培养正确的人生观和乐观坚毅的性格，使他具备依靠自己争取幸福和承受苦难的能力，不管将来的命运如何，都能以适当的态度面对。至于孩子将来的命运究竟如何，可能遭遇什么，做父母的既然无法把握，就只好不去管它，因为那是上帝的权能。

一个孩子如果他现在的状态对头，就没有必要为他的将来瞎操心了。如果不对头，操心也没用。而且，往往正是由于为他的将来操心得太多、太细、太具体，他现在的状态就不对头了。

现在做父母的似乎都有一个雄心，要亲手安排好孩子的整个未来，从入学、升学到工作、出国，从买房、买车到结婚、生子，皆未雨绸缪，为之预筹资金，乃至亲自上阵拼搏，觉得这样才是尽了责任。我想提醒你们的是：孩子的未来岂是你们决定得了的？他的未来，一半掌握在上帝手里，即他的外在遭遇，另一半掌握在他自己手里，即他应对外在遭遇的心态和能力。对于前一半，你们完全无能为力，只能为他祈祷。对于后一半，你们倒是可以起很大作用的，就是给他以正确的教育，使他在心智上真正优秀，从而既能自己去争取幸福，又能承受人生必有的苦难。倘若你们不在这方面下功夫，结果培养出了一个心智上的弱者，则我可断定，有朝一日你们必定会发现，你们现在为他的苦心经营全都是白费力气。

做父母的要明白，无论多么心肝宝贝，孩子也只是暂时寄养在你们这里的，你们只能做孩子的暂时监护人。我不只是指孩子迟早会长大，独立地走自己的人生之路，送行的一天必将到来，你们再舍不得也不可能与之同行。我的意思比这深刻得多。父母所生的只是孩子的身体，而非灵魂，我相信灵魂必定另有来源，而这来源决定了它在人世间的走向。由此可以解释，不管父母多么精心地设计和运作，孩子的未来并不听从你们的安排，往往还使你们大吃一惊。所以，父母的职责是做好监护人，给孩子身心成长一个好的环境，做到了这一点即可安心。至于孩子将来终于走了一条怎样的路，那不是你们能支配的，荣耀不是你们的功劳，黯淡不是你们的过错。

对于孩子的未来，我从不做具体的规划，只做抽象的定向，就是要让他成为一个身心健康、心智优秀的人。给孩子规定或者哪怕只是暗示将来具体的职业路径，是一种僭越和误导。我只关心一件事，就是让孩子有一个幸福的童年，能够快乐、健康、自由地生长。只要做到了这一点，他将来做什么，到时候他自己会做出最好的决定，比我们现在能做的好一百倍。

在智力教育中，最不重要的是知识的灌输。当然可以教孩子识字和读书，不过，在我看来，这至多是手段，绝不可当作教育的目标和标准，追求孩子识多少字和背多少古诗，甚至以此夸耀，那不但可笑，而且可悲。教授知识的方法是否正确，究竟有无价值，完全要看结果是激发了还是压抑了孩子的求知兴趣。活跃的理性能力是源头，源头通畅，就有活水长流，源头干涸，再多的知识也只是死水。

对于孩子的智力教育，我不是一个很用心思的家长，没有什么周密的计划。不过，我比较有心，会留意孩子的智力闪光，及时给予赞扬和肯定。事实上，幼儿理性觉醒的能量是非常大的，一定会有好奇、多问、爱琢磨等表现，所需要的只是加以鼓励，给他一个方向，使他知道这些都是好品质，从而满怀信心地继续发扬。相反，倘若对于自然生长的智力品质视而不见，却另外给他规定一套人为的标准，他在智力发展的路上就难免左右失据、事倍功半了。

熏陶是不教之教，是最有效也最省力的教育，好的素质是熏陶出来的。

因此，做父母意味着人生向你提出了一个要求：必须提高你自己的素质。

所谓性格的培养，绝不是要把原本没有的某种品质从外部植入，而是在充分了解孩子的固有性格特征的基础上，用优点来制约弱点。天下谁没有弱点？只要优点在发展，有一些弱点又算什么？只要把弱点限制在适当范围内，从而减少其危害就可以了，而发扬性格本身的长处便是抑制其短处的最佳方法。

第三编

人性观察

人性

一个人对于人性有了足够的理解,他看人包括看自己的眼光就会变得既深刻又宽容,在这样的眼光下,一切隐私都可以还原成普遍的人性现象,一切个人经历都可以转化成心灵的财富。

世界是大海,每个人是一只容量基本确定的碗,他的幸福便是碗里所盛的海水。我看见许多可怜的小碗在海里拼命翻腾,为的是舀到更多的水,而那为数不多的大碗则很少动作,看上去几乎是静止的。

人

在极其无聊的时候，有时我会突然想到造物主的无聊。是的，他一定是在最无聊而实在忍受不下去的时候，才造出人来的。人是他的一个恶作剧，造出来替他自己解闷儿。他无休无止地活在一个无始无终的世界上，当然会无聊，当然需要解闷儿。假如我有造物主的本领，当我无聊时说不定也会造一些小生灵给自己玩玩。

让我换一种说法——

这是一个荒谬的宇宙，永远存在着，变化着，又永远没有意义。它为自身的无意义而苦闷。人就是它的苦闷的产物。

所以，人的诞生，本身是对无意义的一个抗议。

在希腊神话中，造人的不是至高无上的神——宙斯，而是反抗宙斯的意图因而受到酷刑惩罚的普罗米修斯。这要比基督教的创世说包含更多的真理。人类的诞生是反抗上帝意志的结果。

假如海洋上那一个个旋生旋灭的泡沫有了意识，它们一定会用幻想的彩虹映照自己，给自己涂上绚丽的颜色，它们一定会把自己的迸裂想象成一种悲壮的牺牲，觉得自己是悲剧中的英雄。

我赞美这些美丽而崇高的泡沫。

自由，正义，美，真理，道德，爱，理想，进步……这一切美好的词眼，在人类心目中是一种安慰，由一位神的眼光看来却是一种讽刺。

人这脆弱的芦苇是需要把另一支芦苇想象成自己的根的。

我喜欢的格言：人所具有的我都具有——包括弱点。
我爱躺在夜晚的草地上仰望星宿，但我自己不愿做星宿。

在人身上，弱点与尊严并非不相容的，也许尊严更多地体现在对必不可免的弱点的承受上。

我对人类的弱点怀有如此温柔的同情，远远超过对优点的钦佩，那些有着明显弱点的人更使我感到亲切。

有时候，我们需要站到云端上来俯视一下自己和自己周围的人们，这样，我们对己对人都不会太苛求了。

人皆有弱点，有弱点才是真实的人性。那种自己认为没有弱点的人，一定是浅薄的人。那种众人认为没有弱点的人，多半是虚伪的人。
人生皆有缺憾，有缺憾才是真实的人生。那种看不见人生缺憾的人，或者是幼稚的，或者是麻木的，或者是自欺的。
正是在弱点和缺憾中，在对弱点的宽容和对缺憾的接受中，人幸福地生活着。

有时候，我会对人这种小动物忽然生出一种古怪的怜爱之情。他们像别的动物一样出生和死亡，可是有着一些别的动物无法想象的行为和嗜好。其中，最特别的是两样东西：货币和文字。这两样东西在养育他们的自然中一丁点儿根据也找不到，却使多少人迷恋了一辈子，一些人热衷于摆弄和积聚货币，另一些人热衷于摆弄和积聚文字。由自然的眼光看，那副热衷的劲头是同样的可笑。

人天生就是一种浪漫的动物。对于人来说，一切享受若没有想象力的参与，就不会是真正的享受。人的想象力总是要在单纯的物质之上添加一些别的价值，那添加的部分实际上就是精神价值。如果没有追求的激情在事前铺张，怀念的惆怅在事后演绎，直接的拥有必定是十分枯燥的。事实上，怀念和追求构成了我们的精神生活的基本内容。

人渴望完美而不可得，这种痛苦如何才能解除？
我答道：这种痛苦本身就包含在完美之中，把它解除了反而不完美了。
我心中想：这么一想，痛苦也就解除了。接着又想：完美也失去了。

人在失去较差的之时，就去创造较好的。进步是逼出来的。

给人带来最大快乐的是人，给人带来最大痛苦的也是人。

人是一种讲究实际的植物，他忙着给自己浇水、施肥、结实，但常常忘记了开花。

人性

对人性的一种解释：人性是介于动物性和神性之间的一种性质，是对动物性的克服和向神性的接近。按照这种解释，人离动物状态越远，离神就越近，人性就越高级、越完满。

然而，这会不会是文明的一种偏见呢？譬如说，聚财的狂热，奢靡的享受，股市，毒品，人工流产，克隆技术，这一切在动物界是绝对不可想象的，现代人离动物状态的确是越来越远了，但何尝因此而靠近了神一步呢？相反，在这里，人对动物状态的背离岂不同时也是对神的亵渎？

那么，对人性也许还可以做出另一种解释：人性未必总是动物性向神性的进步，也可能是从动物性的退步，比动物性距离神性更远。也许在人类生活日趋复杂的现代，神性只好以朴素的动物性的方式来存在，回归生命的单纯正是神的召唤。

贬低人的动物性也许是文化的偏见，动物状态也许是人所能达到的最单纯的状态。

人因为有理性而高于动物，但理性也有坏作用。动物知道自己需要什么，知道自己需要的程度和数量，人却未必，会在自己生命需要的问题上变得复杂而无知，被想象出来的虚假需要所支配。这是其一。

还有其二。动物的凶猛仅限于本能,只是为了生存,人残暴起来可不得了,会做出对于生存毫无必要的坏事,以酷行本身为乐。自然界里找不出一种动物,会像人这样虐待和屠杀自己的同类。常有人说,人堕落了会沦为禽兽,我说这是对动物的诬蔑,事实是人堕落起来比禽兽坏无数倍。

人一半是野兽,一半是天使。由自然的眼光看,人是动物,人的身体来源于进化、遗传、繁殖,受本能支配,如同别的动物身体一样是欲望之物。由诗和宗教的眼光看,人是万物之灵,人的灵魂有神圣的来源,超越于一切自然法则,闪放精神的光华。在人身上,神性和兽性彼此纠结、混合、战斗、消长,好像发生了化学反应一样,这样产生的结果,我们称之为人性。所以,人性是神性和兽性互相作用的产物。

柏拉图把人的心灵划分为理性、意志、情感三个部分,并断定它们的地位由高及低,判然有别,呈现一种等级关系。自他以后,以理性为人性中的最高级部分遂成西方哲学的正统见解。后来也有人试图打破这一正统见解,例如把情感(卢梭)或者意志(费希特)提举为人性之冠,但是,基本思路仍是将理性、意志、情感三者加以排队,在其中选举一个统帅。

能否有另一种思路呢?譬如说,我们也许可以这样来看:在这三者之间并无高低之分,而对其中的每一者又可做出高低的划分。让我来尝试一下——

理性有高低之别。低级理性即科学理性、逻辑、康德所说的知性,是对事物知识的追求;高级理性即哲学理性、形而上学;康德所说的理性,是对世界根本道理的追求。

意志有高低之别。低级意志是生物性的本能、欲望、冲动，归根到底是他律；高级意志则是对生物本能的支配和超越，是在信仰引导下的精神性修炼，归根到底是自律。

情感有高低之别。低级情感是一己的恩怨悲欢，高级情感是与宇宙众生息息相通的大爱和大慈悲。

按照这一思路，人性实际上被分成了两个部分：一是低级部分，包括生物意志、日常情感和科学理性；一是高级部分，包括道德意志、宗教情感和哲学理性。简言之，就是兽性和神性，经验和超验。丝毫没有新颖之处！我只是想说明，此种划分是比知、情、意的划分更为本质的，而真正的精神生活必定是融知、情、意为一体的。

人是情感动物，也是理智动物，二者不可缺一。

在人类一切事业中，情感都是原动力，而理智则有时是制动器，有时是执行者。或者说，情感提供原材料，理智则做出取舍，进行加工。世上绝不存在单凭理智就能够成就的事业。

所以，无论哪一领域的天才，都必是具有某种强烈情感的人。区别只在于，由于理智加工程度和方式的不同，对那作为原材料的情感，我们从其产品上或者容易认出，或者不容易认出罢了。

情感和理智是一对合作伙伴，如同一切合作伙伴一样，它们之间可能发生冲突。有几种不同情况。

其一，两者都弱，冲突也就弱，其表现是平庸。

其二，双方力量对比悬殊，情感强烈而理智薄弱，或理智发达而情感贫乏。在这两种情形下，冲突都不会严重，因为一方稳占支配地位。这样的人可能一事无成，也可能成为杰出的偏才。

其三，两者皆强，因而冲突异常激烈。然而，倘若深邃的理智终于能驾御磅礴的情感，从最激烈的冲突中便能产生最伟大的成就。这就是大天才的情形。

人生舞台上的诸多角色，其实都是一位真正的主角的面具，是这位真正的主角在借壳表演，它的名字就叫——欲望。

什么是爱情？爱情就是欲望罩上了一层温情脉脉的面纱。

什么是婚姻？婚姻就是欲望戴上了一副名叫忠诚的镣铐，立起了一座名叫贞洁的牌坊。

什么是幸福？幸福是欲望在变魔术，给你变出海市蜃楼，让你无比向往，走到跟前一看，什么也没有。

所谓浪漫，不过是欲望在玩情调罢了。

玩情调玩腻了，欲望说：让我们好好过日子吧。这就叫生活。

许多哲学家认为欲望是一个坏东西，理由有二。一是说它虚幻，驱使人做这做那，忽喜忽悲，然后把人抛弃，到头来一场空。二是说它恶，是人间一切坏事的根源，导致犯罪和战争。

可是，生命无非就是欲望，否定了欲望，也就否定了生命。

怎么办？这里必须请出人生舞台上另两位重要角色了，一位叫灵魂，另一位叫理性。灵魂是欲望的导师，它引导欲望升华，于是人类有了艺术、道德、宗教。理性是欲望的管家，它对欲望加以管理，于是人类有了法律、经济、政治。

你们看，人类的一切玩意儿，或者是欲望本身创造的，或者是为了对付欲望而创造的。说到底，欲望仍然是人生舞台上的主角。

人性可分成生物性、社会性、精神性三个层次。社会性居中，实际上是前后两种属性的混合，是两端相互作用的产物。一方面，它是生物性的延伸，人们因生存的需要而结为社会，社会首先是一种基于利益的结合。另一方面，它是精神性的贯彻，一旦结为社会之后，人们就要在社会中实现理性的规划和精神价值的追求。

由此来看，社会性的质量是由生物性和精神性的质量决定的。人的自然本能和精神追求愈是受到充分尊重，就愈能建立起一个开放而先进的社会。反之，一个压制人的自然本能和精神追求的社会，其成员的社会品质势必是狭隘而落后的。中国儒家文化把全部注意力集中于建立一种社会伦理秩序，并以之压制人的肉体自由和精神自由，所成就的正是这样一种社会性。

个人也是如此。倘若就近观察，我们便会发现，那些产生了卓越社会影响的人物，他们多半拥有健康的生命本能和崇高的精神追求。

希腊人混合兽性和神性而成为人。中国人排除兽性和神性而成为人。

一个人对于人性有了足够的理解，他看人包括看自己的眼光就会变得既深刻又宽容，在这样的眼光下，一切隐私都可以还原成普遍的人性现象，一切个人经历都可以转化成心灵的财富。

每个人身上都藏着人性的秘密，都可以通过认识自己来认识人性。事实上，自古至今，一切伟大的人性认识者都是真诚的反省者，他们无情地把自己当作标本，借之反而对人性有了深刻而同情的理解。

在伟人的生平中，最能打动我的不是他们的丰功伟绩，而是那些显露了他们的真实人性的时刻。其实普通人也一样，人人在生活中都有这样的时刻，而这样的时刻都是动人的。这使我相信，任何人只要愿意如实地叙述自己人生中刻骨铭心的遭遇和感受，就都可以写出一部精彩的自传，其价值远远超过那种仅仅罗列丰功伟绩的名人传记。

凡真实的人性都不是罪恶，若看成罪恶，必是用了社会偏见的眼光。

没有一种人性的弱点是我所不能原谅的，但有的是出于同情，有的是出于鄙夷。

蒙田教会我坦然面对人性的平凡，尼采教会我坦然面对人性的复杂。

灵与肉

有时候我想,人的肉体是相似的,由同样的物质组成,服从着同样的生物学法则,唯有灵魂的不同才造成了人与人之间的巨大差异。有时候我又想,灵魂是神在肉体中的栖居,不管人的肉体在肤色和外貌上怎样千差万别,那栖居于其中的必定是同一个神。

肉体会患病,会残疾,会衰老,对此我感觉到的不仅是悲哀,更是屈辱,以至于会相信这样一种说法:肉体不是灵魂的好的居所,灵魂离开肉体也许真的是解脱。

肉体终有一死。灵魂会不会死呢?这永远是一个谜。既然我们不知道灵魂的来源,我们也就不可能知道它的去向。

我站在镜子前,盯视着我的面孔和身体,不禁惶惑起来。我不知道究竟盯视者是我,还是被盯视者是我。灵魂和肉体如此不同,一旦相遇,彼此都觉陌生。我的耳边响起帕斯卡尔的话语:肉体不可思议,灵魂更不可思议,最不可思议的是肉体居然能和灵魂结合在一起。

人有一个肉体似乎是一件尴尬事。那个丧子的母亲终于停止哭泣,端起饭碗,因为她饿了。那个含情脉脉的姑娘不得不离开情人一小会儿,她需要上厕所。那个哲学家刚才还在谈论面对苦难的神明般的宁静,现在却因为牙痛而呻吟不止。当我们的灵魂在天堂享受幸福或在地狱体味悲剧时,肉体往往不合时宜地把它拉回到尘世。

我们一生中不得不花费许多精力来伺候肉体:喂它,洗它,替它穿衣,给它铺床。博尔赫斯屈辱地写道:"我是它的老护士,它逼我为它洗脚。"还有更屈辱的事:肉体会背叛灵魂。一个心灵美好的女人可能其貌不扬,一个灵魂高贵的男人可能终身残疾。荷马是瞎子,贝多芬是聋子,拜伦是跛子。而对一切人相同的是,不管我们如何精心调理,肉体仍不可避免地要走向衰老和死亡,拖着不屈的灵魂同归于尽。

那么,不要肉体如何呢?不,那更可怕,我们将不再能看风景,听音乐,呼吸新鲜空气,读书,散步,运动,宴饮,尤其是——世上不再有男人和女人,不再有爱情这件无比美妙的事儿。原来,灵魂的种种愉悦根本就离不开肉体,没有肉体的灵魂不过是幽灵,不复有任何生命的激情和欢乐,比死好不了多少。

所以,我要说:肉体是奇妙的,灵魂更奇妙,最奇妙的是肉体居然能和灵魂结合在一起。

我爱美丽的肉体。然而,使肉体美丽的是灵魂。如果没有灵魂,肉体只是一块物质,它也许匀称、丰满、白皙,但不可能美丽。

我爱自由的灵魂。然而,灵魂要享受它的自由,必须依靠肉体。如果没有肉体,灵魂只是一个幽灵,它不再能读书,听音乐,看风景,不再能与另一颗灵魂相爱,不再有生命的激情和欢乐,自由对它便毫无意义。

所以,我更爱灵与肉的奇妙结合。

肉体使人难堪不在于它有欲望，而在于它迟早有一天会因为疾病和衰老而失去欲望，变成一个奇怪的无用的东西。这时候，再活泼的精神也只能无可奈何地眼看着肉体衰败下去，自己也终将被它拖向衰败，与它同归于尽。一颗仍然生气勃勃的心灵却注定要为背弃它的肉体殉葬，世上没有比这更使精神感到屈辱的事情了。所谓灵与肉的冲突，唯在此时最触目惊心。

鼾声，响屁，饱嗝……这些声响之所以使人觉得愚蠢，是因为它们暴露了人的动物性一面。

人的别的动物行为，包括饮食、性交、生育，都可以提升为人的行为。唯有排泄，它无可救药万劫不复地是动物行为，人类永远不可能从中获得美感和崇高感。人是应该躲起来干这种事的，连最亲密者也不让看见。

人性现象

单纯的人也许傻，复杂的人才会蠢。

单纯的人吃亏，往往是因为轻信别人的善良，这是傻。复杂的人吃亏，往往是因为高估自己的精明，这是蠢。二者都出了错，但傻情有可原，蠢罪有应得。二者都有可笑之处，但傻不失可爱，蠢而且可恨。

人都是崇高一瞬间，平庸一辈子。

大魄力，人情味，二者兼备是难得的。

有两种人最不会陷入琐屑的烦恼，最能够看轻外在的得失。他们似是两个极端：自信者和厌世者。前者知道自己的价值，后者知道世界的无价值。

厌世弃俗者和愤世嫉俗者都悲观，但原因不同。前者对整个人生失望，通过否定世界来否定人生，是哲学性的。后者仅对世道人心失望，通过否定世界来肯定自己，是社会性的。

强者的无情是统治欲，弱者的无情是复仇欲，两者还都没有脱离人欲的范畴。还有第三种无情：淡泊超脱，无欲无争。这是出世者的大无情。

人是难变的。走遍天涯海角，谁什么样还是什么样，改变的只是场景和角色。

人是很难真正改变的，内核的东西早已形成，只是在不同的场景中呈现不同的形态，场景的变化反而证明了内核的坚固。

我听到一场辩论：挑选一个人才，人品和才智哪一个更重要？双方各执一端，而有一个论据是相同的。一方说，人品重要，因为才智是可以培养的，人品却难改变。另一方说，才智重要，因为人品是可以培养的，才智却难改变。

其实，人品和才智都是可以改变的，但要有大的改变都很难。

每个人的个性是一段早已写就的文字，事件则给它打上了重点符号。

人永远是孩子，谁也长不大，有的保留着孩子的心灵，有的保留着孩子的脑筋。谁也不相信自己明天会死，人生的路不知不觉走到了尽头，到头来不是老天真，就是老糊涂。

每一个人的长处和短处是同一枚钱币的两面，就看你把哪一面翻了出来。换一种说法，就每一个人的潜质而言，本无所谓短长，短长是运用的结果，用得好就是长处，用得不好就成了短处。

要做自己性格的主人，不要做自己性格的奴隶。一个人做了自己性格的主人，也就是尽可能地做了自己命运的主人。

一个人性格的所谓优点和缺点是紧密相连的，是一枚钱币的两面，消除了其中一面，另一面也就不存在了。所以，在享受性格之利的同时，承受性格之弊，乃是题中应有之义，只须把这个弊限制在适当的范围内就可以了。

如何限制？就是发扬性格本身的长处，抑制短处的真正力量在此。

一个人不应该致力于改变自己的性格，最好的办法是扬长避短，把长处发扬到极致，短处就不足为害了。

事实上，在相同性格类型的人里面，既有成大事者，也有一事无成者，原因多半在此。

把自己的弱点变成根据地。

人不由自主地要把自己的困境美化，于是我们有了怀才不遇、红颜薄命、大器晚成、好事多磨等说法。

心理学家说：首先有欲望，然后才有禁忌。但事情还有另一面：首先有禁忌，然后才有触犯禁忌的欲望。犯禁也是人的一种无意识的本能，在儿童身上即可找出大量例证。

一个仗义施财的人，如果他被窃，仍然会感到不快。这不快不是来自损失本身，而是来自他的损失缺乏一个正当的理由。可见人是一种把理由看得比事情本身更重要的动物。

假如你平白无故地每月给某人一笔惠赠，开始时他会惊讶，渐渐地，他习惯了，视为当然了。然后，有一回，你减少了惠赠的数目，他会怎么样呢？他会怨恨你。

假如你平白无故地每月向某人敲一笔竹杠，开始时他会气愤，渐渐地，他也习惯了，视为当然了。然后，有一回，你减少了勒索的数目，他会怎么样呢？他会感激你。

这个例子说明了人类感激和怨恨的全部心理学。

人是会爱自己的受惠者，恨自己的受害者的。原因可能有二。其一是投射作用：施惠于人，心中积聚的是正能量，心中的光明也投射到了受惠者身上；加害于人，心中积聚的是负能量，心中的阴暗也投射到了受害者身上。其二是移情作用：施惠于人，自己也置身于受惠者的感恩心情中，因此心生喜爱；加害于人，自己也置身于受害者的怨忿心情中，因此心生仇恨。

厌恶比爱更加属于一个人的本质。人们在爱的问题上可能自欺，向自己隐瞒利益的动机，或者相反，把道德的激情误认作爱。厌恶却近乎是一种本能，其力量足以冲破一切利益和道德的防线。

厌恶比喜好更能反映一个人的本质。喜好的原因是多种多样的，可以是出自心灵，也可以是缘于感官，可以是出自个性，也可以是缘于时尚。相反，厌恶往往是出自心灵深处和个性特质的一种不由自主的反应。

在社会关系领域，厌恶也比喜好属于更深的层次。因为共同的喜好，人们结为同伴，因为共同的厌恶，人们才成为同志。

厌恶比喜欢更加本能。在环境、时尚、潮流的影响下，人们容易没头没脑地喜欢一样东西，可是你若厌恶一样东西，那多半是你自己的真实秉性和内在经验在说话。所以，喜欢可以模仿和传染，厌恶却不能，一旦产生则又难以克制。当然，人们也会追随权势和舆论去声讨一样东西，但这往往出于利害的计算，和厌恶是两回事，其中真正起作用的情感，在一些人是野心，在另一些人是恐惧。

天性健康者之间容易彼此理解，天性病态者之间往往互相隔膜。原因何在？
套一句托尔斯泰的话——
健康与健康是相似的，病态和病态却各不相同。

理性早熟者的危险是感性发育不良。凡别人必须凭情感和经验体会的东西，他凭理性就理解了。于是就略去了感性的过程，久而久之，感性机能因为得不到运用而萎缩了。

人是有精神本能的，但强度相差悬殊。精神本能强烈的人，若才华和环境俱佳，就会有精神上的创造。否则，若才华欠缺，或环境恶劣，就可能被精神本能所毁。

所谓成熟是指适应社会现成准则的能力。一般来说，一个人如果过于专注于精神世界里的探索，就会没有兴趣也没有精力去琢磨如何使自己适应社会。年龄的增长在这里是无济于事的，因为精神的探索永无止境，而且在这一条道路上走得越远的人，就越不可能回过头来补习处世的基础课程，就像我们无法让一个优秀的科学家回到小学课堂上来做一个好学生一样。
另一方面，历史上也不乏在处世方面成熟的天才，但他们往往有二重人格。

有两种不同的复杂，一种是精神上的丰富，另一种是品性上的腐败。在同一个人身上，两者不可并存。

真善美的统一，也许只是诗人的梦想，哲学家的逻辑游戏，道德家的说教。事实上，只有三者都弱，才能相安无事，如果它们都很强，碰到一起，不能不发生冲突。

偏才或有强的感情，或有强的理智，或有强的意志。全才三者俱强，因而要忍受最强烈的内部冲突，但也因此有最深刻的体验和最高的成就。最强的本能受到最深的潜抑，从而有最耀眼的升华。

如果上帝给了你一张漂亮的脸蛋，你要留心，这是对你的灵魂的一个考验。如果你的灵魂平庸，这平庸会反映在脸蛋上，把漂亮现形为粗俗。

如果上帝给了你一张丑陋的脸蛋，你要宽心，这是给你的灵魂的一个机会。如果你的灵魂优秀，这优秀也会反映在脸蛋上，把丑陋修正成独特。

有的人头脑肆无忌惮而躯体安分守己，有的人头脑安分守己而躯体肆无忌惮。

人性评价

世界是大海,每个人是一只容量基本确定的碗,他的幸福便是碗里所盛的海水。我看见许多可怜的小碗在海里拼命翻腾,为的是舀到更多的水,而那为数不多的大碗则很少动作,看去几乎是静止的。

大智者必谦和,大善者必宽容。唯有小智者才咄咄逼人,小善者才斤斤计较。

有大气象者,不讲排场。讲大排场者,露小气象。

我相信,骄傲是和才能成正比的。但是,正如大才朴实无华,小才华而不实一样,大骄傲往往谦逊平和,只有小骄傲才露出一副不可一世的傲慢脸相。有巨大优越感的人,必定也有包容万物、宽待众生的胸怀。

骄傲与谦卑未必是反义词。
有高贵的骄傲,便是面对他人的权势、财富或任何长处不卑不亢;也有高贵的谦卑,便是不因自己的权势、财富或任何长处傲视他人,它们是相通的。

同样，有低贱的骄傲，便是凭借自己的权势、财富或任何长处趾高气扬；也有低贱的谦卑，便是面对他人的权势、财富或任何长处奴颜婢膝，它们也是相通的。

真正的对立存在于高贵与低贱之间。

狂妄者往往有点才气，但无知，因无知而不能正确估量自己这一点才气。这是少年人易犯的毛病，阅历常能把它治愈。

傲慢者却多半是些毫无才气的家伙，不但无知，而且无礼，没有教养。这差不多是一种人格上的缺陷，极难纠正。

无知并不可笑，可笑的是有了一点知识便自以为无所不知。缺点并不可恶，可恶的是做了一点善事便自以为有权审判天下人。在一切品性中，狂妄离智慧，也离虔诚最远。明明是凡身肉胎，却把自己当作神，做出一副全知全德的模样，作为一个人来说，再也不可能有比这更加愚蠢和更加渎神的姿势了。

悲观出哲学家，忧郁出诗人，我不知道也不想知道烦恼出什么。

我倾向于认为，一个人的悟性是天生的，有就是有，没有就是没有，它可以被唤醒，但无法从外面灌输进去。关于这一点，我的一位朋友有一种十分巧妙的说法，大意是：在生命的轮回中，每一个人仿佛在前世修到了一定的年级，因此不同的人投胎到这个世界上来的时候，已经是站在不同的起点上了。已经达到大学程度的人，你无法让他安于读小学，就像只具备小学程度的人，你无法让他胜任上大学一样。

上帝赋予每个人的能力的总量也许是一个常数,一个人在某一方面过了头,必在另一方面有欠缺。因此,一个通常意义上的弱智儿往往是某个非常方面的天才。也因此,并不存在完全的弱智儿,就像并不存在完全的超常儿一样。

人是有种的不同的。当然,种也有运气的问题,是这个种,未必能够成这个材。有一些人,如果获得了适当的机遇,完全可能成就为异常之材,成为大文豪、大政治家、大军事家、大企业家等等,但事实上是默默无闻地度过了一生。譬如说,我们没有理由不设想,在古往今来无数没有机会受教育的人之中,会有一些极好的读书种子遭到了扼杀。另一方面呢,如果不是这个种,那么,不论运气多么好,仍然不能成这个材。对于这一层道理,只要看一看现在的许多职业读书人,难道还不明白吗?

打一个不确切的比喻:商品的价值取决于必要劳动时间,价格则随市场行情浮动。与此同理,上帝造人——说人的自我塑造也一样——也是倾注了不等的时间和心血的,而价值的实现则受机遇支配。所以,世有被埋没的英雄,也有发迹的小丑。

但是,被埋没的英雄终究是英雄,发迹的小丑也终究是小丑。

嫉妒

嫉妒发生之可能，与时间和空间的距离成反比。我们极容易嫉妒近在眼前的人，但不会嫉妒古人或遥远的陌生人。一个渴望往上爬的小职员并不嫉妒某个美国人一夜之间登上了总统宝座，对他的同事晋升科长却耿耿于怀了。一个财迷并不嫉妒世上许多亿万富翁，见他的邻居发了小财却寝食不安了。一个爱出风头的作家并不嫉妒曹雪芹和莎士比亚，因他的朋友一举成名却愤愤不平了。

由于嫉妒的这一距离法则，成功者往往容易遭到他的同事、熟人乃至朋友的贬损，而在这个圈子之外却获得了承认，所谓墙内开花墙外香遂成普遍现象。

嫉妒基于竞争。领域相异，不成竞争，不易有嫉妒。所以，文人不嫉妒名角走红，演员不嫉妒巨商暴富。当然，如果这文人骨子里是演员，这演员骨子里是商人，他们又会嫉妒名角巨商，渴望走红暴富，因为都在名利场上，有了共同领域。

在同一领域内，人对于远不及己者和远胜于己者也不易有嫉妒，因为水平悬殊，亦不成竞争。嫉妒最易发生在水平相当的人之间，他们之间最易较劲。当然，上智和下愚究属少数，多数人挤在中游，所以嫉妒仍是普遍的。

对于别人的成功，我们在两种情形下愿意宽容。一是当这种成功是我们既有能力也有机会获得的，而我们却并不想去获得，这时我们仿佛站在这种成功之上，有了一种优越感。另一是当这种成功是我们既没有能力也没有机会获得的，我们因此也就不会想去获得，这时我们仿佛站得离这种成功太远，有了一种淡漠感。

倘若别人的成功是我们有能力却没有机会获得的，或者有机会却没有能力获得的，我们当警惕，因为嫉妒这个魔鬼要乘虚而入了。

嫉妒的发生基于一种我们认为不公平的对比。对于我们既有能力也有机会获得的成功，我们不会嫉妒，因为它唾手可得。对于我们既无能力也无机会获得的成功，我们也不易嫉妒，因为它高不可攀。当一种成功是我们有能力而无机会获得的，或有机会而无能力获得的，我们就最容易感到嫉妒。

嫉妒往往包含功利的计较。即使对某些精神价值，嫉妒者所看重的也只是它们可能给拥有者带来的实际好处，例如，学问和才华带来的名利。嫉贤妒能的实质是嫉名妒利，一辈子怀才不遇的倒霉蛋是不会有人去嫉妒的。

有一些精神价值，例如智慧和德行，由于它们无涉功利，所以不易招妒。我是说真正的智慧和德行，沽名钓誉的巧智伪善不在其列。哲人和圣徒生活在自己的精神世界里，俗人与这个世界无缘，所以无从嫉妒。

超脱者因其恬淡于名利而远离了嫉妒——既不妒人，也不招妒，万一被妒也不在乎。如果在乎，说明还是太牵挂名利，并不超脱。

对不如己者的成功，我们不服气，认为他受之有愧。对胜于己者的成功，我们也不服气，必欲找出他身上不如己的弱点，以证明他受之并非完全无愧。这样的弱点总能找到的，因为我们怎会承认别人在一切方面都胜于己呢？我们实在太看重成功了，以至于很难欣然接受别人成功的事实。

如果我们真正看重事情的实质而非成功的表象，那么，正好应该相反：对于不如己者的成功，我们不必嫉妒，因为他徒有虚名；对于胜于己者的成功，我们不该嫉妒，因为他实至名归。如果他虚实参半呢？那就让他徒有其虚和确有其实好了，我们对前者不必嫉妒，对后者不该嫉妒，反正是无须嫉妒。

伟大的成功者不易嫉妒，因为他远远超出一般人，找不到足以同他竞争、值得他嫉妒的对手。

悟者比伟大的成功者更不易嫉妒，因为他懂得人生的限度，这时候他几乎像一位神一样俯视人类，而在神的眼里，人类有什么成功伟大得足以使他嫉妒呢？一个看破了一切成功之限度的人是不会夸耀自己的成功，也不会嫉妒他人的成功的。

对于一颗高傲的心来说，莫大的屈辱不是遭人嫉妒，而是嫉妒别人，因为这种情绪向他暴露了一个他最不愿承认的事实：他自卑了。

当我们缺少一样必需的东西时，我们痛苦了。当我们渴求一样并非必需的东西而不可得时，我们十倍地痛苦了。当我们不可得而别人却得到了时，我们百倍地痛苦了。

就所给予我们的折磨而言，嫉妒心最甚，占有欲次之，匮乏反倒是最小的。

成功有两个要素，一是能力和品质，二是环境和机遇。因此，对成功者的嫉妒也相应有两种情况，一是平庸之辈的嫉贤妒能，另一是怀才不遇者的愤世嫉俗。

当嫉妒不可遏止时，会爆发为仇恨。当嫉妒可以遏止时，会化身为轻蔑。

在仇恨时，嫉妒肆无忌惮地瞪视它的目标。在轻蔑时，嫉妒转过脸去不看它的目标。

嫉妒是蔑视个人的道德的心理根源之一。每一个人按其本性都是不愿意遭到抹杀的，但是，嫉妒使人宁肯自己被抹杀也不让更优秀者得到发扬。在一概抹杀之中，他感到一种相对的满足：与损失更大的人相比，他几乎可以算是获利了。

既然嫉妒人皆难免，也许就不宜把它看作病或者恶，而应该看作中性的东西。只有当它伤害自己时，它才是病。只有当它伤害别人时，它才是恶。

嫉妒是人性，不因为嫉妒而失态乃至泄恨则是教养。我们无法压制人性，但可以做到有教养。

一个精神上自足的人是不会羡慕别人的好运气的，尤其不羡慕低能儿的好运气。

我所厌恶的人，如果不肯下地狱，就让他们上天堂吧，只要不在我眼前就行。

我的嫉妒也有洁癖。我绝不会嫉妒我所厌恶的人，哪怕他们在天堂享福。

嫉妒是对别人的快乐、幸福、富有、成功等等所感觉到的一种强烈而阴郁的不快。

在人类心理中，也许没有比嫉妒更奇怪的感情了。一方面，它极其普遍，几乎是人所共有的一种本能。另一方面，它又似乎极不光彩，人人都要把它当作一桩不可告人的罪行隐藏起来。结果，它便转入潜意识之中，犹如一团暗火灼烫着嫉妒者的心，这种酷烈的折磨真可以使他发疯、犯罪乃至杀人。

鉴于嫉妒是一种很不优雅的感情，我们一般都不愿意向人袒露自己的嫉妒之情，但这不妨碍我们优雅地讨论这个问题。嫉妒有权作为一个人生话题得到讨论，是因为它在人类心理中的普遍性，也是因为也许人生智慧能够最有效地消解它。我们不妨从哲学、心理学、社会学等角度讨论嫉妒的特征、根源、规律以及克服方法。伦理学可能是最不合适的角度，因为我们只能对一种行为而不能对一种心理做道德判断。

吝啬

吝啬者对于财产的任何支出都会感觉到一种近于生理性质的痛苦,这几乎是他的一种本能,他再富裕也难以克服这种本能。因此,财产不但不能给他带来真正的快乐,相反,财产越多,支出的机会也越多,他反而感觉到了更多的痛苦。

同样的财产损失,对不同的人的伤害是不同的。在有一些人,只要不危及正常的生活,他们就很容易轻忘,不会挂在心上。在那些重财的人,却会念念不忘,不断在心里计算自己的损失,于是一遍遍地重复品尝财产损失的痛苦,把那痛苦扩大了许多倍。

人的吝啬之心只有一把小尺子,它面对大价钱往往无能为力,却偏喜欢在小价钱上斤斤计较。因此,即使一个从来大方的人,在菜市场上也难免会讨价还价。

对己节俭、对人吝啬的人是守财奴,对己挥霍、对人吝啬的人是利己主义者,对己挥霍、对人慷慨的人是豪侠,对己节俭、对人慷慨的人是圣徒。

守财奴的快乐并非来自财产的使用价值,而是来自所有权。

所有权带来的心理满足远远超过所有物本身提供的生理满足。一件一心盼望获得的东西，未必要真到手，哪怕它被放到月球上，只要宣布它属于我了，就会产生一种愚蠢的欢乐。

一个看重钱的人，挣钱和花钱都是烦恼，他的心被钱占据，没有给快乐留下多少余地了。天下真正快乐的人，不管他钱多钱少，都必是超脱金钱的人。

大损失在人生中的教化作用：使人对小损失不再计较。

某人买衣服，因为不同尺寸的衣服价格都一样，他怕吃亏，总是买最大尺寸的，结果收藏了一大堆过大而不能穿的衣服。

"拿自己用不着的东西做人情，我们是十分慷慨的。"某位智者如是说。——这算好的呢。有些人是这样的：即使自己用不着，如果你很需要，他也不肯给你。因为，一、如果有一天他用得着了怎么办？这是出于吝啬。二、他嫉妒你由此得到的满足和快乐。

自卑与自信

有两种自卑。一种是面对上帝的自卑,这种人心怀对于无限的敬畏和谦卑之情,深知人类一切成就的局限,在任何情况下不会忘乎所以,不会狂妄。另一种是面对他人的自卑,这种人很在乎在才智、能力、事功或任何他所看重的方面同别人比较,崇拜强者,相应地也就藐视弱者,因此自卑很容易转变为自大。

也许有人会说,前一种自卑者骨子里其实最骄傲,因为他只敬畏上帝,而这就意味着看不起一切凡人。

然而事实是,既然他明白自己也是凡人,他就不会看不起别的凡人。只是由于他深知人类的局限,他对别人的成就只会欣赏,不会崇拜,对别人的弱点倒是很容易宽容。总之,他不把人当作神,所以对人不迷信也不苛求,不卑也不亢。

我信任自卑者远远超过信任自信者。

据我所见,自卑者多是两个极端。其一的确是弱者,并且知道自己的弱,于是自卑。这种人至少有自知之明,因而值得我们尊重。其二是具有某种异常天赋的人,他隐约感觉到却不敢相信自己有这样的天赋,于是自卑。这种人往往极其敏感,容易受挫乃至夭折,其幸运者则会成为成功的天才。

相反,我所见到的过于自信者多半是一些浅薄的家伙,他们虽不低能但也决非大材，大抵属于中等水平，但由于目标过低，便使他们自视过高，露出了一副踌躇满志的嘴脸。我说他们目标过低，是在精神层次的意义上说的。凡狂妄自大者，其所追逐和所夸耀的成功必是功利性的。在有着崇高的精神追求的人中间，我不曾发现过哪怕一个自鸣得意之辈。

　　一般而言，性格内向者容易自卑，性格外向者容易自信。不过，事实上，这种区分只具有非常相对的性质。在同一个人身上，自卑和自信往往同时并存，交替出现，乃至激烈格斗。

　　自卑、谦虚、谦恭之间有着重要的区别。在谦虚的风度和谦恭的姿态背后，我们很难找到自卑。毋宁说，谦虚是自信以本来面目坦然出场，谦恭则是自信戴着自卑的面具出场。

　　按照通常的看法，自卑是一种病态心理，自信则是一种健康心态，或者，自卑是一种消极的生活态度，自信则是一种积极的生活态度。我想指出的是，自卑也有其正面的价值，自信也有其负面的作用。

　　我丝毫不否认自信在生活中有着积极的用处。一个人在处世和做事时必须具备基本的自信，否则绝无奋斗的勇气和成功的希望。但是，倘若一个人从来不曾有过自卑的时刻，则我敢断定他的奋斗是比较平庸的，他的成功是比较渺小的。

　　也许可以说，自卑的价值是形而上的，自信的用处是形而下的。

　　我信任每一个怀疑自己的人。我怀疑每一个从不怀疑自己的人。

两种人最自信：无所不知者和一无所知者。后者的那份狂热自信有时真会动摇我们自己的原本就不坚定的自信，使我们胆怯地以为又遇到了一个无所不知者。

事实上，许多伟大的天才并非天性自信的人，相反倒有几分自卑，他们知道自己的弱点，为这弱点而苦恼，不肯毁于这弱点，于是奋起自强，反而有了令一般人吃惊的业绩。

我相信，天才骨子里都有一点自卑，成功的强者内心深处往往埋着一段屈辱的经历。

的确，我曾说过，一切成功的天才之内心都隐藏着某种自卑。可是，倘若有人因此而要把自卑列入成功之道，向世人推荐，则我对他完全无话可说。如果非说不可，我也只能告诉他两个最简单的道理：

其一，人可以培养自信，却无法培养自卑；

其二，就世俗的成功而言，自信肯定比自卑有用得多。

那么，你去教导世人如何培养自信吧——这正是你一向所做的。

也许，最有力量的东西总是埋藏得最深。当我在哀怜苍生的面容背后发现一种大自信，在扭转乾坤的手势上读出一种大自卑，我的心不禁震惊了。

你们围着他，向他喝彩，他惶恐不安了。你们哪里知道他心中的自卑，他的成就只是做出来给自己看的，绝没有料到会惊动你们。

人应该有一种基本的自信,就是做人的自信,作为人类平等一员的自信。在专制政治下,人们的这种自信必然遭到普遍的摧毁。当所有的人都被迫跪下的时候,那唯一站着的人就成了神。

在日常生活中,当一个人在某方面——例如权力、财产、知识、相貌等——处于弱势状态时,常常也会产生自卑心理。但是,只要你拥有做人的基本自信,你就比较容易克服这类局部的自卑,依然坦荡地站立在世界上。

人与社会

使一种交往具有价值的不是交往本身,而是交往者各自的价值。高质量的友谊总是发生在两个优秀的独立人格之间,它的实质是双方互相由衷的欣赏和尊敬。

世上多徒有其名的名人,有没有名副其实的呢?没有,一个也没有。名声永远是走样的,它总是不合身,非宽即窄,而且永远那么花哨,真正的好人永远比他的名声质朴。

交往

一切交往都有不可超越的最后界限。在两个人之间,这种界限是不清晰的,然而又是确定的。一切麻烦和冲突都起于无意中想突破这个界限。但是,一旦这个界限清晰可辨并且严加遵守,那么,交往的全部魅力就丧失了,从此情感退场,理智维持着秩序。

在任何两人的交往中,必有一个适合于彼此契合程度的理想距离,越过这个距离,就会引起相斥和反感。这一点既适用于爱情,也适用于友谊。

也许,两个人之间的外在距离稍稍大于他们的内在距离,能使他们之间情感上的吸引力达到最佳效果。形式应当稍稍落后于内容。

孔子说:"唯女子与小人为难养也,近之则不逊,远之则怨。"这话对女子不公平。其实,"近之则不逊"几乎是人际关系的一个规律,并非只有女子如此。太近无君子,谁都可能被惯成或逼成不逊无礼的小人。

所以,一切交往,不论是恋爱、婚姻,还是亲密的友谊,都以保持适当距离为好。

社会是一个使人性复杂化的领域。当然,没有人能够完全脱离社会而生活。但是,也没有人必须为了社会放弃自己的心灵生活。对于那些精神本能强烈的人来说,节制社会交往和简化社会关系乃是自然而然的事情。正因为如此,他们才能够越过社会的壁障而走向伟大的精神目标。

人们常常误认为,那些热心于社交的人是一些慷慨之士。泰戈尔说得好,他们只是在挥霍,不是在奉献,而挥霍者往往缺乏真正的慷慨。

那么,挥霍与慷慨的区别在哪里呢?我想是这样的:挥霍是把自己不珍惜的东西拿出来,慷慨是把自己珍惜的东西拿出来。社交场上的热心人正是这样,他们不觉得自己的时间、精力和心情有什么价值,所以毫不在乎地把它们挥霍掉。相反,一个珍惜生命的人必定宁愿在孤独中从事创造,然后把最好的果实奉献给世界。

健全的人际关系和社会秩序靠的是尊重,而不是爱。道理很简单:你只能爱少数的人,但你必须尊重所有的人。

爱你的仇人——太矫情了吧。尊重你的仇人——这是可以做到的。孔子很懂这个道理,他反对以德报怨,主张以直报怨。

我们应该记住,己所欲未必是人所欲,同样不可施于人。如果说"己所不欲,勿施于人"是一个文明人的起码品德,它反对的是对他人的故意伤害,主张自己活也让别人活,那么,"己所欲,勿施于人"便是一个文明人的高级修养,它尊重的是他人的独立人格和精神自由,进而提倡自己按自己的方式活,也让别人按别人的方式活。

以互相理解为人际关系的鹄的，其根源就在于不懂得人的心灵生活的神秘性。按照这一思路，人们一方面非常看重别人是否理解自己，甚至公开索取理解。至少在性爱中，索取理解似乎成了一种最正当的行为，而指责对方不理解自己则成了最严厉的谴责，有时候还被用作破裂前的最后通牒。另一方面，人们又非常踊跃地要求理解别人，甚至以此名义强迫别人袒露内心的一切，一旦遭到拒绝，便斥以缺乏信任。在爱情中，在亲情中，在其他较亲密的交往中，这种因强求理解和被理解而造成的有声或无声的战争，我们见得还少吗？

怎样算是替他人着想，有两种截然相反的理解。在一种人看来，这意味着尊重他人的个别性，不把自己的愿望强加于人，不随意搅扰别人，不使他人为难。在另一种人看来，这意味着乐于助人，频频向人表示关心，一种异乎寻常的热心肠。两者的差异源于个性和观念的不同，他们要求于他人的东西也同样是不同的。

人与人之间应当保持一定距离，这是每个人的自我的必要的生存空间。缺乏自我的人不懂得这个道理。你因为遭受某种痛苦独自躲了起来，这时候，往往是这时候，你的门敲响了，那班同情者络绎不绝地到来，把你连同你的痛苦淹没在同情的吵闹声中了。

人与人之间真正的差别在于灵魂，而非职业。我看见有的商人有一颗艺术家的灵魂，有的人干着艺术的活却有一颗商人的灵魂。

我相信存在着灵魂的亲疏关系，一切私人交往的深浅程度由此决定。

和太强的人在一起，我会感觉不到自己的存在。和太弱的人在一起，我会只感觉到自己的存在。只有和强弱相当的人在一起，我才同时感觉到两个人的存在，在两点之间展开了无限的可能性。

沟通

人皆有与人共享快乐的需要。你一定有这样的体会：当你快乐的时候，如果这快乐没有人共享，你就会感到一种欠缺。譬如说，你独自享用一顿美餐，无论这美餐多么丰盛，你也会觉得有点凄凉而乏味。如果餐桌旁还坐着你的亲朋好友，情形就大不一样了。同样，你看到了一种极美丽的景色，如果唯有你一人看到，而且不准你告诉任何人，这不寻常的经历不但不能使你满足，甚至会成为你的内心痛苦。

乘飞机，突发奇想：如果在临死前，譬如说这架飞机失事了，我从空中摔落，而这时我看到了极美的景色，获得了极不寻常的体验，这经历和体验有没有意义呢？由于我不可能把它们告诉别人，它们对于别人当然没有意义。对于我自己呢？人们一定会说：既然你顷刻间就死了，这种经历和体验亦随你而毁灭，在世上不留任何痕迹，它们对你也没有意义。可是，我终有一死，我一生中任何时候的经历和体验不是都将随我而毁灭吗？不对，你过去的经历和体验或曾诉诸文字，或曾传达给他人，因而已经实现了社会的价值。那么，意义的尺度归根结底是社会的吗？

不止一位先贤指出，一个人无论看到怎样的美景奇观，如果他没有机会向人讲述，他就绝不会感到快乐。人终究是离不开同类的。一个无人分享的快乐决非真正的快乐，而一个无人分担的痛苦则是最可怕的痛苦。所谓分享和分担，未必要有人在场，但至少要有人知道。永远没有人知道，绝对的孤独，痛苦便会成为绝望，而快乐——同样也会变成绝望！

"假如把你放逐到火星上去，只有你一个人，永远不能再回地球接触人类，同时让你长生不老，那时你做什么？"
"写作。"
"假如你的作品永远没有被人读到的希望？"
"自杀。"

我相信，一颗优秀的灵魂，即使永远孤独，永远无人理解，也仍然能从自身的充实中得到一种满足，它在一定意义上是自足的。但是，前提是人类和人类精神的存在，人类精神的基本价值得到肯定。唯有置身于人类中，你才能坚持对于人类精神价值的信念，从而有精神上的充实自足。优秀灵魂的自爱其实源于对人类精神的泛爱。如果与人类精神永远隔绝，譬如说沦入无人地带或哪怕是野蛮部落之中，永无生还的希望，思想和作品也永无传回人间的可能，那么，再优秀的灵魂恐怕也难以自足了。

孤独中有大快乐，沟通中也有大快乐，两者都属于灵魂。一颗灵魂发现、欣赏、享受自己所拥有的财富，这是孤独的快乐。如果这财富也被另一颗灵魂发现了，便有了沟通的快乐。所以，前提是灵魂的富有。对于灵魂贫乏之辈，不足以言这两种快乐。

在体察别人的心境方面，我们往往都很粗心。人人都有自己的烦恼事，都不由自主地被琐碎的日常生活推着走，谁有工夫来注意你的心境，注意到了又能替你做什么呢？当心灵的重负使你的精神濒于崩溃，只要减一分便能得救时，也未必有人动这一举手之劳，因为具备这个能力的人多半觉得自己有更重要的事要做，压根儿想不到那一件他轻易能做到的小事竟会决定你的生死。

心境不能沟通，这是人类生存的基本境遇之一，所以每个人在某个时刻都会觉得自己是被弃的孤儿。

我们不妨假定，人的心灵是有质和量的不同的。质不同，譬如说基本的人生态度和价值取向格格不入，所谓"道不同不相与谋"，沟通就无从谈起。质相同，还会有量的差异。两个人的精神品质基本一致，灵魂内涵仍会有深浅宽窄之别，其沟通的深度和广度必然会被限制在那比较浅窄的一方的水平上。即使两个人的水平相当，在他们心灵的各个层次上也仍然会存在着不同的岔路和拐角，从而造成一些局部的沟通障碍。

我的这个描述无疑有简单化的毛病。我只是想说明，人与人之间的完全沟通是不可能的，因而不同程度的隔膜是必然存在的。既然如此，任何一种交往要继续下去，就必须是能够包容隔膜的。

不要企图用关爱去消除一切隔膜，这不仅是不可能的，而且会使关爱蜕变为精神强暴。一种关爱不论来自何方，它越是不带精神上的要求，就越是真实可信，母爱便是一个典型的例证。关爱所给予的是普通的人间温暖，而在日常生活中，我们真正需要并且可以期望获得的也正是这普通的人间温暖。至于心灵的沟通，那基本上是一件可遇不可求的事情，因而对之最适当的态度是顺其自然。

友谊

对于人际关系，我逐渐总结出了一个最合乎我的性情的原则，就是互相尊重，亲疏随缘。我相信，一切好的友谊都是自然而然形成的，不是刻意求得的。我还认为，再好的朋友也应该有距离，太热闹的友谊往往是空洞无物的。

使一种交往具有价值的不是交往本身，而是交往者各自的价值。高质量的友谊总是发生在两个优秀的独立人格之间，它的实质是双方互相由衷的欣赏和尊敬。因此，重要的是使自己真正有价值，配得上做一个高质量的朋友，这是一个人能够为友谊所做的首要贡献。

朋友之间，最重要的是尊重。

你的朋友向你吐露了隐衷，你要保守秘密，不可向人传说。也许你的朋友还向别人吐露了这隐衷，你仍要当作只有你一人知道一样，不可让秘密由你传播出去。

你的朋友最需要你的时候，你一定要出现。但是，这不能成为理由，认为你因此就有了随时在他面前出现的权利。即使对你最好的朋友，你也没有这个权利。

当你的朋友处在大幸福或大悲痛之中时，你要懂得沉默，不去打扰他,这是一种尊重和教养。

好的友谊必定包含三个因素。

第一是默契。这是灵魂深处的默契,就仿佛两个灵魂之间有一种亲缘关系,因而双方在基本的价值观上高度一致,彼此心知肚明,尽在不言中。这是一个前提,使得其他方面的沟通也变得容易。

第二是欣赏。这是两个独特个性之间的互相欣赏,所欣赏的是对方身上自己最看重的优点,这优点也许是自己也具备的,因此惺惺相惜,也许是自己不具备的,因此衷心倾慕。

第三是宽容。事实上,只要前两个因素足够强烈,就自然会宽容对方身上自己不太看重的缺点了。如果不肯宽容,就说明前两个因素仍较薄弱。

朋友的朋友一定也是我的朋友,朋友的敌人一定也是我的敌人,——我鄙弃如此简单的逻辑。

首先因为我的头脑有正常的思维,足以看出它的荒谬。按照这个逻辑推演,朋友的朋友也还有朋友和敌人,以至于无穷,这样我就会有数不清的朋友和数不清的敌人,二者之间还必定有很多交叉和重合。要我接受如此极其庞大而复杂的人际关系,我还不够愚蠢。

其次因为我对人性有基本的了解,足以看出它的幼稚。友谊的基础是求同存异,每个人都有多面,不同人之间的同异关系岂能划一,存异是当然之理。我所求之同在你的朋友身上不存在,他就不是我的朋友。我能容你的敌人身上你所不容之异,他就不是我的敌人。

所以,我只用自己的眼光来辨别敌友,绝不用别人的眼光,哪怕这个别人是我的好朋友。这样最简便，往往也最可靠。

人以群分，朋友圈的形成似在情理之中。我想强调的是，这个圈应该是松散而不定形的，你不要把它弄成一个组织。在一切人际关系中，友谊最自由，最讲究志趣相投，距离组织最远，把它弄成组织就太不好玩了。

就我自己而言，我有许多朋友，但我不属于任何朋友圈。当然会有这种情形，我的若干朋友彼此也是朋友，但我和其中每人的关系仍是非常个人化的，不会受他们之间关系的影响。

与人相处，如果你感到格外的轻松，在轻松中又感到真实的教益，我敢断定你一定遇到了你的同类，哪怕你们从事着截然不同的职业。

当你接受了一个善意而心中没有丝毫不安的时候，你也就是接受了一个朋友。相反，如果你不接受这个善意，或者接受了但心中不安，就说明你不认可对方是朋友。这包括两种可能的情况，一是你怀疑其善意的真实性，二是你对其人有否定的评价。

某哲人说：朋友如同衣服，会穿旧的，需要时时更新。我的看法正相反：朋友恰好是那少数几件舍不得换掉的旧衣服。新衣服当然不妨穿一穿，但是，能不能成为朋友，不到穿旧之时是不知道的。总在频繁更换朋友的人，其实没有真朋友。

友谊是宽容的。正因为如此，朋友一旦反目，就往往不可挽回，说明他们的分歧必定十分严重，已经到了不能宽容的地步。

只有在好朋友之间才可能发生绝交这种事，过去交往愈深，现在裂痕就愈难以修复，而维持一种泛泛之交又显得太不自然。至于本来只是泛泛之交的人，交与不交本属两可，也就谈不上绝交了。

外倾性格的人容易得到很多朋友，但真朋友总是很少的。内倾者孤独，一旦获得朋友，往往是真的。

读书如交友，但至少有一个例外，便是读那种传授交友术的书。交友术兴，真朋友亡。

凡是顶着友谊名义的利益之交，最后没有不破裂的，到头来还互相指责对方不够朋友，为友谊的脆弱大表义愤。其实，关友谊什么事呢，所谓友谊一开始就是假的，不过是利益的面具和工具罢了。今天的人们给了它一个恰当的名称，叫感情投资，这就比较诚实了，我希望人们更诚实一步，在投资时把自己的利润指标也通知被投资方。

在与人交往上，孔子最强调一个"信"字，我认为是对的。待人是否诚实无欺，最能反映一个人的人品是否光明磊落。一个人哪怕朋友遍天下，只要他对其中一个朋友有背信弃义的行径，我们就有充分的理由怀疑他是否真爱朋友，因为一旦他认为必要，他同样会背叛其他的朋友。"与朋友交而不信"，只能得逞一时之私欲，却是做人的大失败。

这是一个孤独的人。有一天，世上许多孤独的人发现了他的孤独，于是争着要同他交朋友。他困惑了：他们因为我的孤独而深信我是他们的朋友，我有了这么多朋友，就不再孤独，如何还有资格做他们的朋友呢？

语言

曾经读到一则幽默，大意是某人参加会议，一言不发，事后，一位评论家对他说："如果你蠢，你做得很聪明；如果你聪明，你做得很蠢。"当时觉得这话说得很机智，意思也是明白的：蠢人因沉默而未暴露其蠢，所以聪明；聪明人因沉默而未表现其聪明，所以蠢。仔细琢磨，发现不然。聪明人必须表现自己的聪明吗？聪明人非说话不可吗？聪明人一定有话可说吗？再也没有比听聪明人在无话可说时偏要连篇累牍地说聪明的废话更让我厌烦的了，在我眼中，此时他不但做得很蠢，而且他本人也成了天下最蠢的一个家伙。

少言多听是思想者的道德。唯有少言才能多思，舌头超出思想，那超出的部分只能是废话。如果你珍惜自己的思想，在表述时必定会慎用语言，力求简练准确，让最少的话包含最多的内容。

对于思想者来说，听也是思的一种方式。他听书中的先哲之言，听自己的灵魂，听天籁，听无忌的童言，听无字的神谕。

富者的健谈与贫者的饶舌不可同日而语。但是，言谈太多，对于创造总是不利的。时时有发泄，就削弱了能量的积聚。创造者必有酝酿中的沉默，这倒不是有意为之，而是不得不然，犹如孕妇不肯将未足月的胎儿娩出示人。

当然,富者的沉默与贫者的枯索也不可同日而语,犹如同为停经,可以是孕妇,也可以是不孕症患者。

智者的沉默是一口很深的泉源,从中汲出的语言之水也许很少,但滴滴晶莹,必含有很浓的智慧。

相反,平庸者的夸夸其谈则如排泄受堵的阴沟,滔滔不绝,遍地泛滥,只是污染了环境。

无论会议上,还是闲谈中,听人神采飞扬地发表老生常谈,激情满怀地叙说妇孺皆知,我就惊诧不已。我简直还有点嫉妒:这位先生——往往是先生——的自我感觉何以这样好呢?据说讲演术的第一秘诀是自信,一自信,就自然口若悬河滔滔不绝起来了。可是,自信总应该以自知为基础吧?不对,我还是太迂了。毋宁说,天下的自信多半是盲目的。唯其盲目,才拥有那一份化腐朽为神奇的自信,敢于以创始人的口吻宣说陈词滥调,以发明家的身份公布道听途说。

我不会说也说不出那些行话和套话,在正式场合发言就难免怯场,所以怕参加一切必须发言的会议。可是,别人往往误以为我是太骄傲或太谦虚。

我害怕说平庸的话,这种心理使我缄口。当我被迫说话时,我说出的往往的确是平庸的话。唯有在我自己感到非说不可的时候,我才能说出有价值的话。

老是听别人发表同样的见解和感叹,我会感到乏味。不过我知道，在别人眼里我也许更乏味，他们从我这里甚至连见解和感叹也听不到，我不愿重复，又拿不出新的，于是只把沉默给他们。与人共享沉默未免太古怪，所以，我躲了起来。

他们因为我的所谓成功，便邀我参加各种名目的讨论。可是，我之所以成为今日之我，正是因为我从来不参加什么讨论。

健谈者往往耐不得寂寞，因为他需要听众。寡言者也需要听众，但这听众多半是他自己，所以他比较安于独处。

平时我受不了爱讲废话的人，可是，在某些社交场合，我却把这样的人视为救星。他一开口，我就可以心安理得地保持缄默，不必为自己不善于应酬而惶恐不安了。

讨论什么呢？我从来觉得，根本问题是不可讨论的，枝节问题又是不必讨论的。

人得的病只有两种，一种是不必治的，一种是治不好的。
人们争论的问题也只有两种，一种是用不着争的，一种是争不清楚的。

多数会议可以归入两种情况，不是对一个简单的问题发表许多复杂的议论，就是对一件复杂的事情做出一个简单的决定。

世上有一种人，嘴是身上最发达的器官，无论走到哪里，几乎就只带着这一种器官，全部生活由说话和吃饭两件事构成。
当今学界多此类人，忙于赶各种场子，在数不清的会上发言，他们虽然仍顶着学者之名,其实是名利场上的说客和食客。

时代的疾病必然会反映在语言上,而我们通过语言的品质也可以相当准确地判断一个时代的品质。在健康的时代,人们往往朴实地说话;相反,社会上流行的无论是意识形态式的套话,还是广告式的大话,我们都可以有把握地断定这是一个病态的时代。

她们谈得很热烈。
"我这道题错得太冤枉……"
"是呀,我明明复习过的,可当时怎么也想不起来了……"
谈话按照这相同的方式进行着,各人只是说着自己的事,可是居然互相能接上茬,居然没有中断,居然很热烈。
交谈往往如此,每人都乘机发泄一下谈论自己的热望。女人尤其如此。

名声

我们喜欢听赞扬要大大超过我们自己愿意承认的程度,尤其是在那些我们自己重视的事情上。在这方面,我们的趣味很不挑剔,证据是对我们明知言过其实的赞扬,我们也常常怀着感谢之心当作一种善意接受下来。我们不忍心把赞扬我们的人想得太坏,就像不放心把责备我们的人想得太好一样。

很少有人真心蔑视名声。一个有才华的人蔑视名声有两种情况:一是没有得到他自认为应该得到的名声,用蔑视表示他的愤懑;一是已经得到名声并且习以为常了,用蔑视表示他的不在乎。真的不在乎吗?好吧,试着让他失去名声,重新被人遗忘,他就很快又会愤懑了。

身为文人,很少有完全不关心名声的。鄙视名声,在未出名者固然难免酸葡萄之讥,在已出名者也未尝没有得了便宜卖乖之嫌。他也许是用俯视名声的姿态,表示自己站得比名声更高,真让他放弃,重归默默无闻,他就不肯了。名声代表作品在读者中的命运,一个人既然要发表作品,对之当然不能无动于衷。

诚然也有这样的情况:天才被埋没,未得到应有的名声,或者被误解,在名满天下的同时遭到了歪曲,因而蔑视名声之虚假。

可是，我相信，对于真实的名声，他们仍是向往的。

由于名声有赖于他人的肯定，容易受舆论、时尚、机遇等外界因素支配，所以，古来贤哲多主张不要太看重名声，而应把自己所可支配的真才真德放在首位。一个成熟的作家理应把眼光投向事情的本质方面，以作品本身而不是作品所带来的声誉为其创作的真正报酬。热衷于名声，哪怕自以为追求的是真实的名声，也仍然是一种虚荣，结果必然受名声支配，进而受舆论支配，败坏自己的个性和风格。

赫赫有名者未必优秀，默默无闻者未必拙劣。人如此，自然景观也如此。

人怕出名，风景也怕出名。人一出名，就不再属于自己，慕名者络绎来访，使他失去了宁静的心境以及和二三知友相对而坐的情趣。风景一出名，也就沦入凡尘，游人云集，使它失去了宁静的环境以及被真正知音赏玩的欣慰。

当世人纷纷拥向名人和名胜之时，我独爱潜入陋巷僻壤，去寻访不知名的人物和景观。

世上多徒有其名的名人，有没有名副其实的呢？没有，一个也没有。名声永远是走样的，它总是不合身，非宽即窄，而且永远那么花哨，真正的好人永远比他的名声质朴。

无论什么时候，这个世界绝不会缺少名人。一些名人被遗忘了，另一些名人又会被捧起来。剧目换了，演员跟着换。哪怕观众走空，舞台绝不会空。

当然，名人和伟人是两码事，就像登台表演未必就是艺术家一样。

一个人不拘通过什么方式或因为什么原因出了名,他便可以被称作名人,这好像也没有大错。不过,我总觉得应该在名人和明星之间做一区分。在我的概念中,名人是写出了名著或者立下了别的卓越功绩因而在青史留名的人,判断的权力在历史,明星则是在公众面前频频露面因而为公众所熟悉的人,判断的权力在公众,这便是两者的界限。

无论是见名人,尤其是名人意识强烈的名人,还是被人当作名人见,都是最不舒服的事情。在这两种情形下,我的自由都受到了威胁。

做名人要有两种禀赋。一是自信,在任何场合都觉得自己是一个人物,是当然的焦点和中心。二是表演的欲望和能力,渴望并且善于制造自己出场的效果。我恰好最缺少这两种禀赋,所以我不宜做名人。

角色

"成为你自己！"——这句话如同一切道德格言一样知易行难。我甚至无法判断，我究竟是否已经成为了我自己。角色在何处结束，真实的自我在何处开始，这界限常常是模糊的。有些角色仅是服饰，有些角色却已经和我们的躯体生长在一起，如果把它们一层层剥去，其结果比剥葱头好不了多少。

演员尚有卸妆的时候，我们却生生死死都离不开社会的舞台。在他人目光的注视下，甚至隐居和自杀都可以是在扮演一种角色。

也许，只有当我们扮演某个角色露出破绽时，我们才得以一窥自己的真实面目。

我不喜欢和一切角色意识太强烈的人打交道，例如名人意识强烈的名流，权威意识强烈的学者，长官意识强烈的上司，等等，那会使我感到太累。我不相信他们自己不累，因为这类人往往也摆脱不掉别的角色感，在儿女面前会端起父亲的架子，在自己的上司面前要表现下属的谦恭，就像永不卸妆的演员一样。

人之扮演一定的社会角色也许是迫不得已的事，依我的性情，能卸妆时且卸妆，要尽可能自然地生活。

人不易摆脱角色。有时候，着意摆脱所习惯的角色，本身就是在不由自主地扮演另一种角色。反角色也是一种角色。

一种人不自觉地要显得真诚，以他的真诚去打动人并且打动自己。他自己果然被自己感动了。

一种人故意地要显得狡猾，以他的狡猾去魅惑人并且魅惑自己。他自己果然怀疑起自己来了。

什么是虚假？虚假就是不真实，或者，故意真实。"我一定要真实！"——可是你已经在虚假了。

什么是做作？做作就是不真诚，或者，故意真诚。"我一定要真诚！"——可是你已经在做作了。

对于有的人来说，真诚始终只是他所喜欢扮演的一种角色。他极其真诚地进入角色，以至于和角色打成一片，相信角色就是他的真我，不由自主地被自己如此真诚的表演所感动了。

如果真诚为一个人所固有，是出自他本性的行为方式，他就绝不会动辄被自己的真诚所感动。由此我获得了一个鉴定真诚的可靠标准，就是看一个人是否被自己的真诚所感动。一感动，就难免包含演戏和做作的成分了。

偶尔真诚一下、进入了真诚角色的人，最容易被自己的真诚感动。

有做作的初学者，他其实还是不失真实的本性，仅仅在模仿做作。到了做作而不自知是做作，自己也动了真情的时候，做作便成了本性，这是做作的大师。

真诚者的灵魂往往分裂成一个法官和一个罪犯。当法官和罪犯达成和解时，真诚者的灵魂便得救了。

做作者的灵魂往往分裂成一个戏子和一个观众。当戏子和观众彼此厌倦时，做作者的灵魂便得救了。

做人生的大表演，哪怕不是表演给俗世和他人看，而是表演给上帝和自己看，仍然是一种表演。这是心中装着永恒的人容易掉入的陷阱。

她读着梵高的传记，泪眼汹涌，心想："如果我在那个时代出生，我一定嫁给梵高。"

在梵高活着时，一定也有姑娘想象自己嫁给更早时代的天才，并且被这个念头感动得掉泪。而与此同时，梵高依然找不到一个愿意嫁给他的姑娘。

道德

道德有两种不同的含义。一是精神性的,旨在追求个人完善,此种追求若赋予神圣的名义,便进入宗教的领域。一是实用性的,旨在维护社会秩序,此种维护若辅以暴力的手段,便进入法律的领域。

实际上这是两种完全不同的东西,混淆必生恶果。试图靠建立某种社会秩序来强制实现个人完善,必导致专制主义。把社会秩序的取舍完全交付个人良心来决定,必导致无政府主义。

道德源自人生觉悟。一个人如果经常想一想世界和人生的大问题,对于俗世的利益就一定会比较超脱,不太可能去做那些伤天害理的事情。说到底,道德败坏是一种蒙昧。当然,这与文化水平不是一回事,有些识字多的人也很蒙昧。

真正决定道德素养的是人生觉悟,而非意识形态。把道德沦丧的原因归结为意识形态的失控,试图通过强化意识形态来整饬世风人心,这种做法至少是肤浅的。

意识形态和人生觉悟是两回事,前者属于头脑,后者属于心灵。人与人之间能否默契,并不取决于意识形态的认同,而是取决于人生觉悟的相通。

一个人的道德素质也是更多地取决于人生觉悟而非意识形态。所以，在不同的意识形态集团中，都有君子和小人。

社会愈文明，意识形态愈淡化，人生觉悟的作用就愈突出，人与人之间的关系也就愈真实自然。

在一个人人逐利的社会上，人际关系必然复杂。如果大家都能想明白人生的道理，多多地关注自己生命和灵魂的需要，约束物质的贪欲，人际关系一定会单纯得多，这个世界也会美好得多。

由此可见，一个人有正确的人生观，本身就是对社会的改善做了贡献。你也许做不了更多，但这是你至少可以做的。你也许能做得更多，但这是你至少必须做的。

知识是工具，无所谓善恶。知识可以为善，也可以为恶。美德与知识的关系不大。美德的真正源泉是智慧，即一种开阔的人生觉悟。德行如果不是从智慧流出，而是单凭修养造就，便至少是盲目的，很可能还是功利的和伪善的。

人品和才分不可截然分开。人品不仅有好坏优劣之分，而且有高低宽窄之分，后者与才分有关。才分大致规定了一个人为善为恶的风格和容量。有德无才者，其善多为小善，谓之平庸。无德无才者，其恶多为小恶，谓之猥琐。有才有德者，其善多为大善，谓之高尚。有才无德者，其恶多为大恶，谓之邪恶。

人品不但有好坏之别，也有宽窄深浅之别。好坏是质，宽窄深浅未必只是量。古人称卑劣者为"小人""斗筲之徒"是很有道理的，多少恶行都是出自浅薄的天性和狭小的器量。

西哲认为，利己是人的本能，对之不应做道德的判断，只可因势利导。同时，人还有另一种本能，即同情。同情是以利己的本能为基础的，由之出发，推己及人，设身处地替别人想，就是同情了。

利己和同情两者都不可缺。没有利己，对自己的生命麻木，便如同石头，对别人的生命必冷漠。只知利己，不能推己及人，没有同情，便如同禽兽，对别人的生命必冷酷。

追求快乐无可非议，但要遵循两个原则。一是道德原则，你在追求快乐的时候不可给他人造成痛苦，不可损害他人。二是理智原则，你在追求快乐的时候不要给自己埋伏下痛苦，不要损害自己。违背前一个原则，是卑劣，违背后一个原则，是愚蠢。其实卑劣者往往愚蠢，损人往往以损己告终。

人如果没有同情心，就远不如禽兽，比禽兽坏无数倍。猛兽的残暴仅限于本能，绝不会超出生存所需要的程度。人残酷起来却没有边，完全和生存无关，为了龌龊的利益，为了畸形的欲望，为了变态的心理，什么坏事都干得出来。只有在人类之中，才会有千奇百怪的酷刑，有法西斯和恐怖主义。

善待动物，至少不虐待动物，这不仅是对地球上其他生命的尊重，也是人类自身精神上道德上纯洁化的需要。可以断定，一个虐待动物的民族，一定也不会尊重人的生命。人的生命感一旦麻木，心肠一旦变冷酷，同类岂在话下。

是否善待动物，所涉及的不只是动物的命运，其结果也会体现在人身上，对道德发生重大影响。在这个意义上，保护动物就是保护人道，救赎动物就是人类的精神自救。

善良的人有宽容之心，既容人之短，能原谅，又容人之长，不嫉妒。在我看来，容人之优秀是更难的，对于一个开放社会也是更重要的。

西方人文传统中有一个重要观念，便是人的尊严，其经典表达是康德所说的"人是目的"。按照这个观念，每个人都是一个有尊严的精神性存在，不可被当作手段使用。对于今天许多国人来说，这个观念何其陌生，往往只把自己用做了谋利的手段，互相之间也只把对方用做了谋利的手段。

一个自己有人格的尊严的人，必定懂得尊重一切有尊严的人格。

同样，如果你侮辱了一个人，就等于侮辱了一切人，也侮辱了你自己。

高贵者的特点是极其尊重他人，正是在对他人的尊重中，他的自尊得到了最充分的体现。

高贵者待人一定是平等的，他把自己当人看，所以也把别人当人看。相反，那种不把别人当人看的人，暴露出的正是没有把自己当人看，他对无论自己还是别人身上的那个大写的"人"，是一点概念也没有的。

平等待人，既表现在对下不亢，尊重比你弱势的人，也表现在对上不卑，这是以人性的方式尊重比你强势的人，表明你是把他作为人而不是身份来对待。不卑和不亢是同一品性的两面，不可分割。同样，媚上者必欺下，对上奴颜婢膝和对下颐指气使也是同一姿势的两种场景。

世上有一种人，毫无尊严感，毫不讲道理，一旦遇上他们，我就不知道怎么办好了，因为我与人交往的唯一基础是尊严感，与人斗争的唯一武器是讲道理。我不得不相信，在生物谱系图上，我和他们之间隔着无限遥远的距离。

社会要有好的道德状况，离不开法治和信仰。道德依靠他律和自律，法治强化了他律的力量，信仰提高了自律的觉悟。道德好比一个淑女，她的力量太单薄，需要法治做她的卫士，她的觉悟不够高，需要信仰做她的教师。

人性意义上的伟大是世界性的，必能赢得一切民族的人的尊敬。耶稣说："先知在自己的家乡往往不受欢迎，而在家乡之外却受到尊敬。"套用他的话，我们可以说，只在自己的家乡受到推崇，而在家乡之外不受欢迎的榜样是不够格的榜样。

规则是为人而设的，人不是为规则而生的。人世间的一切规则，都应该是以人为本的，都可以依据人的合理需要加以变通。有没有不许更改的规则呢？当然有的，例如自由、公正、法治、人权，因为它们体现了一切个人的根本利益和人类的基本价值理想。说到底，正是为了遵循这些最一般的规则，才有了不断修正与之不合的具体规则的必要，而这就是人类走向幸福的必由之路。

道德现象

在任何专制体制下,都必然盛行严酷的道德法庭,其职责便是以道德的名义把人性当作罪恶来审判。事实上,用这样的尺度衡量,每个人都是有罪的,至少都是潜在的罪人。可是,也许正因为如此,道德审判反而更能够激起疯狂的热情。

据我揣摩,人们的心理可能是这样的:一方面,自己想做而不敢做的事,竟然有人做了,于是嫉妒之情便化装成正义的愤怒猛烈喷发了,当然啦,绝不能让那个得了便宜的人有好下场;另一方面,倘若自己也做了类似的事,那么,坚决向法庭认同,与罪人划清界限,就成了一种自我保护的本能反应,仿佛谴责的调门越高,自己就越是安全。

因此,凡道德法庭盛行之处,人与人之间必定充满残酷的斗争,人性必定扭曲,爱必定遭到扼杀。

从字面上看,施舍是居高临下的,供奉是卑躬屈膝的,馈赠是平等的。从实质上看,若不是出自爱心,三者皆虚伪,若是出自爱心,其间的界限便消融,施舍、供奉也都是馈赠。

把自己喜欢或需要的东西送人,并且只是出自爱、同情、感恩,绝无图报之心,才是真心诚意的馈赠,也才配叫作馈赠。对于施舍和供奉,这个标准同样适用。在这里,行为和动机都是重要的。在行为上把自己不喜欢或不需要的东西送人,在动机上行善图报或沽名钓誉,就无权称作施舍和供奉,只能称作交易。

世上有一种人,似乎乐于助人,对你关怀备至,却使你感到有压力,你就要警惕。

真正的善良是不会让人感到有压力的,这给了我们一个辨别真假善良的标准。

一个人出于自己的本性做好事,他是不会觉得在做好事的,而只是觉得在做一件平常的事。相反,做好事而自己觉得也让人觉得他在做一件不平常的事,则可断定这和他的本性有多么相忤了。别人之所以感到有压力,原因在此。

为了道德上的自我感动做好事,未必比为了获取他人的赞扬做好事更不虚伪。事实上,二者都是做给他人看的,区别仅仅在于,在前一种情形下,他人已经内化为自己,始终在场,因此演戏成了常态。

当我在一个恶人身上发现一个美德,我就原谅了他的一千件恶行。

当我在一个善人身上发现一个伪善,我绝不肯因为他的一千件善行而原谅他的这一个伪善。

我最憎恶的品质,第一是虚伪,第二是庸俗。虚伪是一种冒充高尚的庸俗,因而是自觉的庸俗,我简直要说它是有纲领、成体系的庸俗。单纯的庸俗是消极的,虚伪却是积极的,它富有侵略性。庸俗是小卒,唯有推举虚伪为元帅,才能组成一支剿杀优秀灵魂的正规军队。诚然,也不可低估小卒们的游击战的杀伤力。

猥琐假冒神圣乃是最无耻的亵渎神圣。夜里我不断梦见一个句子——

"子曰他妈的！"

一个行为有两个动机：一个光明，浮在表面；一个晦暗，沉在底里。当它们各居其位时，灵魂风平浪静。有谁想把它们翻一个个儿，灵魂就会涌起惊涛骇浪。

在幸福时，人也会有良心的斗争，但那良心是在脑子里，斗来斗去只是头痛。只有在苦难中，回首往事，良心发现，这时的良心才在心灵中，人才真正感到心痛。

我们的心灵上罩着各式滤色镜，只允许某些种类的光线透出，遮住了另一些种类的光线。于是，连自己也无法看清自己内心的复杂的丰富的色彩。一切都合理化了，也贫乏化了。然后，滤色镜又对经过它过滤的即被它批准的心灵品质下判断，用道德上的自豪感来平息我们的不安。

当庸俗冒充崇高招摇过市时，崇高便羞于出门，它躲了起来。

除了平庸，一切都可以忍受。然而，我受不了的只是自己的平庸。至于别人的平庸，只要不冒充为高明，我是乐于原谅的。

蒙田说："对别人的善良的信任，足以证明自己的善良。"的确，恶人是不相信有善良这回事的。在他看来，别人不作恶只是因为没有力量，而有力量仍然不作恶的人都是傻瓜。相反，善良的人往往容易相信别人的善良，并因此低估了恶人存在并且作恶的可能性。

当我享受时,我最受不了身边坐着一个苦行僧,因为他使我觉得我的享受有罪,使享受变成了受苦。

怨恨者的爱是有毒的,吞食这爱的人必呕吐。

有的人的所谓诚实是出卖别人的信任。

无论何处,只要有一个完美无缺的正人君子出现,那里的人们就要遭罪了,因为他必定要用他的完美来折磨和审判你了。这班善人,也许你真的说不出他有什么明显的缺点,尽管除了他的道德以外,你也说不出他有什么像样的优点。

相反,一个真实的人,一种独特的个性,必有突出的优点和缺点袒露在人们面前,并不加道德的伪饰,而这也正是他的道德。

恶德也需要实践。初次做坏事会感到内心不安,做多了,便习惯成自然了,因此不觉其坏。

人是会由蠢而坏的。傻瓜被惹怒,跳得比聪明人更高。有智力缺陷者常常是一种犯罪人格。

阴暗的角落里没有罪恶,只有疾病。罪恶也有它的骄傲。

同样的缺陷,发生在一些人身上,我们把它看作疾病,发生在另一些人身上,我们把它看作罪恶。我们有时用医生的眼光看人,有时用道德家的眼光看人。

医生把罪犯看作病人,道德家把病人看作罪犯。在医生眼里,人人都有病。在道德家眼里,人人都有罪。医生治国,罪犯猖獗。道德家治国,病人遭殃。

世态人情

人生中的有些错误也许是不应当去纠正的,一纠正便犯了新的、也许更严重的错误。

当我们被人诬蔑,加以莫须有的罪名时,我们愤怒了。当我们被人击中要害,指出确实有的污点时,我们更加愤怒了。

世态

有的人一有机会就不失时机地暴露其卑鄙的人格。比如哪怕只是做了一个办事员，手里有了一点小小的权力，他就立刻露出丑恶的嘴脸，即使你去办一个正常的手续，他也会百般刁难，以显示他的重要。

权力是人品的试金石，权力的使用最能检验出掌权者的人品。恶人几乎本能地运用权力折磨和伤害弱者，善人几乎本能地运用权力造福和帮助弱者，他们都从中获得了快乐，但这是多么不同的快乐，体现了多么不同的人品啊。

一切世俗的价值，包括权力、财富、名声等，都具有这样的效应，彰显了乃至仿佛放大了其拥有者的善和恶。

在自由竞争状态，自然选择淘汰了劣者。在专制状态，人工选择淘汰了优者。唯有平庸者永远幸免，有最耐久的生命力。

有两种悲剧：一种是英雄在战场上的毁灭，另一种是弱者在屠宰场上的毁灭。人们往往歌颂前者而蔑视后者，殊不知英雄也有被驱往屠宰场的时候，在屠宰场上英雄也成了弱者，而这正是英雄最大的悲哀。

人们都以悲剧为可怖，喜剧为可怜，殊不知世上还有比悲剧更可怖的喜剧，比喜剧更可怜的悲剧。

历史是无情的，数十年转了个小小的弯子，却改变了个人的一生。历史可以重新纳入轨道，人生却不可能从头开始了。所谓历史的悲剧，牺牲掉的是无数活生生的个人。

有时候，为了办成一件聪明事，只好违心干十件蠢事。你干了十件蠢事，人家会赞许你，对你放心，于是你乘势办一件聪明事，不等他们明白过来，你再接着干十件蠢事，他们又放心了，就不去追究那一件聪明事了。

在中国生活最需要的是忍耐。每一个人不断忍耐的结果，便是怨气郁结，有机会便发无名火，于是又成了别人必须忍耐的一个对象。

主说，富人进天堂比骆驼钻针眼还难。我听见富人狂笑着答道：主呵，没有一只骆驼想要钻针眼，没有一个富人想要进天堂！

竖子成名，遂使世无英雄。

秀才遇见秀才，可以说理。兵遇见兵，不妨比武。秀才遇见兵的尴尬在于，兵绝不跟秀才说理，秀才却不得不跟兵比武。

遇到那些愚昧、蛮横的恶人时，我不禁想：贵族主义是对的！

人世间最丑恶的现象之一，是凭权势欺压无辜，以强暴凌辱斯文。小民遇见刁吏，秀才遇见匪兵，岂是有理讲不清，而是根本不容讲理，有形无形的铁拳决定了一切。

我绝无权力欲，但也有例外。当我受到那班贪官污吏刁难时，我真心希望自己是一个比他们权力稍微大一点儿的芝麻绿豆官，突然亮出这身份，然后看他们嘴脸的变化。

我不做武侠梦，但也有例外。当我遭遇那种冥顽暴徒时，我真心希望自己身怀绝技，轻轻吹一口气就能使他们魂飞魄散。

当然，幻想终究是幻想。一个更大却比较现实的幻想是：建立一个公正有序的社会，靠社会的力量来约束权势，制裁强暴。

法不惩恶，遂使武侠梦流行。

最令人厌恶的是卑怯的恶。以无辜者为人质的恐怖分子，在无人处作案的窃贼，均属此类。

恐怖主义的本质不是某种极端的政治、宗教或民族立场，而是不管从何种立场出发，把残杀无辜平民作为向敌对者申述其立场的手段。采用这种手段的当然是敌对双方中处于劣势的一方，但我们绝不能因此而给予任何同情，而必须毫不含糊地宣布一切此种行为皆是非正义的，反人类的。问题的严重性在于，比起和真正的敌人战斗来，杀害平民过于容易，因此这种卑鄙的做法很容易被仿效。恐怖主义一旦在世界上许多地区得逞，它就不会有国界，必然蔓延开来。所以，无人可以对它袖手旁观。

有精神洁癖的人在污蔑面前最缺乏自卫能力。平时他不屑于防人，因为他觉得防人之心也玷污了自己精神上的清白。一旦污水泼来，他又不屑于洗刷，他的洁癖使他不肯触碰污水，哪怕这污水此刻就在他自己身上，于是他只好怀着厌恶之心忍受。

陀思妥耶夫斯基曾经谈到：和崇高的灵魂周旋，奸人总是好脱身的，因为前者很容易受骗，一旦发觉，也仅限于表示高贵的鄙夷，而并不诉诸惩罚。

我相信，这样一种经验，是每一个稍有教养的人所熟悉的。轻信和宽容，是崇高的灵魂最容易犯的错误。轻信，是因为以己度人，不相信人性会那样坏。宽容，倒不全是因为胸怀宽阔，更多的是因为一种精神上的洁癖，不屑于同奸人纠缠，不愿意让这种太近的接触污染了自己的环境和心境。

这并不意味着崇高的灵魂缺乏战斗性。一颗真正崇高的灵魂，其战斗性往往表现在更加广阔的战场和更加重大的题材上。如果根本的正义感受到触犯，他战斗起来必是义无反顾的。

在人生追求上，中国人心中往往没有自我，只有他人，大家在争夺什么，我也就要什么。于是，名利场上熙熙攘攘，一片繁忙之景。

在公共道德上，中国人眼中往往没有他人，只有自己，我做什么，完全不顾及他人的感受。于是，公共场所吵吵嚷嚷，一片喧哗之声。

这是中国人的颠倒的个人主义。

在政治舞台上，正义和仁慈都可以成为表演。

在潜规则支配的官场上，真诚者往往二重人格，圆滑者必是两面派。

在这个娱乐化的时代，人们不能容忍严肃，非把严肃化为娱乐不可，如果做不到，就干脆把戏侮严肃当作一种娱乐。

有一种人的灵魂装有扩音器，每一种声响都夸大许多倍地播放出来，扰乱世界和邻人的安宁，于是他们自以为拥有一颗多么动荡不安、多么丰富的灵魂了。

有一种人，活着只有一个目的，就是在大庭广众之中引人注意。不拘用什么手段，包括用最高的嗓门说出最蠢的话，只要被注意了，他就得意扬扬，觉得自己是个人物了。
今日文坛上也多这种人。

一个天才向另一个天才致以肉麻的敬礼。

他永远在沉思，但人们从来不曾听见他发表过什么思想。

她没有肉体，也没有灵魂，可是她有事业！

他常常用一些小零食去讨好女人，而女人也不过是他生活中的一些小零食罢了。

人情

人之常情是喜欢接近成功的人、走运的人，避开失败的人、倒霉的人。这倒未必出于趋炎附势的算计，毋宁说是出于趋乐避苦的本能。成功者的四周洋溢着一种欢快的气氛，进入这氛围似乎便分享了他的欢快。相反，失败者即使不累及旁人，他的那一种晦气也够令人感到压抑了。每个人自己的烦恼已经嫌多了，谁又愿意再去分担别人的烦恼呢？

当我们被人诬蔑，加以莫须有的罪名时，我们愤怒了。当我们被人击中要害，指出确实有的污点时，我们更加愤怒了。

幸运者对别人的不幸或者同情，或者隔膜，但是，比两者更强烈的也许是侥幸：幸亏遭灾的不是我！

不幸者对别人的幸运或者羡慕，或者冷淡，但是，比两者更强烈的也许是委屈：为何遭灾的偏是我！

不幸者需要同伴。当我们独自受难时，我们会感到不能忍受命运的不公正甚于不能忍受苦难的命运本身。相反，受难者人数的增加仿佛减轻了不公正的程度。我们对于个别人死于非命总是惋叹良久，对于成批杀人的战争却往往无动于衷。

仔细分析起来，同病相怜的实质未必是不幸者的彼此同情，而更是不幸者各以他人的不幸为自己的安慰，亦即幸灾乐祸。这当然是愚蠢的。不过，无可告慰的不幸者有权得到安慰，哪怕是愚蠢的安慰。

幸福者陶醉在自己的幸福里，不幸者麻痹在自己的不幸里，都难以感应别人的不幸。所以，同情是难的。

冒险与苦难一样，旁观者往往会比亲历者想象得更可怕。

弱者的自卫往往比强者的进攻更加有力。

世上有弱者的抗争，也有强者的妥协，二者的力量皆不可低估。

最能使人从一种爱恋或怀念中摆脱出来的东西是轻蔑。当你无意中发现那个你所爱恋或怀念的人做了一件让你真正瞧不起的事情，那么好了，你在失望的同时也就解脱了，那些在记忆中一直翠绿诱人的往事突然褪色凋谢了。

当你做一件事，完全预料到它的坏结果之时，或者完全预料不到它的坏结果之时，坏结果发生了，你不会内疚。因为在前者，你可以承担责任，在后者，你可以推卸责任。

内疚发生在对坏结果有所预感但又希望避免的情形下，那时候，你既不能承担责任，因为你本来是想要避免的，又不能推卸责任，因为你本来是可以避免的。

存心伤害一个人，或一个必须的正当行为无意中伤害一个人，都不会内疚。只有一个本身非必须且可非议的行为无意中伤害一个人，才会内疚。

我们每一个人，至少在某个时刻，例如在发怒时，都是一个病人。如果我们能够这样去看别人，尤其是自己的亲人，许多冲突都可化解。

问你：如果让你定居，你喜欢热闹的都市，还是寂静的山林？
再问你：如果身处山林，你喜欢一人独居，还是有人陪伴？
再问你：如果有人陪伴，你喜欢她是你的太太，还是一个陌生姑娘？
每一个问题都有两个相反的答案。——这句话不是我发明的，最早说这句话的是古希腊哲学家普罗泰戈拉。

我买了一张书桌，抬回家，才发现桌面上划破了一块。于是，几个钟点内，老是看见这斑点，老是想着这斑点。整张桌子不见了，浓缩成了这一个斑点。当它不属于我时，我对斑点视而不见，那是一个可以忽略不计的小缺点。一旦它属于我，就是怎么也看不顺眼的致命弱点了。
对物如此，对人是否也如此呢？

一个幼儿摔倒在地，自己爬了起来。他突然看见妈妈，就重新摆出摔倒的姿势，放声大哭。
我们成年人何尝不是如此。试想种种强烈的情绪，愤怒或痛苦的姿态，如果没有观众在场，其中有多少能坚持下去？

他们刚上车，彼此争行李架，像仇敌。车开了，安定下来了，为了解闷，彼此搭话。其中一位到站了，另一位就从他们曾经争夺过的行李架上帮他搬下行李，送到车门口，如同老朋友。

狭小的空间强迫人们竞争，也强迫人们亲近。

一个人的钱包被窃了，周围的人无非有三种心理：一、有限的同情；二、为自己庆幸，因为被窃的不是自己；三、幸灾乐祸。在同一个人身上，这三种心理往往混合在一起，只是比例不同罢了。

青春自有其残酷的一面。生命陶醉于自己的蓬勃生长，欢快地摄取营养，无暇顾及他人的痛苦，甚至他人的痛苦也可以化作它的营养。这与天性是否善良无关。所以，年幼者对于年长者的沧桑之痛难免隔膜，而一个柔弱的妙龄女子也会对她不爱的崇拜者的苦恼无动于衷。

生命是残酷无情的，它本能地厌恶衰老和死亡。当衰老和死亡尚未落到我们自己头上时，我们对于别人包括亲友的衰老和死亡会同情一时，但不会永久哀伤，生命本身催促我们越过它们而前进。因此，当我们自己年老和垂死时，我们理应以宿命的态度忍受孤独，不要去嫉妒和打搅年轻一代的生命欢乐。

处世

看见一个人,你是不是喜欢,遇见一件事,你是不是赞成,一开始你是会有一个直觉的,你要相信这个最初的直觉,它往往是正确的。

对于每个人来说,直觉是自己的,是自己的天性和全部经验在瞬间发出的声音,而观念多半是外来的,是接受社会成见和他人意见的结果。

但是,观念具有强大的力量,人们很容易在观念的支配下想问题,久而久之便成习惯,使得自己的直觉迟钝了,甚至丧失了。

所以,你要记住,看人处事理应直觉优先,尽量排除固有观念的干扰。

你这个人太单纯了,会上当的!——是吗?我的看法正相反。心灵单纯的人,未受利益和成见的扭曲,直觉比较准确,对于人性的善恶有一种本能的觉知,某个人可交不可交,往往未经思索就做出了取舍。当然也会有判断错的时候,但是,与心灵复杂的人相比,出错肯定少得多。

我相信,每个人如果肯认真地对待自己的亲历亲见,由此来形成自己对事物的看法,那么人人都能说出一些让别人感兴趣的有价值的话。可惜的是，人们往往非常马虎地对待自己的亲历亲见，不愿花时间来回味和思索，留在记忆中的只是一些零乱的印象。于是，一旦开口说话，说出的多半是社会上的定见，自己的亲历亲见几乎不起作用，人云亦云遂成普遍现象。

对于外界的人和事，第一要有兴趣，第二要有距离，二者的平衡，便是观察和思考。

要率性，不要任性。二者的区别在于，率性是由健康的天性引导，顺应本我，不在乎功利、习俗和舆论；任性是被错误的情绪支配，固执己见，听不进良知的呼声和善意的忠告。

在具体的场合，二者容易发生混淆。一般规律是，在他人眼中，前者常被当作后者，在自己眼中，后者常被当作前者。

鉴于健康的天性如此稀少因而可贵，他人在评判时应当留心并予以爱护。鉴于错误的情绪如此多发因而讨嫌，自己在评判时应当警惕并加以克服。

尽量不动感情，作为一个认识者面对一切纷扰，包括针对你的纷扰，这可以使你占据一个优越的地位。这时候，那些本来使你深感屈辱的不公正行为都变成了供你认识的材料，从而减轻了它们对你的杀伤力。

一本浅薄的书，往往只要翻几页就可以察知它的浅薄。一本深刻的书，却多半要在仔细读完了以后才能领会它的深刻。

一个平庸的人，往往只要谈几句话就可以断定他的平庸。一个伟大的人，却多半要在长期观察了以后才能确信他的伟大。

我们凭直觉可以避开最差的东西，凭耐心和经验才能得到最好的东西。

有时候，最艰难、最痛苦的事情是做决定。一旦做出，便只要硬着头皮执行就可以了。

不要出于同情心而委派一个人去做他很想做的可是力不能及的事，因为任人不是慈善事业，我们可以施舍钱财，却无法施舍才能。

看透大事者超脱，看不透大事者执着。看透小事者豁达，看不透小事者计较。
一个人可能超脱而计较，头脑开阔而心胸狭窄；也可能执着而豁达，头脑简单而心胸开朗。
还有一种人从不想大事，他们是天真的或糊涂的。

一个人简单就会显得年轻，一世故就会显老。

懦弱：懦则弱。顽强：顽则强。那么，别害怕，坚持住，你会发现自己是个强者。

世上许多事，只要肯动手做，就并不难。万事开头难，难就难在人皆有懒惰之心，因为怕麻烦而不去开这个头，久而久之，便真觉得事情太难而自己太无能了。于是，以懒惰开始，以怯懦告终，懒汉终于变成了弱者。

在较量中，情绪激动的一方必居于劣势。

假如某人暗中对你做了坏事，你最好佯装不知。否则，只会增加他对于你的敌意，他因为推测到你会恨他而愈益恨你了。

真诚如果不讲对象和分寸，就会沦为可笑。真诚受到玩弄，其狼狈不亚于虚伪受到揭露。

对待世俗的三种居高临下的态度：一、天才：藐视；二、智者：超脱；三、英雄：征服。

在各色领袖中，三等人物恪守民主，显得平庸；二等人物厌恶民主，有强大的个人意志和自信心；一等人物超越民主，有一种大智慧和大宽容。

人生中的有些错误也许是不应当去纠正的，一纠正便犯了新的、也许更严重的错误。

许多时候人需要遗忘，有时候人还需要装作已经遗忘，否则你是活不下去的。

舆论

舆论对于一个人的意义取决于这个人自身的素质。对于一个优秀者来说，舆论不过是他所蔑视的那些人的意见，他对这些意见也同样持蔑视的态度。只要他站得足够高，舆论便只是脚下很远的地方传来的轻微的噪音，绝不会对他构成真正的困扰。唯有与舆论同质的俗人才会被舆论所支配，因为作为俗人之见，舆论同时也是他们自己的意见，是他们不能不看重的。

舆论是多数人的意见，并且仅对多数人具有支配的力量。当然，多数人也很想用舆论来支配少数人，禁止少数人的不同意见。但是，如果不是辅之以强权，舆论便无此种力量。一个优秀者面对强权也可能有所顾忌，这是可以理解的。撇开这种情形不谈，倘若他对舆论本身也十分在乎，那么，我们就必须对他的优秀表示怀疑，因为他内心深处很可能是认同多数人的意见而并没有自己的独立见解的。

"走自己的路，让他们去说吧！"——因为他们反正是要说的，你的幸与不幸并不关他们的痛痒，他们不过是拿来做茶余饭后的谈资罢了。所以，你完全不必理会他们，尤其在关涉你自身命运的问题上要自己拿主意。须知你不是为他们活着，至少不是为他们茶余饭后的闲谈活着。

舆论是最不留情的，同时又是最容易受愚弄的。于是，有的人被舆论杀死，又有的人靠舆论获利。

逸言伤人，谣言杀人，谀词求宠，谏词招祸。查一下以言为部首的中国字吧，语言的名堂可真不少。中国人是深知语言的厉害的，所以有"一言兴邦""一言危邦""人言可畏"之说。有时候，语言决定着民族、个人的命运。语言甚至预定了人类的生存方式。我不禁想，假如没有语言，人间可省去多少事。可惜的是，没有语言，人也不成其为人了。

禽兽的世界倒是单纯。倘若禽兽有朝一日学会说话，造谣、拍马、吹捧、辱骂之事恐怕会接踵而至，它们也就单纯不下去了。

对于新的真理的发现者，新的信仰的建立者，舆论是最不肯宽容的。如果你只是独善其身，自行其是，它就嘲笑你的智力，把你说成一个头脑不正常的疯子或呆子，一个行为乖僻的怪人。如果你试图兼善天下，普度众生，它就要诽谤你的品德，把你说成一个心术不正、妖言惑众的妖人、恶人、罪人了。

常识的二重性：当常识单独行动时，往往包含正确的本能；一旦它们聚集为一种团体的力量，就会变成传统的偏见。

长舌妇的特点是对他人的隐私怀有异乎寻常的兴趣，而做起结论来则极端地不负责任。

小市民聚在一起，最喜欢谈论的是两件事：一是别人的不幸，还啧啧地叹息着,以表示自己的善良;另一是别人的走运,还指指戳戳地评论着,以表示自己的正直。他们之热衷于"同情"他人的痛苦,与他们之热衷于嫉妒他人的幸福,其实是同一份德性的两种表现。

爱国主义

常常有人举着爱国的尺子评判人，但这把尺子自身也需要受到评判。首先，爱国只是尺子之一，而且是一把较小的尺子。还有比它大的尺子，例如真理、文明、人道。其次，大的尺子管小的尺子，大道理管小道理，唯有从人类真理和世界文明的全局出发，知道本民族的长远和根本利益之所在，方可论爱国。因此，伟大的爱国者往往是本民族历史和现状的深刻批评者。那些手中只有爱国这一把尺子的人，所爱的基本上是某种狭隘的既得利益，这把尺子是专用来打一切可能威胁其私利的人的。

人性比民族性更根本，爱生命比爱国更根本，这是多么简单的道理。真正令人费解的是，某些人的头脑怎么会与这么简单的道理如此格格不入，以至于非要在人性光辉终于闪亮之处高喊民族主义口号不可。

中国人的比赛精神集中在有形的名和利上了，而在无形的领域，对于个人内在的优秀，个人能力的生长和心灵的快乐，则非常缺乏比赛精神。这就是问题之所在。

功利的比赛精神表现在国际舞台上，就是一种浅薄的民族虚荣心，特别在乎表面或次要事情上的名次，诸如体育之类。这是一种低级的比赛精神。什么时候我们正视中国在教育、科学、医疗、环保、自然和文化遗产保护等方面的落后状况,在这些事情上耻于当最后几名,争取当前几名,我们就有高级的比赛精神了。

爱国要有平常心。过去我们在大国心态和弱国心态的双重支配下,自大又自卑,排外又媚外,出尽了洋相,也吃够了苦头。今天仍有相当多的青年,一面高喊过激的爱国口号,一面费尽力气要出国定居,这应该怪不当的引导。做人要自爱自尊,作为民族也如此,而自大和自卑都是自尊的反面。两极相通,狭隘民族主义是很容易变成民族虚无主义的。正是在日益全球化的今天,我们更应该也更有条件用全球的、人类的眼光来看中国,更好地辨别中国文化的精华和糟粕,认识中国的过去、现在和未来,从而建设一个更伟大的中国。在我看来,这才是真正的爱国。

两种完全不同的爱国主义:诗意的,自然的,低调的,其实质是对土地和人民的感情;意识形态的,做作的,高调的,其实质是受权力操纵的表演。

判断爱国主义境界高低的标准:有没有普世价值作为其内涵和基础。

我心目中的"中国"概念:一个我们祖祖辈辈繁衍和生长的地方,一个生我养我的地方。无论走到哪里,我的身体里总是流着中国人的血。无论到什么时候,我的子子孙孙的身体里永远流着中国人的血。总之,是民族的概念,血缘的概念,制度会变,意识形态会变,这个东西不会变。

在中国生活,我强烈地感觉自己是一个世界人。在世界旅行,我强烈地感觉自己是一个中国人。

个人视角

我感到现在我站在一个最合宜的位置上,它完全属于我,所有追逐者的脚步不会从这里经过。我不知道我是哪一天来到这个地方的,但一定很久了,因为我对它已经如此熟悉。

我不愿用情人脸上的一个微笑换取身后一个世代的名声。

态度

看见可爱的景物、东西或者女人,我就会喜欢,这喜欢是自然而然的,我不能也不想硬让自己不喜欢。但是,我喜欢了就够了,喜欢了就是了,我并不想得到什么,并不觉得因为我喜欢就有权利得到什么。

我的确没有野心,但有追求。就现在所得到的东西而言,外在的方面已远超过我的预期,内在的方面则还远不能使我满意。

当我做着自己真正想做的事情的时候,别人的褒贬是不重要的。对于我来说,不存在正业副业之分,凡是出自内心需要而做的事情都是我的正业。

我生活在我的思想和文字之中,并不期望它们会给我带来成功和荣誉。现在,倘若它们已经走进了如许可爱的心灵,我就更不必在乎它们是否会带给我成功和荣誉了。

我不愿用情人脸上的一个微笑换取身后一个世代的名声。

想到世上有这么多好书,我肯定来不及读完了,心中不禁悲哀。

人世间最让我留恋的，便是好书和好女人。

此生此世，与我最近的是人，与我最远的也是人。

我当然不仅仅属于自己，但我也不属于世界，我只属于世界上不多几个爱我的人。

我与成功无缘，因为我永远对自己没有把握，——对别人也没有。

既然成功属于尘世，完美属于天国，我与完美的距离就更遥远了，但因此毕竟可以梦想。怀着这梦想，我更可以不把成功放在眼里了。

我无求于人。求朋友会伤害我的虚荣心，求敌人会伤害我的骄傲。

对于我来说，最难堪的事情之一是不得不与权力者周旋，去反对落在我头上的某种不公正待遇，为自己争某种正当的利益。这种时候，我多半是宁可放弃这种利益的。倘若同样的情形落在别人头上，我作为旁人而为之打抱不平，那就会理直气壮得多。

我对任何出众的才华无法不持欣赏的态度，哪怕它是在我的敌人身上。

当我注定要与一个人敌对时，我不怕我的敌手太恶，而怕他太善，使我不能下决心与他交战。

我在两种人面前最克制不住傲气，一是功名利禄之徒，二是自以为是之辈。

我是谦和的——面对一切普通人，因为我也是一个普通人。我又是高傲的——面对那些卑劣的灵魂，因为在人性的水准上，他们无比地低于普通人，理应遭到一切普通人的蔑视，包括遭到我的蔑视。世上真有如此卑劣的人，使你感到平等的普世价值对他们是不适用的。

极其自信者多半浅薄。对于那些在言行中表现出大使命感的人，我怀有本能的反感，一律敬而远之。据我分析，他们基本上属于两类人，一是尚未得逞的精神暴君，另一是有强烈角色感的社会戏子。和他们打交道，只会使我感到疲劳和无聊。

在我看来，真正的使命感无非是对自己选定并且正在从事的工作的一种热爱罢了。遇见这样的人，我的血缘本能就会把他们认作我的亲兄弟。

每当我接到一张写满各种头衔的名片，我就惊愕自己又结识了一个精力超常的人，并且永远断绝了再见这个人的念头。

我的生活中没有这样的目标，例如成为教授、院士或者议员、部长。那些为这类目标奋斗的人，无论他们为挫折而焦虑，还是为成功而欣喜，我从他们身上都闻到同一种气味，这种气味使我不能忍受和他们在一起待上三分钟。

遇见一个对我怀有好感和善意的人，我会感到羞怯不安。我不知道对他说什么。打招呼，太客套；默不作声，太无礼；说说心里话，又太唐突。

倒是见了那种对我怀有恶意的人，我可以心安理得地从他身旁走过，看都不看一眼。

一件事情，即使是我感兴趣的，一旦作为任务规定下来，非做不可，我就会提不起兴趣来。

当然，还有另一种情况：如果没有某种外部强制，只凭兴趣，也许一件事情也不能做到底。

读书，写作，一切自己真正想做的事情，做的时候都是享受。但是，倘若限定了时间，用赶任务的心情去做，享受就变成了苦役。

在某一类人身上不值得浪费任何感情，哪怕是愤怒的感情。我把这一点确立为一个原则，叫作：节省感情。

我是一个有精神洁癖的人，和人接触，立即就能嗅到对方散发的是清气还是浊气。遇见那种灵魂污浊的人，我会本能地远避，远到这个人对于我压根儿不存在。所谓远，不是物理意义上的，而是心理意义上的。

我就怕人讲理。我就怕人不讲理。我就怕不知道人讲不讲理。

对于我来说，谎言重复十遍未必成为真理，真理重复十遍——无须十遍——就肯定成为废话。

他们很狂，个个都是天下第一。我能说出的狂言只有一句：

我是天下第一不狂的人。

唯一会使我感到绝望的事情是失去了爱和思考的能力。

我喜欢周围都是漠不相干的人,谁也不来注意我。

我本能地怀疑一切高调,不相信其背后有真实的激情。

有时想一想不免感到奇怪,我这样一个从来被自己的上司看作需要好好教育的人,现在怎么成了能够教育广大人群的人。

我皱着眉头。你问我想干什么?我想把天下发出噪音的金属器具,从刀锯斧刨,到机器马达,统统投进熔炉,然后铸成一座沉默的雕像。

感觉

我生活在我的思想之中。那把我从中拉了出来的人，是我的救星，还是我的仇敌？

幸运的和不幸的人们呵，你们实际上经历过的一切，我在心灵中都经历过。

我会厌倦一本书、一个人、一间屋子、一座山丘、一条河流，可是，我怎么会厌倦新鲜空气呢？

有时候我想：一个人一辈子永远是自己，那也是够单调乏味的。

想到人类漫长历史上有过无数的人，无数的不同人生，我感到了惶恐，突然觉得我和我的人生失去了重量，变得微不足道。

突然产生一个感觉：历史又漫长又短暂，孔子（和一切历史人物）距离今天又远又近。

当我忙忙碌碌时，我多么厌恶自己。宿舍熄灯了，一个十七岁的大学生蹲在走廊的灯光下写诗。我喜欢那时候的我。

我怀念上大学的日子,校园里孤独的漫游,心中浓郁的惆怅,每一个早晨都在甜蜜的预感中开始,因为有诱人的内心生活等着我……

此刻我心中涌现出一些多么生动的感觉,使我确信我活着,——正是我,不是别人,这个我不会和别人混同。于是我想,在我的生命中还是有太多的空白,那时候感觉沉睡着,我浑浑噩噩,与芸芸众生没有什么两样。

我什么也不会忘记。世界将忘记一切。

我始终摆脱不了尴尬,有时是因为我太年轻,世界太老;有时是因为世界还年轻,我却老了。

亲爱的,我不能想象有一天我会离开你,但我也不能想象我的生活中不再有新的战栗。

我的文字昨天令你感到新奇,今天令你感到亲切,明天会不会令你感到厌倦?

曾经有无数的人受难和死去,而我现在坐在这里,看着电视,笑着……

有一个东西在内部生长,我常常于无声处听见它说话。

生命中充满不测和灾祸，我惊奇自己竟然活到了今天。可是，即使活到了一百岁，我对死亡仍然大惑不解。

即使在悲伤的时候，打开窗户，有新鲜空气涌入，仍然会禁不住感到一阵舒畅。

夜里睡了一个好觉，早晨起来又遇到一个晴朗的日子，便会有一种格外轻松愉快的心情，好像自己变年轻了，而且会永远年轻下去。

游泳的时候，我把自己想象成一条鱼，从来都生活在水中，并将永远生活在水中，水就是我的生存环境，于是感到从容而愉快。相反，如果总记着自己是一个人，现在是在锻炼身体，必须游完多少米，游泳就成为一件艰苦而无趣的事了。

当我在岸上伫望时，远逝的帆影最美。当我在海上漂荡时，港口的灯火最美。

心中不是乱，就是空。不乱不空，宁静又充实，谓之澄明。

种种感触、思绪从心中流过，伸手去捕捉，湿漉漉的手依然是空的。但干吗要去捕捉呢？

梦是流水，睡眠是船。水能载舟，也能覆舟。梦的流速均匀时，睡眠最佳。

长期生活在户外的人，与长期生活在户内的人，他们会有十分不同的感觉和思想。

我在街上跑步,享受着健康、闲适和节奏,感到轻松愉快。可是,当我以同样的速率朝一个确定的目标奔跑,为了去办某一件事时,轻快的心情完全消失了。

轻快心情的根源:无目的性?观念的暗示?

我在春天里散步,张大口吸着早晨的新鲜空气。突然,我看见远处有一个人用力啐了一口痰。我顿时感到恶心,仿佛这口痰唾到了我的张开的嘴里。

异想

早晨我说：一天很长，人能遍游整个宇宙。夜晚我说：一天很短，人不能穷尽一个原子。

有时候，我觉得人类的一切观念在我头脑里都消失得无影无踪了，都成了毫无意义的声音和符号。于是，我感到一种解脱，又感到一种惶恐。

我们的视力有限，在视力够不到的地方只看见一片模糊，于是名之为混沌。然后，我们宣布宇宙起源于混沌。

一切精神的创造，一切灵魂的珍宝，到头来都是毁于没有灵魂的东西之手：老鼠、蛀虫、水、火、地震、战争、空气、时间……

每个人一辈子往往只在说很少的几句话。

极端然后丰富。

一切复活都在回忆中，一切超越都在想象中。

因为一切皆流,所以活在当下。否则你还能怎样?

我预感到在进入永恒的黑夜之前,会有一个耀眼的白昼,在正午太阳的暴晒下,没有阴影,没有色彩,没有思想,没有苦恼……

有一天我突然发现,爱情、事业、友谊、名声都消逝了,但我还活着,活得如此单纯坦然。

想到偷了我的自行车的那个人正在骑着我的车转悠,偷了我的钱包的那个人正在从我的钱包里拿钱花,有时我会感觉到我与这些小偷之间有一种亲密的联系。

一群鸭子边叫唤边从我面前走过,我的头脑中冒出一个愚蠢的问题:去哪里?

有一天,你迷失在我的无边的沉默里了,没有一个男人能够找到你。

荒山秃岭,大地沉默的心事,另一种生命的存在。
有谁懂得群山的心事?

轮船把离岸的忧愁和靠岸的痛苦都藏在心里。

黑夜迷失在一缕蛛丝般飘悠的光线里了。

夜是不会消失的。我知道,它藏在白天的心里。

许多夜幕下的灿烂，在白昼就显形为杂乱了。

已经毁灭的星体，它的光芒刚刚到达我的眼睛。

昙花一现，流星一闪。
哪朵花不是昙花，哪颗星不是流星？

有哪一只蚂蚁死了还能复活？

即使在黑夜里，地球仍然绕着太阳旋转。

肉体也有它的记忆。

太阳是一粒沙子。

一个人坚持一种习惯，比如节食、跑步、按时起居，也几乎可以算是有信仰了。

凡事都经不起仔细推敲。譬如说，当我独自吃饭时，我忽然想到，中国人把饭和菜分开，扒一口饭，夹一点菜，这种做法是多么没有道理。进一步看，不论中国人西方人，把食物做成各种花样和形状，而不是像动物那样朴素地进食，说到底也都没有道理。

我望着大街上匆忙的行人、骑车人、开车人和乘车人，陷入了胡思乱想。
有时候，我想象他们的一切物质装备，包括衣饰、皮包、自行车、汽车，都隐去了，于是我看见许多赤露的身体以不同的姿势和速度运行着。

有时候，我想象他们的身体都隐去了，于是我看见许多无人穿戴的衣饰、无人使用的皮包和许多无人乘载的车辆运行着。

在这两种情况下，我看见的景象同样古怪，并且同样发现了一切匆忙都没有意义。

路上迎面走来的人有年轻有年老，有美有丑。我神游天外，忽然觉得所有的人都没有了年龄和美丑，都是朝生暮死的可怜生物。这是一个天神的目光。

假如死于那次车祸的人是我，会怎么样呢？怎么样也不会的！不错，我就没有后来的一切了，但没有了就没有了，对这个世界不会有任何影响，一个没有我的世界和以前不会有任何区别。

当然，亲人啊。仅仅是亲人们的生活轨道被彻底打乱了。说到底，和你命运真正休戚相关的唯有你的亲人。

飞机上，离地面一万公尺。我忽然想：宇宙浩渺无际，人类世代更替，我只是沧海一粟。进而想：如果没有我，宇宙和人类依然如故，无人不可缺少。是的，你思考，你写作，你多么珍视你的思考和写作，其实你的灵魂也只是人类精神传承的一个工具罢了。天不生仲尼，也一定会生伯尼，绝不会万古长如夜的。

强奸和诱奸——除此之外，公牛还能有什么别的法子得到母牛呢？

洗脑子和砍脑袋——除此之外，强权还能有什么别的法子消灭异端呢？

"我爱吾师,我更爱真理。"

好吧,我还可以添上:我爱吾父吾母,我更爱善;我爱吾妻,我更爱美。

再添上一句:禽兽不如。

自白

给自己画像——

头脑和心都不复杂,所以长得年轻。

嘴笨手软,凡是需要求人或整人的事一律不会,所以最后选择了写作。

不自信,所以怕见名人也怕被人当作名人见。

生性随和,所以有很多朋友。生性疏懒,所以只有很少亲密朋友。

坐在书桌前或摇篮旁的时候最踏实。

我寻找过我自己,在舞台上和观众席上都没有找到。我的位置不在剧场里。

我知道人生的限度,但人生没有亏待我。朋友们说我活得年轻,我说生命短促来不及老。不过朋友中最抑郁沉默的那个人也是我。

萨特说:他人是地狱。我说:地狱在自己心中。我曾经堕入我心中的地狱,领教了其中的一切鬼怪,目睹了其中的一切惨象,经受了其中的一切酷刑。最后,我逃出来了,用一把大锁锁住了地狱的门。

请不要对我说：钥匙还在你手中呢。

我的情感和理智都是早熟的，意志和经验却永远也成熟不了。

比起那些冷静的人，我有太多的情感。比起那些放纵的人，我有太多的理智。这正是我的不幸。

我时刻听见时间的流逝声。这使我与自己的任何眼前经历保持了一段距离，即使在情绪最亢奋时，也对自己的痛苦和欢乐持一种半嘲讽、半悲悯的态度。我既沉溺，又超脱。我常常大悲大欢，但在欢乐时会忽生悲凉，在痛苦时又有所慰藉。我的灵魂不是居于肉体之中，而是凌驾肉体之上，俯视这肉体的遭际。我降生得不完全，有一半留在天堂，于是这另一半也就不能在尘世安居，常常落入地狱。

请你描述一下自己的个性、气质、外貌、长处、弱点。

答：敏感，忧郁，怕羞。拙于言谈，疏于功名。不通世故，不善社交。但不乏可爱的男朋友和女朋友。喜欢好书和好女人。内心和外表都比实际年龄年轻许多，多数时候也就忘记了实际年龄。一旦想起，又倍觉委屈，仿佛年龄是岁月加于我的一个污点。

我的生活中充满了变故，每一变故都留下了深深的刻痕，而我却依然故我。毋宁说，我愈益是我了。

我不相信生活环境的变化能彻底改变一个人，改变的只是外部形态，核心部分是难变的。

我早就养成了自主学习和工作的习惯，区别只在于，从前这遭到非议，现在却给我带来了名声，可见名声是多么表面的东西。如果没有这些名声，我就会停止我的工作了吗？当然不。这种为自己工作的习惯已经成为我的人格的一部分，把它除去，我倒真的就不是我了。

我不是一个很自信的人，但我的自信恰好达到这个程度，使我能够不必在乎外来的封赐和奖赏。

在这个热闹的世界上，我尝自问：我的位置究竟在哪里？我不属于任何主流的、非主流的和反主流的圈子。那么，我根本不属于这个热闹的世界吗？可是，我绝不是一个出世者。对此我只能这样解释：不管世界多么热闹，热闹永远只占据世界的一小部分，热闹之外的世界无边无际，那里有着我的位置，一个安静的位置。

我曾经也有过被虚荣迷惑的年龄，因为那时候我还没有看清事物的本质，尤其还没有看清我自己的本质。我感到现在我站在一个最合宜的位置上，它完全属于我，所有追逐者的脚步不会从这里经过。我不知道我是哪一天来到这个地方的，但一定很久了，因为我对它已经如此熟悉。

善演讲的人有三个特点，而我都缺乏。一是记忆力，名言佳例能够信手拈来，而我连自己写的东西也记不住。二是自信心，觉得自己是个人物，老生常谈也能说得绘声绘色，而我却连深思熟虑过的东西说起来也没有信心。三是表现欲，一面对听众就来情绪，而我却一上台就心慌。

所以，唯有读书和写作是最适合于我的生活。

第四编

精神家园

精神生活

虽然我的出生纯属偶然,但是,既然我已出生,宇宙间某种精神本质便要以我为例来证明它的存在和伟大。否则,如果一切生存都因其偶然而没有价值,永恒的精神之火用什么来显示它的光明呢?

灵魂是一只杯子。如果你用它来盛天上的净水,你就是一个圣徒。如果你用它来盛大地的佳酿,你就是一个诗人。如果你两者都不肯舍弃,一心要用它们在你的杯子里调制出一种更完美的琼液,你就是一个哲学家。

灵魂

我不相信上帝,但我相信世上必定有神圣。如果没有神圣,就无法解释人的灵魂何以会有如此执拗的精神追求。用感觉、思维、情绪、意志之类的心理现象完全不能概括人的灵魂生活,它们显然属于不同的层次。灵魂是人的精神生活的真正所在地,在这里,每个人最内在深邃的自我直接面对永恒,追问有限生命的不朽意义。

古往今来,以那些最优秀的分子为代表,在人类中始终存在着一种精神性的渴望和追求。人身上发动这种渴望和追求的那个核心显然不是肉体,也不是以求知为鹄的的理智,我们只能称之为灵魂。我在此意义上相信灵魂的存在。

人的灵魂渴望向上,就像游子渴望回到故乡一样。灵魂的故乡在非常遥远的地方,只要生命不止,它就永远在思念,在渴望,永远走在回乡的途中。至于这故乡究竟在哪里,却是一个永恒的谜。我们只好用寓言的方式说,那是一个像天国一样完美的地方。

智力可以来自祖先的遗传,知识可以来自前人的积累。但是,有一种灵悟,其来源与祖先和前人皆无关,我只能说,它直接来自神,来自世界至深的根和核心。

我们身上的任何一个器官,当它未被欲望、冲突、病痛折磨时,我们是感觉不到它的存在的。灵魂也是如此。如果没有善与恶、理性与本能、天堂与地狱的角斗和交替,灵魂会是一个什么东西呢?

两种情境最能检验人的灵魂的品质,一是苦难,二是成功。苦难检验人的灵魂的坚强和软弱,坚强的灵魂在巨大的苦难中仍能昂然屹立,软弱的灵魂在寻常的苦难中也会一蹶不振。成功检验人的灵魂的高贵和卑微,高贵的灵魂在伟大的成功中仍能谦和淡定,卑微的灵魂在渺小的成功中也会得意忘形。

灵魂和身体是不可分的,它必须寄寓在一个身体里,而且常常不能支配这个身体的遭遇。灵魂和身体又是可分的,它能够对身体的遭遇做出一种反应,确定一种态度。由一个人的遭遇,我们无法判断他的灵魂,由他对遭遇的反应和态度,我们可以相当准确地做此判断。

所以,灵魂另有来历,在身体的经历中显示。

所以,灵魂对于身体能帮就帮,帮到什么程度是什么程度,但永远要站在身体之上,保持自己的自由。

一个人的灵魂不安于有生有灭的肉身生活的限制,寻求超越的途径,不管他的寻求有无结果,寻求本身已经使他和肉身生活保持了一个距离。这个距离便是他的自由,他的收获。

灵魂强大的征兆,是灵魂中的困惑和为之寻求解答的勇气。

一个人能够真切地把人类共同的问题完完全全感受为他自己的问题，这确证了灵魂的强大。

人的高贵在于灵魂。作为肉身的人，人并无高低贵贱之分。唯有作为灵魂的人，由于内心世界的巨大差异，人才分出了高贵和平庸，乃至高贵和卑鄙。

光，真理，善，一切美好的价值，它们的存在原不是为了惩罚什么人，而是为了造福于人，使人过一种有意义的生活。光照进人的心，心被精神之光照亮了，人就有了一个灵魂。有的人拒绝光，心始终是黑暗的，活了一世而未尝有灵魂。用不着上帝来另加审判，这本身即已是最可怕的惩罚了。

灵魂只能独行。当一个集体按照一个口令齐步走的时候，灵魂不在场。当若干人朝着一个具体的目的地结伴而行时，灵魂也不在场。不过，在这些时候，那缺席的灵魂很可能就在不远的某处，你会在众声喧哗之时突然听见它的清晰的足音。
即使两人相爱，他们的灵魂也无法同行。世间最动人的爱仅是一颗独行的灵魂与另一颗独行的灵魂之间的最深切的呼唤和应答。
灵魂的行走只有一个目标，就是寻找上帝。灵魂之所以只能独行，是因为每一个人只有自己寻找，才能找到他的上帝。

灵魂是一只杯子。如果你用它来盛天上的净水，你就是一个圣徒。如果你用它来盛大地的佳酿，你就是一个诗人。如果你两者都不肯舍弃，一心要用它们在你的杯子里调制出一种更完美的琼液，你就是一个哲学家。

每个人都拥有自己的灵魂之杯，它的容量很可能是确定的。在不同的人之间，容量会有差异，有时差异还非常大。容量极大者必定极为稀少，那便是大圣徒、大诗人、大哲学家，上帝创造他们仿佛是为了展示灵魂所可能达到的伟大。

不过，我们无须去探究自己的灵魂之杯的容量究竟有多大。在一切情形下，它都不会超载，因为每个人所分配到的容量恰好是他必须付出毕生努力才能够装满的。事实上，大多数杯子只装了很少的水或酒，还有许多杯子直到最后仍是空着的。

追求

一个人唯有用自己的头脑去思考,用自己的灵魂去追求,在对世界的看法和对人生的态度上自己做主,才是真正做了自己的主人。

每个追求者都渴望成功,然而,还有比成功更宝贵的东西,这就是追求本身。我宁愿做一个未必成功的追求者,而不愿是一个不再追求的成功者。如果说成功是青春的一个梦,那么,追求即是青春本身,是一个人心灵年轻的最好证明。谁追求不止,谁就青春常在。一个人的青春是在他不再追求的那一天结束的。

在精神领域的追求中,不必说世俗的成功,社会和历史所承认的成功,即便是精神追求本身的成功,也不是主要的目标。在这里,目标即寓于过程之中,对精神价值的追求本身成了生存方式,这种追求愈执着,就愈是超越于所谓成败。一个默默无闻的贤哲也许更是贤哲,一个身败名裂的圣徒也许更是圣徒。如果一定要论成败,一个伟大的失败者岂不比一个渺小的成功者更有权被视为成功者?

能被失败阻止的追求是一种软弱的追求,它暴露了力量的有限。能被成功阻止的追求是一种浅薄的追求，它证明了目标的有限。

在艰难中创业，在万马齐喑时呐喊，在时代舞台上叱咤风云，这是一种追求。

在淡泊中坚持，在天下沸沸扬扬时沉默，在名利场外自甘于寂寞和清贫，这也是一种追求。

追求未必总是显示进取的姿态。

船舷上，一个年轻的僧人面朝大江，合目伫立。望着他披戴青灰色袈裟的朴素的身影，我想起刚才在船舱里目睹的一幕，不禁肃然起敬。

船舱里闷热异常，乘客们纷纷挤到自来水旁洗脸。他手拿毛巾，静静等候在一边。终于轮到他了，又有一名乘客夺步上前，把他挤开。他面无愠色，退到旁边，礼貌地以手示意："请，请。"

我知道，这也是一种追求。

一切简单而伟大的精神都是相通的，在那道路的尽头，它们殊途而同归。说到底，人们只是用不同的名称称呼同一个光源罢了，受此光源照耀的人都走在同一条道路上。

人类的精神生活体现为精神追求的漫长历史，对于每一个个体来说，这个历史一开始是外在的，他必须去重新占有它。就最深层的精神生活而言，时代的区别并不重要。无论在什么时代，每一个个体都必须并且能够独自面对他自己的上帝，靠自己获得他的精神个性，而这同时也就是他对人类精神历史的占有和参与。

世上有多少个朝圣者，就有多少条朝圣路。每一条朝圣的路都是每一个朝圣者自己走出来的，不必相同，也不可能相同。然而，只要你自己也是一个朝圣者，你就不会觉得这是一个缺陷，反而是一个鼓舞。你会发现，每个人正是靠自己的孤独的追求加入人类的精神传统的，而只要你的确走在自己的朝圣路上，你其实并不孤独。

我们在黑暗中并肩而行，走在各自的朝圣路上，无法知道是否在走向同一个圣地，因为我们无法向别人甚至向自己说清心中的圣地究竟是怎样的。然而，同样的朝圣热情使我们相信，也许存在着同一个圣地。

人类精神始终在追求某种永恒的价值，这种追求已经形成为一种持久的精神事业和传统。当我也以自己的追求加入这一事业和传统时，我渐渐明白，这一事业和传统超越于一切优秀个人的生死而世代延续，它本身就具有一种永恒的价值，甚至是人世间唯一可能和真实的永恒。

我们每一个人都是在肩负着人类的形象向上行进，而人类所达到的高度是由那个攀登得最高的人来代表的。正是通过那些伟人的存在，我们才真切地体会到了人类的伟大。

当然，能够达到很高的高度的伟人终归是少数，但是，只要我们是在努力攀登，我们就是在为人类的伟大做出贡献，并且实实在在地分有了人类的伟大。

在人类的精神土地的上空，不乏好的种子。那撒种的人，也许是神、大自然的精灵、古老大地上的民族之魂，也许是创造了伟大精神作品的先哲和天才。这些种子有数不清的敌人，包括外界的邪恶和苦难，以及我们心中的杂念和贪欲。然而，最关键的还是我们内在的悟性。唯有对于适宜的土壤来说，一颗种子才能作为种子而存在。再好的种子，落在顽石上也只能成为鸟的食粮，落在浅土上也只能长成一株枯苗。对于心灵麻木的人来说，一切神圣的启示和伟大的创造都等于不存在。

基于这一认识，我相信，不论时代怎样，一个人都可以获得精神生长的必要资源，因为只要你的心灵土壤足够肥沃，那些神圣和伟大的种子对于你就始终是存在着的。所以，如果你自己随波逐流，你就不要怨怪这是一个没有信仰的时代了吧。如果你自己见利忘义，你就不要怨怪这是一个道德沦丧的时代了吧。如果你自己志大才疏，你就不要怨怪这是一个精神平庸的时代了吧。如果你的心灵一片荒芜，寸草不长，你就不要怨怪害鸟啄走了你的种子，毒日烤焦了你的幼苗了吧。

一个人有没有好的心灵土壤，究竟取决于什么呢？我推测，一个人的精神疆土的界限，心灵土质的特异类型，很可能是由天赋的因素决定的。因此，譬如说，像歌德和贝多芬那样的古木参天的原始森林般的精神世界，或者像王尔德和波德莱尔那样的奇花怒放的精巧园艺般的精神世界，决非一般人凭努力就能够达到的。但是，心灵土壤的肥瘠不会是天生的。不管上天赐给你多少土地，它们之成为良田沃土还是荒田瘠土，这多半取决于你自己。所以，我们每一个人都应当留心开垦自己的心灵土壤，让落在其上的好种子得以生根开花，在自己的内心培育出一片美丽的果园。谁知道呢，说不定我们自己结出的果实又会成为新的种子，落在别的适宜的土壤上，而我们自己在无意中也成了新的撒种人哩。

人类精神生活的土壤是统一的，并无学科之分，只要扎根在这土壤中，生长出的植物都会是茁壮的，不论这植物被怎样归类。

我不主张清高，生存问题不解决，是清高不下去的。但是，内心一定要清醒，要有自己的精神目标，有和没有是大不一样的。有精神目标的人，他在解决生存问题时即能保持一种内心力量，不致被贫困压倒，也不致被诱惑败坏，而当他基本解决了生存问题之后，就能及时地走上自己的人生追求之路，不再是为谋生而工作，而是真正拥有自己的事业。

可怕的不是危机，而是麻木。一个人、一个民族精神上发生危机，至少表明这个人、这个民族有较高的精神追求，追求受挫，于是才有危机。如果时代生病了，一个人也许就只能在危机与麻木二者中做选择，只有那些优秀的灵魂才会对时代的疾病感到切肤之痛。

许多人的所谓成熟，不过是被习俗磨去了棱角，变得世故而实际了。那不是成熟，而是精神的早衰和个性的夭亡。真正的成熟，应当是独特个性的形成，真实自我的发现，精神上的结果和丰收。

我不想知道你有什么，只想知道你在寻找什么，你就是你所寻找的东西。

有的人总是在寻找，凡到手的，都不是他要的。有的人从来不寻找，凡到手的，都是他要的。

各有各的活法。究竟哪种好，只有天知道。

在精神寻求的道路上，凡找到的一切，只要是自然的、真实的，就都是好的。

夜深人静之时，读着先哲的作品，分明感觉到人类精神不息的追求，世上自有永恒的精神价值存在，心中很充实。但有时候，忽然想到宇宙之盲目，总有一天会把人类精神这最美丽的花朵毁灭，便感到惶恐和空虚。

坚守

现代世界是商品世界,我们不能脱离这个世界求个人的生存和发展,这是一个事实。但是,这不是全部事实。我们同时还生活在历史和宇宙中,生活在自己唯一的一次生命过程中。所以,对于我们的行为,我们不能只用交换价值来衡量,而应有更加开阔久远的参照系。在投入现代潮流的同时,我们要有所坚守,坚守那些永恒的人生价值。

天下滔滔,象牙塔一座接一座倾塌了。我平静地望着它们的残骸随波漂走,庆幸许多被囚的普通灵魂获得了解放。

可是,当我发现还有若干象牙塔依然零星地竖立着时,禁不住向它们深深鞠躬了。我心想,坚守在其中的不知是一些怎样奇特的灵魂呢。

生活在现代商业社会里,文人弃文从商也好,亦文亦商也好,卖文为生也好,都无可非议。真有一位当代梵高枯守在象牙塔里,穷困潦倒而终,当然可歌可泣,但这是不能要求于并非天才的一般文化人的。我们应该也能够做到的是,在适应现代社会的同时有所坚持,在卷入商品大潮的同时有所保留。坚持和保留什么?当然是原来就有的东西,毋宁说是人之为人的某种永恒的东西。

真正精神性的东西是独立于时代的，它的根子要深邃得多，植根于人类与大地的某种永恒关系之中，唯有从这个根源中才能生长出天才和精神杰作。当然，一个人是否天才，能否创造出精神杰作，这是无把握的，其实也是不重要的，重要的是不失去与这个永恒源泉的联系。如果这样，他就不会在任何世道下悲观失望了，因为他知道，人类精神生活作为一个整体从未也绝不会中断，而他的看来似乎孤独的精神旅程便属于这个整体，没有任何力量能使之泯灭。

那些没有立足点的人，他们哪儿都不在，竟因此自以为是自由的。在今天，这样的人岂不仍然太多了？没有自己的信念，他们称这为思想自由。没有自己的立场，他们称这为行动自由。没有自己的女人，他们称这为爱情自由。可是，真正的自由始终是以选择和限制为前提的，爱上这朵花，也就是拒绝别的花。一个人即使爱一切存在，仍必须为他的爱找到确定的目标，然后他的博爱之心才可能得到满足。

一个人一旦省悟人生的底蕴和限度，他在这个浮华世界上就很难成为一个踌躇满志的风云人物了。不过，如果他对天下事仍有一份责任心，他在世上还是可以找到他的合适的位置的，守望者便是为他定位的一个确切名称。守望者的职责是，与时代潮流保持适当的距离，守护人生的那些永恒的价值，瞭望和关心人类精神生活的基本走向。

守望者是这样一种人，他们并不直接投身于时代的潮流，毋宁说与一切潮流保持着一个距离。但他们也不是旁观者，相反对于潮流的来路和去向始终怀着深深的关切。他们关心精神价值甚于关心物质价值,在他们看来,无论个人还是人类,物质再繁荣,生活再舒适,如果精神流于平庸,灵魂变得空虚,就绝无幸福可言。所以,他们虔诚地守护着他们心灵中那一块精神的园地,其中珍藏着他们所看重的人生最基本的精神价值,同时警惕地瞭望着人类前方的地平线,注视着人类精神生活的基本走向。

休说精神永存,我知道万有皆逝,精神也不能幸免。然而,即使岁月的洪水终将荡尽地球上一切生命的痕迹,罗丹的雕塑仍非徒劳;即使徒劳,罗丹仍要雕塑。那么,一种不怕徒劳仍要闪光的精神岂不超越了时间的判决,因而也超越了死亡?

所以,我仍然要说:万有皆逝,唯有精神永存。

世纪已临近黄昏,路上的流浪儿多了。我听见他们在焦灼地发问:物质的世纪,何处是精神的家园?

我笑答:既然世上还有如许关注着精神命运的心灵,精神何尝无家可归?

世上本无家,渴望与渴望相遇,便有了家。

理想

据说，一个人如果在十四岁时不是理想主义者，他一定庸俗得可怕，如果在四十岁时仍是理想主义者，他又未免幼稚得可笑。

我们或许可以引申说，一个民族如果全体都陷入某种理想主义的狂热，当然太天真，如果在它的青年人中竟然也难觅理想主义者，又实在太堕落了。

由此我又相信，在理想主义普遍遭耻笑的时代，一个人仍然坚持做理想主义者，就必定不是因为幼稚，而是因为精神上的成熟和自觉。

有两种理想。一种是社会理想，旨在救世和社会改造。另一种是人生理想，旨在自救和个人完善。如果说前者还有一个是否切合社会实际的问题，那么，对于后者来说，这个问题根本不存在。人生理想仅仅关涉个人的灵魂，在任何社会条件下，一个人总是可以追求智慧和美德的。如果你不追求，那只是因为你不想，绝不能以不切实际为由来替自己辩解。

理想是灵魂生活的寄托。所以，就处世来说，如果世道重实利而轻理想，理想主义会显得不合时宜；就做人来说，只要一个人看重灵魂生活，理想主义对他便永远不会过时。

理想主义永远不会远去，它始终在每一个珍视精神价值的人的心中，这是它在任何时代存在的唯一方式。

理想：对精神价值的追求。理想主义：把精神价值置于实用价值之上，作为人生或社会的主要目标、最高目标。

向理想索取实用价值，这是自相矛盾。

理想是坐标，为现实指引方向，起指引、衡量、校正的作用，而这即是它的实现。

精神性的目标只是一个方向，它的实现方式不是在未来某一天变成可见的现实，而是作为方向体现在每一个当下的行为中。也就是说，它永远不会完全实现，又时刻可以正在实现。

现实不限于物质和社会，心灵也是一种现实。精神理想的实现方式只能是内在的心灵境界。

理想，信仰，真理，爱，善，这些精神价值永远不会以一种看得见的形态存在，它们实现的场所只能是人的内心世界。正是在这无形之域，有的人生活在光明之中，有的人生活在黑暗之中。

理想当然要依据实际情况进行修正，但修正不涉及基本精神价值，不能把理想修正得不再是理想，比如说，为了世俗利益放弃做人原则。

人类的那些最基本的价值，例如正义、自由、和平、爱、诚信，是不能用经验来证明和证伪的。它们本身就是目的，就像高尚和谐的生活本身就值得人类追求一样，因此我们不可用它们会带来什么实际的好处评价它们，当然更不可用违背它们会造成什么具体的恶果检验它们了。

圣徒是激进的理想主义者，智者是温和的理想主义者。
在没有上帝的世界上，一个寻求信仰而不可得的理想主义者会转而寻求智慧的救助，于是成为智者。

我们永远只能生活在现在，要伟大就现在伟大，要超脱就现在超脱，要快乐就现在快乐。总之，如果你心目中有了一种生活的理想，那么，你应该现在就来实现它。倘若你只是想象将来有一天能够伟大、超脱或快乐，而现在却总是委琐、钻营、苦恼，则我敢断定你永远不会有伟大、超脱、快乐的一天。作为一种生活态度，理想是现在进行时的，而不是将来时的。

对于一切珍视灵魂生活的人来说，精神的独立价值和神圣价值是不言而喻的，是无法证明也不需证明的公理。

梦

梦是虚幻的,但虚幻的梦所发生的作用却是完全真实的。美、艺术、爱情、自由、理想、真理,都是人生的大梦。如果没有这一切梦,人生会是一个什么样子啊!

在某种意义上,美、艺术都是梦。但是,梦并不虚幻,它对人心的作用和它在人生中的价值完全是真实的。弗洛伊德早已阐明,倘没有梦的疗慰,人人都非患神经官能症不可。不妨设想一下,倘若彻底排除掉梦、想象、幻觉的因素,世界不再有色彩和音响,人心不再有憧憬和战栗,生命还有什么意义?在人生画面上,梦幻也是真实的一笔。

两种人爱做梦:太有能者和太无能者。他们都与现实不合,前者超出,后者不及。但两者的界限是不易分清的,在成功之前,前者常常被误认为后者。

可以确定的是,不做梦的人必定平庸。

两种人爱做梦:弱者和智者。弱者梦想现实中有但他无力得到的东西,他以之抚慰生存的失败。智者梦想现实中没有也不可能有的东西,他以之解说生存的意义。

人们做的事往往相似，做的梦却千差万别，也许在梦中藏着每一个人的更独特也更丰富的自我。

有时我不禁想，与只知做梦的人比，从来不做梦的人是更像白痴的。

在这个时代，能够沉醉于自己的心灵空间的人是越来越少了。那么，好梦连翩就是福，何必成真。

在一定意义上，艺术家是一种梦与事不分的人，做事仍像在做梦，所以做出了独一无二的事。

每个人在做梦的时候都是一个天才艺术家，而艺术家也无非是一个善于做白日梦的人罢了。

人生如梦，爱情是梦中之梦。诸色皆空，色欲乃空中之空。可是，若无爱梦萦绕，人生岂不更是赤裸裸的空无；离了暮雨朝云，巫山纵然万古长存，也只是一堆死石头罢了。

在梦中，昨日的云雨更美。只因襄王一梦，巫山云雨才成为世世代代的美丽传说。

信仰（一）

在这个世界上，有的人信神，有的人不信，由此而区分为有神论者和无神论者，宗教徒和俗人。不过，这个区分并非很重要。还有一个比这重要得多的区分，便是有的人相信神圣，有的人不相信，人由此而分出了高尚和卑鄙。

一个人可以不信神，但不可以不相信神圣。是否相信上帝、佛、真主或别的什么主宰宇宙的神秘力量，往往取决于个人所隶属的民族传统、文化背景和个人的特殊经历，甚至取决于个人的某种神秘体验，这是勉强不得的。一个没有这些宗教信仰的人，仍然可能是一个善良的人。然而，倘若不相信人世间有任何神圣价值，百无禁忌，为所欲为，这样的人就与禽兽无异了。

相信神圣的人有所敬畏。在他心目中，总有一些东西属于做人的根本，是亵渎不得的。他并不是害怕受到惩罚，而是不肯丧失基本的人格。不论他对人生怎样充满着欲求，他始终明白，一旦人格扫地，他在自己面前竟也失去了做人的自信和尊严，那么，一切欲求的满足都不能挽救他的人生的彻底失败。

与世界建立精神关系——这是一个很好的提法，它简洁地说明了信仰的实质。任何人活在世上，总是和世界建立了某种关系。但是，认真说来，人的物质活动、认知活动和社会活动仅是与周围环境的关系，而非与世界整体的关系。在每一个人身上，随着肉体以及作为肉体之一部分的大脑死亡，这类活动都将彻底终止。唯有人的信仰生活是指向世界整体的。所谓信仰生活，未必要皈依某一种宗教，或信奉某一位神灵。一个人不甘心被世俗生活的浪潮推着走，而总是想为自己的生命确定一个具有恒久价值的目标，他便是一个有信仰生活的人。因为当他这样做时，他实际上对世界整体有所关切，相信它具有一种超越的精神本质，并且努力与这种本质建立联系。

不但宗教，而且人类精神活动的一切领域，包括道德、艺术、科学，只要它们确实是一种精神性的活动，就都是以承认作为整体的精神生活的存在为前提的，并且是这个整体的某种体现。如果没有这个整体在背后支持，作为它们的源泉和根据，它们就会丧失其精神内容，沦为世俗利益的工具。在此意义上，一种广义的宗教精神乃是人类一切精神活动的基本背景。在精神生活的层次上，不存在学科的划分，真、善、美原是一体，一切努力都体现了同一种永恒的追求。

人类精神活动的一切领域，包括宗教、哲学、道德、艺术、科学，只要它们确实是一种精神性的活动，就都是以建立与世界整体的精神联系为其公开的或隐蔽的鹄的的，区别只在于方式的不同。其中，道德若仅仅服务于社会秩序，便只具有社会活动的品格，若是以追求至善为目的，则可视作较弱的宗教。科学若仅仅服务于技术进程，便只具有物质活动的品格，若是以认识世界为目的，则可视为较弱的哲学。于是，我们可以把精神活动归结为三种基本的方式。一是宗教，依靠信仰或灵悟来建立与世界整体的联系。二是哲学，试图通过理性的思考来建立这种联系。三是艺术，试图通过某种主观的情绪体验来建立这种联系。它们殊途而同归，体现了同一种永恒的追求。

诚然，在现实世界中，我们的精神目标的实现始终是极其有限的。但是，由于我们对作为整体的精神生活怀有信念，我们就有了更广阔的参照系。我们身处的世界并不是整个实在，而只是它的一个部分，因此，在衡量一种精神努力的价值时，主要的标准不是眼前的效果，而是与整个实在的关系。正是从这种广义的宗教精神出发，我们就不会觉得自己的任何精神努力是徒劳的了。

宗教的价值在于为超出世俗的精神追求提供一种容易普及的方式，但是，一普及就容易流于表面的形式，反而可能削弱乃至丧失了追求的精神内涵。所以，真正看重信仰的人绝不盲目相信某一种流行的宗教或别的什么思想，而是通过独立思考来寻求和确立自己的信仰。

凡真正的信仰，那核心的东西必是一种内在的觉醒，是灵魂对肉身生活的超越以及对普遍精神价值的追寻和领悟。信仰有不同的形态，也许冠以宗教之名，也许没有，宗教又有不同的流派，但是，都不能少了这个核心的东西，否则就不是真正的信仰。正因为如此，我们可以发现，一切伟大的信仰者，不论宗教上的归属如何，他们的灵魂是相通的，往往具有某些最基本的共同信念，因此而能成为全人类的精神导师。

信仰是对伟大精神价值的信奉和坚守，如果你心中有它，那就根本不需要远道去寻找，如果你心中没有它，那就去哪里都不可能找到。

有一次，甘地参加一百七十万人的朝圣，为此终夜不寐，反复想一个问题：这样的活动对于人们的灵魂究竟能有多大提高？他说他自己是把这个日子当作纪念日的，从来没有想到以朝圣为信仰之助。

我发现一切高僧大德在内心都是超越于仪式的。也许民众需要仪式，但甘地的问题是：真的需要吗？或者，在信仰的本来意义上真的有用吗？

经在路上，神在心中。——我认为这两句话准确地概括了信仰的实质。

我对一切组织化、集体化的慈善和信仰都心存戒备。救助弱者原是心地善良的人的一种自然倾向，当然，为了使救助更有效，善良的人们可以组织起来，以集体的名义举行慈善活动。但是，这个过程也应该是自然的，参与者的态度应该是谦虚的。我不相信那种充满道德优越感的积极分子真的心地善良，真正的善良一定是朴实的、温暖的，不会对他人造成压力。

信仰也是如此。真正有信仰的人对于自己的灵魂追求是认真的，对于他人的信仰选择则是宽容的。走进一个信仰团体，如果我看到的是统一的激情，使无此激情的人感到不自在，我就绝不会去第二次。

历来一切宗教皆有精英信仰与大众信仰之区别。前者必有理性的参与，力求用理性引导信仰，二者若发生冲突，理性会对信仰提出质疑，最后则可能对自身的局限性进行反思。后者则简单得多，始终满足于不思的状态。

佛教更是如此。佛教的核心是智慧，即对人生真理的思考和彻悟，一切修行方法和仪式都以此为终极目的，其作用是帮助你正确地思考，而非不要思考。今日社会精英信佛教者众多，但常是满足于修行和仪式之层面，缺失智慧的核心，在信仰问题上甘当大众。人们也许可以由此发问：在信仰问题上的这种不思，是否表明这些人在精神层面上的确是大众？

在信仰问题上，真正重要的是要有真诚的态度。所谓真诚，第一是认真，既不是无所谓，可有可无，也不是随大流，盲目相信；第二是诚实，绝不自欺欺人。有了这种真诚的态度，即使你没有找到一种明确的思想形态作为你的信仰，你也可以算作一个有信仰的人了。事实上，在一个普遍丧失甚至嘲侮信仰的时代，也许唯有在这些真诚的寻求者和迷惘者中才能找到真正有信仰的人呢。

判断一个人有没有信仰，标准不是看他是否信奉某一宗教或某一主义，唯一的标准是在精神追求上是否有真诚的态度。一个有这样的真诚态度的人，不论他是虔诚的基督徒、佛教徒，还是苏格拉底式的无神论者，或尼采式的虚无主义者，都可视为真正有信仰的人。他们的共同之处是，都相信人生中有超出世俗利益的精神目标，它比生命更重要，是人生中最重要的东西，值得为之活着和献身。他们的差异仅是外在的，他们都是精神上的圣徒，在寻找和守护同一个东西，那使人类高贵、伟大、神圣的东西，他们的寻找和守护便证明了这种东西的存在。

人是由两个途径走向上帝或某种宇宙精神的，一是要给自己的灵魂生活寻找一个根源，另一是要给宇宙的永恒存在寻找一种意义。这两个途径也就是康德所说的心中的道德律和头上的星空。

灵魂的渴求是最原初的信仰现象，一切宗教观念包括上帝观念都是由之派生的，是这个原初现象的词不达意的自我表达。

上帝或某种宇宙精神本质的存在，这在认识论上永远只是一个假设，而不是真理。仅仅因为这个假设对于人类的精神生活发生着真实的作用，我们才在价值论的意义上把它看作真理。

一切外在的信仰只是桥梁和诱饵，其价值就在于把人引向内心，过一种内在的精神生活。神并非居住在宇宙间的某个地方，对于我们来说，它的唯一可能的存在方式是我们在内心中感悟到它。一个人的信仰之真假，分界也在于有没有这种内在的精神生活。伟大的信徒是那些有着伟大的内心世界的人，相反，一个全心全意相信天国或者来世的人，如果他没有内心生活，你就不能说他有真实的信仰。

一切信仰的核心是对于内在生活的无比看重，把它看得比外在生活重要得多。这是一个可靠的标准，既把有信仰者和无信仰者区分了开来，又把具有不同信仰的真信仰者联结在了一起。

信仰的实质在于对精神价值本身的尊重。精神价值本身就是值得尊重的，无须为它找出别的理由来，这个道理对于一个有信仰的人来说是不言自明的。这甚至不是一个道理，而是他内心深处的一种感情，他真正感觉到的人之为人的尊严之所在，人类生存的崇高性之所在。信仰愈是纯粹，愈是尊重精神价值本身，必然就愈能摆脱一切民族的、教别的、宗派的狭隘眼光，呈现出博大的气象。在此意义上,信仰与文明是一致的。信仰问题上的任何狭隘性,其根源都在于利益的侵入,取代和扰乱了真正的精神追求。人类的信仰生活永远不可能统一于某一种宗教,而只能统一于对某些最基本价值的广泛尊重。

信仰（二）

真理、信仰、理想这几个词是否说的同一件事，譬如说，同一个精神目标，理性称它是真理，意志称它是信仰，情感称它是理想？

人的精神性自我有两种姿态。当它登高俯视尘世时，它看到限制的必然，产生达观的认识和超脱的心情，这是智慧。当它站在尘世仰望天空时，它因永恒的缺陷而向往完满，因肉身的限制而寻求超越，这便是信仰了。

任何一种信仰倘若不是以人的根本困境为出发点，它作为信仰的资格便是值得怀疑的。

与那些世界征服者相比，精神探索者们是一些更大的冒险家，因为他们想得到的是比世界更宝贵更持久的东西。

虽然我的出生纯属偶然，但是，既然我已出生，宇宙间某种精神本质便要以我为例来证明它的存在和伟大。否则，如果一切生存都因其偶然而没有价值，永恒的精神之火用什么来显示它的光明呢？

如果有一种教义宣称能够在人世间消灭一切困境，实现完美，我们就可以有把握地断定它不是真信仰，在最好的情形下也只是乌托邦。一切乌托邦的错误就在于企图篡改神的给定，其结果不是使人摆脱了限制而成为神，而一定是以神的名义施强制于人，把人的权利也剥夺了。

有真信仰的人仅限于说出真话，喜欢发誓的人往往并无真信仰。

发誓者竭力揣摩对方的心思，他发誓要做的不是自己真正想做的事情，而是他以为对方希望自己做的事情。如果他揣摩的是地上的人的心思，那是卑怯。如果他揣摩的是天上的神的心思，那就是亵渎了。

"不可试探你的上帝。"这是信仰的题中应有之义。信仰要求的是纯粹，只为所信仰的真理本身而不为别的什么。凡试探者，必定别有所图。仔细想想，试探何其普遍，真信仰何其稀少。做善事图现世善报，干坏事存侥幸之心，当然都是露骨的试探。教堂里的祈祷，佛庙里的许愿，如果以灵验为鹄的，也就都是在试探。至于期求灵魂升天或来世转运，则不过是把试探的周期延长到了死后。这个问题对于不信教的人同样存在。你有一种基本的生活信念，在现实的压力下或诱惑下，你发生了动摇，觉得违背一下未必有伤大节，——这正是你在试探你的上帝的时刻。

托尔斯泰说："少数人需要一个上帝，因为他们除了上帝什么都有了，多数人也需要一个上帝，因为他们除了上帝什么都没有。"少数人和多数人，指富人和穷人。此话的意思是：上帝对于富人是最后的奢侈品，对于穷人是唯一的安慰。这是对世俗信仰的讽刺。

有真信仰者既不属于少数人，也不属于多数人，是超越于富人和穷人的区分的。对于他们来说，如果没有上帝，有什么都是空的，如果有上帝，什么都没有也无妨。

唯有钟爱精神价值本身而不要求看见其实际效果的人，才能够走上信仰之路。在此意义上，不见而信正是信仰的前提。

在信仰崩溃的时代，民族主义往往会抬头。大神死了，人们便寻求小神祇的庇护。

虔诚是对待信仰的一种认真态度，而不是信仰本身。一个本无真信仰的人却做出虔诚的姿态，必是伪善的。

在任何信仰体制之下，多数人并非真有信仰，只是做出相信的样子罢了。于是过分认真的人就起而论究是非，阐释信仰之真谛，结果被视为异端。

正像在任何一种信仰体制下，真正有信仰的人仅属少数一样，在任何一个发生精神危机的时代和民族，真正感受和保持着危机张力的也只是少数人。而且，这往往是同一类灵魂，正因为在信仰问题上认真严肃，才真切感觉到失去信仰的悲哀。

有信仰者永远是少数。利益常常借信仰之名交战。

偶像倒塌之时，粉丝们一哄而散了。

信仰破碎之时,信徒们仍在废墟上守护真理。

在一个宗教内部,虔信者大多是一些情感强烈理性薄弱的人。理性强烈情感薄弱的人无意做信徒。介于两者之间的是情感和理性皆强的怀疑者,他们渴望信仰而不易得,精神上最痛苦,以及情感和理性皆弱的盲从者,他们实际上并无信仰,只是随大流罢了。

怀疑来自过分认真。无所用心的人从不怀疑,但也没有信仰。当然,这不妨碍他们以信仰的名义绞杀怀疑者。

弟子往往比宗师更偏执。宗师的偏执多半出于一种创造的激情,因而本质上包含着对新的创造的宽容和鼓励。弟子的偏执却是出于盲信或利益,本质上是敌视创造的。

一种信仰无非就是人生根本意义问题的一个现成答案。有两种人不需要信仰,一种是对此问题从不发问的人,另一种是决心自己去寻找答案的人。前者够不上信仰,后者超越了信仰。

当信徒是少年人的事,收信徒是老年人的事。前者还幼稚,后者已腐朽。

捐建一个寺庙,供养一个上师,诸如此类的行为,有三种可能性:觉悟者的奉献;富人的信仰游戏;商人的交易。更大的可能:三者的混合。

世上有虔信者,就必定有奇迹。奇迹在虔信者的心里。

奇迹是绝望者的希望。一个不相信奇迹的绝望者是一个真正的绝望者，他已经失去了一切希望；或者，是一个勇敢的绝望者，他敢于不要任何希望而活着。

现代状况

我们历来缺少形而上意义上的信仰，只有社会伦理和社会政治意义上的信仰，不是寻求人生与某种永恒神圣本体的沟通，而是把人生与一定的社会理想联系起来。社会层次上的信仰不但不涉及、而且还限制了对人生终极根据的探究，掩盖了形而上层次上的信仰的欠缺。因此，社会信仰一旦失去统摄力，形而上信仰的欠缺就暴露出来了。

意识形态弱化，价值多元，无统一信仰，这是现代的一个事实。我对这个事实持积极的评价，欢迎信仰上的去中心化、个体化。信仰本来就应该是个人的自由选择，求统一必然导致压迫和盲从。想用某一种学说例如儒学统一人们的思想，重建大一统的信仰，不但是行不通的，也是不应该的。

在转型时期的中国，我们最缺少、最需要的东西，一是信仰，二是法治。事实已经证明，没有精神文化转型和社会秩序转型的配套，经济转型绝不可能孤立地成功。然而，要真正解决信仰和法治的问题，实依赖于国民素质的普遍提高。一个有信仰的民族，必由精神素质优良的个体组成。一个法治健全的社会，必由具备公民觉悟的成员建立和维护。因此，归根到底，中国的前途将取决于国民整体素质的提高。

在一颗优美的心灵看来，整个现代商业化社会就像一个闹哄哄的大市场。人们匆忙地活动着，声嘶力竭地叫喊着，——为了赚钱和增殖财富。无头脑的匆忙，使人永是处在疲劳之中，独处时不复有静谧的沉思，人与人之间也不再有温馨的交往。他望着这些忙碌奔走却又麻木不仁的现代人，只觉得他们野蛮。

我们刚刚告别生活一切领域缩减为政治的时代，一个新的缩减漩涡又更加有力地罩住了我们。在这个漩涡中，爱情缩减为性，友谊缩减为交际和公共关系，读书和思考缩减为看电视，大自然缩减为豪华宾馆里的室内风景，对土地的依恋缩减为旅游业，真正的精神冒险缩减为假冒险的游乐设施。要之，一切精神价值都缩减成了实用价值，永恒的怀念和追求缩减成了当下的官能享受。当我看到孩子们不再玩沙和泥土，而是玩电子游戏机，不再知道白雪公主，而是津津乐道卡通片里的机器人的时候，我心中明白一个真正可怕的过程正在地球上悄悄进行。

对于过去许多世代的人来说，不但人在屋宇之中，而且屋宇也在人之中，它们是历史和记忆，血缘和信念。可是现在，人却迷失在了高楼的迷宫之中，不管我们为装修付出了多少金钱和力气，屋宇仍然是外在于我们的，我们仍然是居无定所的流浪者。

书信、日记、交谈——这些亲切的表达方式是更适合于灵魂需要的，现在也已成为稀有之物，而被公关之类的功利行动或上网之类的虚拟社交取代了。应该承认，现代人是孤独的。但是，由于灵魂的缺席，这种孤独就成了单纯的惩罚。

今天我们最缺的不是伟大的理论，而是普通的常识，不是高超的信仰，而是基本的良知。所以，在我看来，最紧要的事情不是制造理论和奢谈信仰，而是恢复常识和良知。

一个人倘若能够坚持常识和良知，只说自己心里真实的想法，不跟着别人胡说八道，也不口是心非，他就可以算是半个智者了。另外半个，则要看他有没有天分。

精神体系

哲学和宗教的区别在于,宗教在一个确定的信仰中找到了归宿,哲学则始终走在寻找信仰的途中。

有一天人突然发现自己是大地上的孤儿,于是就为自己生下了一个父亲——上帝。

宗教

宗教植根于人的天性和人生的基本处境，决非科学进步和社会改造能够使之消灭的。无论何人，只要执意在短暂的人生中求永恒，在人生的不完善中求完善，他便已经具有一种宗教倾向了。宗教乃理想主义之极致，理想主义者所相信的绝对精神价值不过是神的同义语罢了。

真正的宗教精神只关涉个人的灵魂，与世俗教派无关。一个人如果不是因为灵魂中发生危机而求自救，则无论他怎样具备救世的热情，宗教始终是外在于他的东西。

宗教精神的实质是对个人内在心灵生活的无比关注，看得比外在生活更重要。一个人是否具有这种广义的宗教精神，与他是否宗教徒或属于什么教派完全无关。

宗教把人生看作通往更高生活的准备，这个观念既可能贬低人生，使之丧失自身的价值，也可能提升人生，使之获得超越的意义。

在宗教看来，人生只是通往某种更高生活的准备。这个信念可以产生坏的结果，就是否定现实的人生，扼杀生命的乐趣。这个信念也可以产生好的结果，就是注重精神的修炼，超脱世俗的得失。从道理上说，不管怎样定义更高生活，它都理应是指引而不是毁灭较低的生活，因此，在一切宗教中，正是持温和立场者，而非持极端立场者，使宗教发生着助益人生的积极作用。

有一位哲学家说：人充其量只能谈论人，绝不能谈论神。现在我们知道，人谈论人的能力也极为有限，那么，试图谈论神就更属狂妄了。对于神，我们似乎只能听它，然后把听到的说出来。如果你是一个没有慧根的人，什么也没有听到，那就请免开尊口。

然而，谈论神其实是谈论人的一种方式罢了，并且是任何一个想要严肃地谈论人的论者不可或缺的一种方式。

事实证明，在现代社会中，凡企图把任何一种新福音强加给社会的教派，必然成为邪教。在可预见的未来，我看不到全人类皈依某种世界性宗教的任何迹象。不管幸运还是不幸，每个人独自担当拯救自己灵魂的责任，这将是许多代人的命运。热情的理想家所能做的至多是鼓励人们自救，而不是充当救主。

人的心智不可能是全能的，世上一定有人的心智不能达到的领域，我把那不可知的领域称作神秘。

人的欲望不可能是至高的，世上一定有人的欲望不该亵渎的价值，我把那不可亵渎的价值称作神圣。

然而，我不知道，是否有一个全能的心智主宰着神秘的领域，是否有一个至高的意志制定着神圣的价值。也就是说，我不知道是否存在着一个上帝。在我看来，这个问题本身属于神秘的领域，对此断然肯定或否定都是人的心智的僭越。

宗教的本质不在信神，而在面对神秘的谦卑和面对神圣的敬畏。根据前者，人只是分为有神论者和无神论者，根据后者，人才分为有信仰者和无信仰者。

人生要有绝对意义，就必须有神，因为神就是绝对的同义词。但是，必须有，就真有吗？人生的悲剧岂不正在于永远寻找、又永远找不到那必须有的东西？

我是一个迷路的找不到神的孩子，但我知道神在某个地方等着我。

上帝存在于人的局限性之中。
人在何处看到自己不可逾越的界限，就在何处安放一个上帝。

上帝是一个符号，象征人生不证自明的最高原则，而一切精神跋涉者的困惑便在于总是想去证明它。

有一天人突然发现自己是大地上的孤儿，于是就为自己生下了一个父亲——上帝。

我谈论上帝，常常是指一个至高的立足点，要站在这个立足点上看人生和世事。事实上，如果你站在宇宙大全——也就是神——的高度看世间的万物和自己的人生，如此养成习惯，也就是有了信仰。对于有这个习惯的人来说，神好像是附了体一样，神的确是存在的。

古希腊人凭本能相信神灵，中世纪人凭逻辑相信上帝。现代人用理性扼杀了本能，又用非理性摧毁了逻辑，于是只好跋涉在无神的荒原上。

偶像崇拜是一种矛盾情结，本身交织着对偶像的爱和惧，虔信的迷狂和亵渎的渴望。所以，一夜之间，狂热的崇拜就可以突变为同样狂热的破坏。

释道二教，其原初的出发点都是一种哲学的觉悟，要摆脱生死的纠缠。但是，一经传播，便离初衷愈来愈远。适意淡泊的老庄哲学变成了装神弄鬼的妖术，虚无悲观的佛陀哲学变成了积善图报的谋略。大乘宣称要普度众生，为此不惜方便说法，把佛理改造得适合众生的口味，其结果真不知是佛把众生渡出了苦海，还是众生把佛渡入了尘嚣。

教堂的原型是天国，庙的原型是地府。天国有音乐、烛光和不露形迹的上帝，地府有咒语、香火和面目狰狞的塑像。西方人向往灵魂的不朽，中国人渴求肉身的长存。

哲学（一）

哲学开始于惊疑——惊奇和疑惑。惊奇面对自然，由惊奇而求认知，追问世界的本质；疑惑面对人生，由疑惑而求觉悟，追问生命的意义。哲学之所思无非这两大类，分别指向我们头上的神秘和我们心中的神秘。

任何一个真正的哲学问题都不可能有所谓标准答案，可贵的是发问和探究的过程本身，哲学的价值就在于使我们对那些根本问题的思考始终处于活泼的状态。

哲学并不提供答案，它只是推动你去思考。在哲学中第一位的是问题，如果你没有问题，哲学对于你的确是没有用的。

哲学是想根本问题。一个人如果不想根本问题，哲学和他就没有任何关系。这样的人即使去看哲学书，看到的也不是哲学，而是知识和教条。

一个人需要哲学的程度，取决于他对精神生活看重的程度。当一个人的灵魂对于人生产生根本性的疑问时，他就会走向哲学。那些不关心精神生活、灵魂中没有问题的人，当然不需要哲学。

本真意义上的哲学不是一门学术，也不是一种职业，而是一个向一切探索人生真理的灵魂敞开的精神世界。不论你学问多少，缘何谋生，只要你思考人生，有所彻悟，你就已经在这个世界里漫游了。我自己也只想做这样一个游客，并且恰如其分地把自己的作品看作一种心灵游记。

哲学是对人类最高问题的透彻思考。对于何种问题堪称最高，哲学家们有很不同的看法。但是，不管看法如何不同，人类始终为某些重大的根本性问题困扰着，因此对之作透彻思考的哲学就始终存在着，并将永远存在下去。

哲学是对永恒之谜的永久探索，X 的无限次方，没有止境的为什么。

哲学是人类的乡愁，是对人类永恒故乡的怀念和追寻。在哲学家心中，这种乡愁格外浓郁，他们知道，地图上的国家和城邦旋生旋灭，都不是真正的祖国。于是，作为人类的使者，他们走上了探寻真正的祖国的旅途。对于他们来说，胸怀宇宙不是一个比喻，而是一个事实。他们决心探明世界的全貌和本质，在那里找到人类生存的真实意义和可靠基础。

两千年来哲学的一个迷误是，混淆了灵魂和头脑所寻求的东西。

我们平时所做之事、所过之生活只是一个局部，哲学就是要我们从这个局部中跳出来，看世界和人生的全局，由此获得一个广阔的坐标，用以衡量自己所做之事、所过之生活，用全局指导局部，明确怎样做事和生活才有意义。

哲学让人从当下的具体生活中跳出来，给人一个更高的视角。有没有这个更高的视角很重要，如果有，大苦难也会缩小，不能把你压垮，如果没有，小挫折也会放大，把你绊倒。你尽可以在人世间执着和追求，但是，有了哲学，你就有了退路。

哲学是分身术，把精神的自我从肉体的自我中分离出来，立足于精神的自我，与那个肉体的自我拉开距离，不被它所累。如果这个距离达到无限远，肉体的自我等于不复存在，便是宗教的境界了。

哲学和宗教都是终极关切，都要对世界的本质和生命的意义给出一个完整的说明。但是，它们寻求解答的手段却不同。在宗教看来，世界和人生的整体是一个神秘，人的理性是有限的，不可能将它弄明白，唯有靠神的启示来接近它。相反，哲学只信任理性，要求对问题做出理由充足的解答。在这一点上，哲学又和科学一样。

如此看来，哲学家有一个宗教的灵魂，却长着一颗科学的脑袋。灵魂是一个疯子，它问的问题漫无边际，神秘莫测。头脑是一个呆子，偏要一丝不苟、有根有据地来解答。疯子问，呆子答，其结果可想而知。

哲学和宗教的区别在于，宗教在一个确定的信仰中找到了归宿，哲学则始终走在寻找信仰的途中。

哲学一方面寻求信仰，另一方面又具有探索性质，它的这个特点也许能够使之成为处于困惑中的现代人的最合适的精神生活方式。

哲学使我们在没有确定信仰的情况下仍能过一种有信仰的生活。哲学完全不能保证我们找到一个确定的信仰，它以往的历史甚至业已昭示，它的矛盾的本性决定了它不可能提供这种信仰。然而，它的弱点同时也是它的长处，寻找信仰而又不在某一个确定的信仰上停下来，正是哲学优于宗教之所在。哲学使我们保持对某种最高精神价值的向往，我们不能确知这种价值是什么，我们甚至不能证实它是否确实存在，可是，由于我们为自己保留了这种可能性，我们的整个生存便会呈现不同的面貌。

哲学使我们在信仰问题上持一种宽容的态度。哲学所关注的是人类那些最基本的精神价值，而任何宗教信仰中真正有价值的部分也都是对这些基本价值的维护和坚守，教义之争或者发生于其他问题上，或者是由于违背了这些基本价值。哲学的思考有助于把人们的目光引导到基本精神价值上来，促使有不同宗教信仰的人求同存异，和平共处。

哲学在理性与终极关切之间保持着一种紧张关系，一方面使终极价值处在永远不确定和被追问的状态，防止信仰的盲目，另一方面使理性不自囿于经验的范围，力求越界去解决更高的任务而不能，防止理性的狭隘和自负。

现在人们大谈哲学的危机，但我相信，哲学必将带着它固有的矛盾向前发展，一代又一代的人必将不可遏止地去思考那些没有最终答案的根本问题，并从这徒劳的思考中获得教益。

哲学不是公共事业，而是属于私人灵魂的事情。
任何一种哲学的核心都是非政治的。绝对，终极，永恒，——

怎么能是政治的呢？

人们常说，哲学是时代精神的集中体现。其实，哲学与时代之间的关系决非这样简单。有时候，哲学恰好是非时代（永恒）、反时代（批判）的，它立足于永恒之根本，批判时代舍本求末的迷途倾向。

令人深思的是，希腊哲学家之受迫害，往往发生在民主派执政期间，通过投票做出判决，且罪名一律是不敬神。哲人之为哲人，就在于他们对形而上学问题有独立的思考，而他们思考的结果却要让从不思考这类问题的民众来表决，其命运就可想而知了。民主的原则是少数服从多数，哲学家却总是少数，确切地说，总是天地间独此一人，所需要的恰恰是不服从多数也无需多数来服从他的独立思考的权利，这是一种超越于民主和专制之政治范畴的精神自由。对于哲学家来说，不存在最好的制度，只存在最好的机遇，即一种权力对他的哲学活动不加干预，至于这权力是王权还是民权好像并不重要。

哲学关心的是世界和人生的根本道理，政治关心的是党派、阶级、民族、国家的利益，两者属于不同的层次。我们既不能用哲学思考来取代政治谋划，也不能用政治方式来解决哲学问题。柏拉图试图赋予哲学家以最高权力，借此为哲学的生长创造一个最佳环境，这只能是乌托邦。康德后来正确地指出：权力的享有不可避免地会腐蚀理性批判，哲学对于政治的最好期望不是享有权力，而是享有言论自由。

哲学家对于社会现实可有两种态度。一种是完全不关心，如黑格尔所说：哲学是一间隔离的圣所，它的祭司必须远离俗世，潜心真理。另一种是有所关心，然而是站在永恒的立场上来看时代，从坚守人类最基本的精神价值的角度来关心政治，如席勒所说：在精神的意义上，摆脱特定国家和时代的束缚，做一切时代的公民，是哲学家的特权和责任。

哲学对政治的影响是缓慢的，但一旦发生影响，就是根本性的。

以哲学为生活方式的人有以下主要特点：一、力求从整体上把握世界和人生；二、除了理性的权威，不承认任何权威；三、关注思想本身而非其实用性，能够从思想本身获得最大的快乐；四、与社会现实保持一定的距离；五、为了精神的自由而安于简朴的物质生活。

一个伟大的哲学家是一个伟大的提问者，他的问题——
一、是对世界和人生的根本性追问，既属于人类，是人类永恒的问题，又完全属于他自己，是他灵魂中的问题。
二、也是他的时代的精神生活中的重大问题，因而他的提问会对时代发生巨大影响。
三、他的提问和寻求答案的方式改变了哲学史上的旧思路，启示了新思路，使他在哲学史上具有重要地位。

一个好的哲学家并不向人提供人生问题的现成答案，这种答案是没有的，毋宁说他是一个伟大的提问者，他自己受着某些根本性问题的苦苦折磨，全身心投入其中，不倦地寻找着答案，也启发我们去思考和探索他的问题。他也许没有找到答案，也许找到了，但这并不重要，因为他的答案只属于他自己，而他的问题却属于我们大家，属于时代、民族乃至全人类。

大体而论，哲学有四种不同的存在形式。一是作为形而上学的沉思和伟大思想体系的创造，它属于哲学史上的天才。二是作为学术，它属于学者。三是作为思潮或意识形态，它属于大众。四是作为人生思考，它属于每一个不愿虚度人生的人。前两种属于少数人，不过学者与天才之间有着天壤之别。同样，后两种属于多数人，而一个普通人是作为大众还是作为个人走向哲学，情况也迥然不同。在我看来，一个人不是作为大众追随一种思潮，而是作为独立的个人思考人生，这是更符合哲学之本义的状态。

人们常说哲学是方法论，遇到什么具体问题，就说用哲学的方法分析一下。哲学中根本不存在这种可以用来解决一切具体问题的万能方法。哲学是让你想大问题，大问题想明白了，你面对具体问题就有了开阔的视野和从容的心态。它给你的是智慧和境界，舍此而求所谓方法，就是舍本求末，而这恰恰是违背哲学的本性的。

人生中有种种不如意处，其中有一些是可改变的，有一些是不可改变的。对于那些不可改变的缺陷，哲学提供了一种视角，帮助我们坦然面对和接受。在此意义上，可以说哲学是一种慰藉。但是，哲学不只是慰藉，更是智慧。二者的区别也许在于，慰藉类似于心理治疗，重在调整我们的心态，智慧调整的却是我们看世界和人生的总体眼光。因此，如果把哲学的作用归结为慰藉，就有可能缩小甚至歪曲哲学的内涵。

哲学（二）

理性强的人研究自然，追求真，做科学家。意志强的人研究社会，追求善，做政治家。情感强的人研究人，追求美，做艺术家。

哲学家无非也分成这三类，何尝有纯粹的哲学家？

对哲学的相反理解：一种人把哲学看作广义逻辑学，其对象是思维；另一种人把哲学看作广义美学，其对象是心灵的体验。不断有人试图把这两种理解揉在一起，但结果总是不成功。

被本体论问题纠缠的人是疯子，被方法论问题纠缠的人是呆子，哲学家无非是这两种人。

有两类哲学家，一类努力于使复杂的事物变得简单，另一类努力于使简单的事物变得复杂。

哲学上的独创性，其根源在于一个哲学家的独特的内在体验，在于这种体验的力度和深度。如果没有，脑袋再聪明，工作再勤奋，也不过是搜罗更多别人的意见，对之做一番整理和转述罢了。

正常人只关注有法可想的事情,哲学家总是关注无法可想的事情,二者的区别即在于此。

个人思维犹如人类思维一样,走着从混沌(感性)到分化(知性)到整合(理性)的路。但是,并非所有的人都能走到底的。有的人终生停留在第一阶段,其低能者成为可笑的老孩子,才高者成为艺术家。多数人在第二阶段止步,视其才能的高低而成为一知半解者或科学家。达到第三阶段的是哲学家。

赫拉克利特说:"博学并不能使人智慧""我寻找过我自己""最美丽的猴子与人类比起来也是丑陋的"。早年我读到这些格言,便按照自己的理解把它们串在一起,铸成了我对哲学的基本看法:哲学就是教人智慧,智慧就在于寻找自己,而那些博学却从不寻找自己的人则仅是一些冒充智慧的猴子。

诗借瞬时把握永恒。哲学想直接把握永恒,但做不到,最后只好向诗求援。

春天是诗人的季节,秋天是哲学家的季节。

哲学家生活在永恒中,诗人生活在瞬时中.他们都不会老。

一般人追求可望也可即的东西,诗人追求可望不可即的东西,哲学家追求不可望也不可即的东西。

哲学和诗都孕育于神话的怀抱。神话是永恒的化身,她死了,留下了一双儿女。直到今天,哲学一醒来就谈论死去的母亲,诗一睡着就梦见死去的母亲。

哲学是男性的,诗是女性的,二者不可分离。没有诗,哲学就只会结结巴巴发空论,成为蹩脚的清谈家。没有哲学,诗就只会絮絮叨叨拉家常,成为浅薄的碎嘴婆。

艺术与性,哲学与死,均有不解之缘。艺术用审美净化性的烦恼,哲学用智慧净化死的恐惧。但是,性的癫狂一方面给人以个体解体即死的体验,另一方面又是种族生命延续即抗拒死的唯一手段。所以,性兼是死和死的拯救。那么,艺术是否也兼是哲学和哲学的拯救呢?

我从托尔斯泰、陀思妥耶夫斯基、歌德、卡夫卡的作品中学到的哲学,绝不比从专门的哲学书中学到的少。

在哲学民族古希腊人那里,哪里有什么哲学界,只有一个个独立的哲学巨人和他们的弟子。

哲学无国别。

历史是时代的坐标,哲学是人生的坐标。

一个人倘若不能从沉思中汲取大部分的快乐,他算什么哲学家呢?

搞文学艺术的,才能差一些,搞出的东西多少还有娱乐的价值。可是,哲学本身不具备娱乐的价值,搞得差就真是一无价值了。在一定的意义上可以说，大众需要差的文学艺术，那是一种文化消费，但没有人需要差的哲学，因为哲学无论好坏都成不了消费品。一个人要么不需要哲学，一旦他感到需要，就必定是需要好的哲学。

有艺术家，也有哲学家。有艺匠，却没有哲学匠。演奏、绘画如果够不上是艺术，至少还是手艺，哲学如果够不上是哲学，就什么也不是了。才能平庸的人靠演奏、绘画糊口，还不失为自食其力，靠哲学谋生却完全是一种寄生。

哲学是一个产妇，从她腹中孕育出了一门门具体科学。哲学的每一次分娩都好像要宣告自己的末日，但哲学是永存的，这位多产的母亲一次次把自己的子女打发走，仿佛只是为了不受他们的搅扰，可以在宁静的独处中悠然思念自己的永恒情人——智慧。

新的哲学理论层出不穷。在我看来，其中只有很少的哲学，多半是学术。随着文明的进化，学术愈来愈复杂了，而哲学永远是单纯的。

在今天，哲学仿佛破落了，正在给政治、科学、文学打工。

哲学既是今天这个时代的弃妇，又是许多人的梦中情人。

我不相信一种在任何事情上都可以插上一嘴的东西是哲学。

无论东方还是西方，最古老的哲学作品都是格言体或诗歌体的。从什么时候起，哲学板起了论文的刻板面孔？

古希腊有隐逸哲人，有逍遥学派、花园学派，哲学家们在户外、在大自然中思考宇宙和人生。我猜想，哲学完全学院化、体系化是中世纪神学兴起以后的事情，随着哲学所追问的那个绝对化身为上帝被关进教堂的四壁，哲学家们也就作为上帝的仆人被关进了学院的四壁，专事构造体系以论证上帝的权威。上帝死了，但仆人积习难改，总要论证点什么。

要真正领悟哲学是什么，最好的办法就是读大哲学家的原著，看他们在想什么问题和怎样想这些问题。你一旦读了进去，就再也不想去碰那些粗浅的启蒙读物了。

哲学本质上只能自学，哲学家必定是自学成才的。如果说有老师，也仅是历史上的大哲人，他直接师事他们，没有任何中间环节。

我工作了一整天。我的工作是研究哲学，也就是说，对别人的思想进行搜集、整理、分析、评论，写出合乎规范的论文。现在我累了，我决定把夜晚留给自己，轻松地休息一下。于是，我翻开了蒙田的随笔，读上几页，或者翻开我的小本子，写下自己的随感。这当然不算研究哲学，可是我觉得自己比白天研究哲学时更是个哲学家了。

一个小女孩坐在洒满阳光的台阶上，眯缝着眼睛，一个朦胧的疑问在她的小脑瓜里盘旋：我怎么会到这世界上来的？

我悄悄走过她的身旁，回到屋里，把所有的哲学书籍都藏了起来。

思想

一个聪明人说:"不把真理说得太过分,就可以把它说得久一些。"

但也可能相反:没有人注意这位有分寸的导师。世人往往不理睬平和的真理,对极端的真理则大表震惊和愤慨,然后就悄悄打折扣地接受。一切被人们普遍接受并长久流传的真理,在其倡导者那里几乎都是极端的,说得太过分的,只是后来才变得平和持中。

新思想的倡导者在某种程度上都是偏执狂,他对自己的发现有一种狂热,每每把它绝对化。一种新思想无非是看事物的一个新角度,仅仅是一个角度,但倡导者把它看作唯一的角度,把它变成轴心了。就让他这样做好了,否则很难引起世人的注意。只有这样做,才可能使人们摆脱习惯的角度,接受新的角度。在人类文化发展过程中,他的偏执并无大害,迟早会被克服,而他发现的新角度却永远保留下来了,使得人类看事物的角度日益多样、灵活、自由。于是,偏执辩证地导致了灵活。

"你也来创造一种新思想。"

"新思想?天底下哪有什么新思想?人类的历史实在太漫长

了,凡是凭人类的脑袋想得出来的思想,在历史上都已经提出过了。人们是很迟钝、很粗心的,面对五花八门的世界,什么印象也形不成。于是有人出来把世界的某一因素加以夸大,说成是世界的轴心,大事宣扬一番。人们这才有了印象,并且承认这样做的人创造了新思想,是思想家。这派夸大了这个因素,那派夸大了那个因素,待到所有的因素都被夸大过了,又有人出来兼收并蓄,加以综合,于是又算提出了新思想,又成一派。以后呢,人类是很健忘的,它换个儿崇拜各种思想然后换个儿把它们忘掉,于是有人把人类早已遗忘的某种思想用新的术语装饰一番,重新搬出来,又算是创造了新思想。这就是人类的一部思想发明史,一部文化史。"

一个思想家一旦形成他一生中的主导思想,他便成熟了,此后他只是在论证、阐释、应用、发挥、丰富他的这个主导思想。很少有人根本改变自己的主导思想,而且其结果往往是不幸的——多半不是确立了一个新的主导思想,而只是转入了别人的思想轨道,丧失了自己的活力和特色。唯有旷世大才能够经历主导思想的根本转折而又不丧失活力和特色。

每一个伟大的精神创造者,不论从事的是哲学、文学还是艺术,都有两个显著特点。一是具有内在的一贯性,其所有作品是一个整体。在一定意义上可以说,每一个伟大的哲学家一辈子只在思考一个问题,每一个伟大的艺术家一辈子只在创作一部作品。另一是具有挑战性,不但向外界挑战,而且向自己挑战,不断地突破和超越自己,不断地在自己的问题方向上寻找新的解决。

人类思维每每开出相似的花朵,相隔数千年的哲人往往独立地发现同一真理。这与其说是因为人类心理结构的一致,不如说是因为人类境遇的一致。不管社会如何变化,人类的总体境遇是基本不变的。

世界的真理一直在我的心中寻找能够把它说出来的语言,我常常觉得快要说出来了,但是一旦说了出来,却发现仍然不是。

读许多前人的书的时候,我发现在他们身上曾经发生过同样的情况。

那么,世界的真理始终是处在快要说出来却永远没有说出来的边缘上了,而这就证明它确实是存在的。

第一种人有常识,没有思想,但也没有思想的反面——教条。他们是健康的,像动物一样健康。

第二种人有常识,也有教条,各有各的用处。工作用教条,生活靠常识。他们是半健康的。

第三种人完全缺乏常识,全然受思想的支配,或者全然受教条的支配。从常人的眼光看来,他们是病人,前者是疯子,后者是呆子。

新的思想凭借误解前人的思想而形成,凭借同时代人对它的误解而传播。

当一个大师解释另一个大师时,难免发生曲解,因为他自己的思想太强大了,犹如强磁场,使一切进入这磁场的事物都发生了扭曲。

思想停止了,才有思想。一切思想都是回忆。

思想是一份一经出版就被毁掉的原稿,学问便是各种充满不同印刷错误的版本,每一种都力图证明自己最符合原稿。

感情的极端是痴,思想的极端是疯。

有时思想孕育于沉默,而靠谈话催产。有时思想孕育于谈话,而靠沉默催产。

感觉与感觉之间没有路,只能跳跃。思想与思想之间有漫长的路,必须跋涉。前者靠灵巧,后者靠耐力。

真理是人人知道而只有一个人敢说出来的东西。
不过,也可能相反:真理是人人都不知道而只有一个人知道却不肯说出来的东西。

真理在天外盘旋了无数个世纪,而这些渴求者摊开的手掌始终空着。

谎言重复十遍就成了真理,——当然是对那些粗糙的耳朵来说。
还有另一种情形:真理重复十遍就成了谎言,——对于那些精致的耳朵来说。一个真理在人云亦云的过程中被抹去了个性,从而丧失了原初的真实性。精致的耳朵是宁愿听到有个性的谎言,而不愿听到无个性的真理的。不妨说,有个性的谎言比无个性的真理更为真实。

不存在事实,只存在对事实的解释。当一种解释被经验所证明时，我们便称它为真理。由于经验总是有限的，所以真理总是相对的。

有一类解释是针对整个世界及其本质的，这类解释永远不能被经验证明或否定，我们把这类解释称作信仰。

那个用头脑思考的人是智者，那个用心灵思考的人是诗人，那个用行动思考的人是圣徒。倘若一个人同时用头脑、心灵、行动思考，他很可能是一位先知。

一个人用一生一世的时间见证和践行了某个基本真理，当他在无人处向一切人说出它时，他的口气就会像基督。

文化

一个民族在文化上能否有伟大的建树,归根到底取决于心智生活的总体水平。拥有心智生活的人越多,从其中产生出世界历史性的文化伟人的机会就越大。

过去的时代出伟人,今天的时代出偶像。伟人功垂千秋,偶像昙花一现。这是媒体时代的悲哀。

知识分子

在中国的知识分子中，精英或想当精英的人太多，而智者太少了。我所说的智者是指那样一种知识分子，他们与时代潮流保持着一定的距离，并不看重事功，而是始终不渝地思考着人类精神生活的基本问题，关注着人类精神生活的基本走向。他们在寂寞中守护圣杯，使之不被汹涌的世俗潮流淹没。我相信，这样的人的存在本身就会对社会进程发生有益的制衡作用。智者是不会有失落感的。领袖无民众不成其领袖，导师无弟子不成其导师，可是，对于智者来说，只要他守护着人类最基本的精神价值，即使天下无一人听他，他仍然是一个智者。

学者的社会使命不是关注当下的政治事务，而是在理论上阐明并且捍卫那些决定社会基本走向的恒久的一般原则。正如哈耶克所说，当一个学者这样做时，就意味着他已经采取了某种明确的政治立场。我不反对一个学者在他自己认为必要时对当下某个政治问题表态，可是，如果他始终只做这种事，不再做系统扎实的理论研究，那么，你可以说他是一个政论家、时评家、记者、斗士等等，但无论如何不能说他是一个学者了。如果我们的学者都去这样做，中国的政治生活也许会显得比较热闹，但理论的贫乏必定使这种热闹流于表面和无效。学术的独立并不表现为学者们频频发表政治见解，独立的前提是要有真学术，即建立起一个坚实的学术传统。正如自由主义传统对于西方政治的影响所表明的，一个坚实的学术传统对于政治现实的影响是长远的、根本的，基本上也是不可逆转的。

中国知识分子始终在出处之间徘徊，身在书斋，心系庙堂。想当年，多少书生慷慨投身政治风云，到头来又乖乖地回到书斋，专心地做学问或潇洒地玩学问了。我们恐怕连这点安慰也没有，商潮滚滚而来，一旦失意，冷板凳也有坐不下去之势。什么时候我们才真正具备现代民主社会公民的从容，无需愤激于政局又消沉于书斋，政治不再是关注的中心，学术也不再是一种逃避，从政和治学都成为具有独立人格的公民的自由选择呢？

曾经有一个时代，那时的作家、学者中出现了一批各具特色的人物，他们每个人都经历了某种独特的精神历程，因而都是一个独立的世界。在他们的一生中，对世界、人生、社会的观点也许会发生重大的变化，不论这些变化的促因是什么，都同时是他们灵魂深处的变化。我们尽可以对这些变化评头论足，但我们不得不承认，由这些变化组成的他们的精神历程在我们眼前无不呈现为一种独特的精神景观，闪耀着个性的光华。可是，今日的精英们却只是在无休止地咀嚼从前的精英留下的东西，名之曰文化讨论，并且人人都以能够在这讨论中插上几句话而自豪。他们也在不断改变着观点，例如昨天鼓吹革命，今天讴歌保守，昨天崇洋，今天尊儒，但是这些变化与他们的灵魂无关，我们从中看不到精神历程，只能看到时尚的投影。他们或随波逐流，或标新立异，而标新立异也无非是随波逐流的夸张形式罢了。把他们先后鼓吹过的观点搜集到一起，我们只能得到一堆意见的碎片，用它们是怎么也拼凑不出一个完整的个性的。

按照一种古典的人文信念，治学的目的不在获取若干专门知识，而在自身的精神完善，好的学者不只是某个领域的专家，甚至也不只是文史哲的通才，而更是具备人生识见的智者。这种信念是东西方古典人文传统所共有的，而在功利日重和分工日细的现代却式微了。但是，某些基本的真理只会遭到忽视，不会过时。我相信，不论学术如何进展，孔子所云"古之学者为己"永远是治学的正道。背离这个正道，治学和做人脱节，仅仅寄居在学术的一枝一节上讨生活，或追逐着时髦的一流一派抢风头，是决计成不了大气候的。

自从商业化浪潮席卷中国大陆以来，关于人文精神失落的悲叹不绝于耳。对于此类谈论，我始终感到隔膜。我相信，一个够格的文化人，或者说知识分子，不论他是学者还是作家艺术家，他必定是出于自身生命的根本需要而从事精神文化创造的。在精神文化领域内，他不会没有困惑，毋宁说正因为在人类精神生活和生存意义问题上他比常人有更深刻的困惑，所以才在此领域内比常人有更执着的探索。然而，也正因为此，在是否要关注精神价值和从事精神创造这一点上，他绝不会因为世态的变迁而发生动摇。如果一个人知道自己的志业所在并且一如既往地从事着这一志业，如果他在此过程中感觉到了自己的生命意义与历史责任的某种统一，那么，应该说他在精神上是充实自足的。信念犹在，志业犹在，安身立命之本犹在，何尝失落？他的探索和创造原本是出于他的性情之必然，而不是为了获取虚名浮利，种瓜得瓜，何失落之有？

从二十世纪初开始，中国的学人一直在反省中国的国民素质和文化传统，找出了种种有待改进的缺点。有一个缺点似乎被忽视了，而忽视本身更证明了这个缺点的存在。中国人包括中国的学人历来看重事功，即使关心道德修养也有强烈的实用目的，而缺少对个人灵魂生活的关注。在我看来，一个人有无真正的灵魂生活，亦即是否具有对于自己生命意义的严肃态度，乃是他在世上的一切责任心包括社会责任心的至深根源。

好的知识分子文化与好的大众文化之间的距离，远远小于好的知识分子文化与坏的知识分子文化之间的距离。

知识分子的责任是要让这个世界变得更美好，让这个社会变得更美好，而他的基本方式是让人变得更美好，他改变的是人的思想和心灵。无论公开发声，还是用著作和作品说话，他要做的都是这件事。质言之，知识分子的职责是守护人类的基本精神价值，努力使社会朝健康的方向发展。

东西方文化

传统和现代化是一个多么陈旧的热门话题,一切可能的主张都提出过了,出路依然迷茫。中西文化的文章做了又做,五花八门而又千篇一律。这种两难抉择本身似乎也成了我们无法摆脱的传统,纠缠着一代又一代知识分子的头脑和步伐。什么时候我们才真正具备现代文明世界一员的自信,强壮得既不怕自己的传统,也不怕外来的文化,对两者都泰然处之呢?

百年中国的主题是富强。为求富强,人们到西方寻找真理。在这个出发点中蕴涵着中国文化的一个悠久传统,便是把真理仅仅当作了工具,对于任何精神事物唯求其功用而忽视其本身的价值。这一思路在整体上未脱中体西用的大框架。因此,百年来,无论怎样引进西学和检讨传统,国人对于作为西学核心的精神之神圣价值和学术之独立品格的观念依然陌生,中国文化的实用传统依然根深蒂固。在我看来,如果在这方面不能醒悟,中国人的精神素质便永远不会有根本的改观,中国也就永远出不了世界级的文化巨人。

东西文化之优劣成了一个持久的热门话题,我始终不觉得这个问题有多么复杂。在我看来,一切民族的文化传统中都有优秀的成分，它们同属于全人类的文化遗产。无论东西方，自古以来都有圣哲及后继者思考着人类某些具有永久性的根本问题，他们的思想对于一切民族一切时代的人都会有启示意义。西方不但有科学传统，同样也有人文传统，而首先对现代文明进行反思的恰恰是西方人自己，这些先觉者在反省中注意到了东方传统的长处，正表明了他们的立足点不是狭隘的民族性，而是人类性。我们的论者不去注意他们的这种立场，却挑出他们赞扬东方文化的片言只语沾沾自喜，则恰好暴露了自己的狭隘性。

东方和西方的关系问题是一个说不完的老话题了。我的直觉是，在这个问题上的一切极端之论都是可疑的。需要的是一种平常心，一种不假思索就喜欢和接纳一切好东西的健康本能。在此前提下，才能用一种开阔的人类眼光来看待东西方文化之异同。我在这里发现了一个常识与智慧、矫情与狭隘心理相结合的具体例证。

一切关于东西方文化之优劣的谈论都是非文化、伪文化性质的。民族文化与其说是一个文化概念，不如说是一个政治概念。在我眼里，只存在一个统一的世界文化宝库，凡是进入这个宝库的文化财富在本质上是没有国籍的。无论东方还是西方，文化中最有价值的东西必定是共通的，是属于全人类的。那些仅仅属于东方或者仅仅属于西方的东西，哪怕是好东西，至多也只有次要的价值。

东方文化——好东西。西方文化——好东西。东西方文化——不是东西。
我的意思是说，文化不分东西，只要合乎人性，表达人性，就都是全人类共同的财富。

我的意思是说,那些热衷于评说东西方文化之优劣的谈论,所谈论的是一个伪话题。

我也谈论东西方文化,但目的只有一个,就是揭穿这个伪话题,给那些热衷的谈论者泼一盆冷水。

说句老实话,我已听厌了不断老调重弹的中西文化讨论,既不相信全盘西化,也不相信儒学复兴,并且也不相信可以人为地造就一种东西合璧普遍适用的新文化新人生观。当务之急不是制订救世的方案,而是启迪自救的觉悟,不是建立统一的价值体系,而是鼓励多元精神价值的真诚追求。如果有更多的人注重精神生活,热爱全人类文化遗产,认真思考人生问题,那么,不管思考的结果怎样纷异,都是中国文化乃至中华民族前途的福音。我们已经有了许多热衷于文化讨论的学者,缺少的是真诚的儒者、释者、基督徒、人文主义者等等,一句话,真诚的理想主义者。

智慧无国籍。无论东西方,都有过一些彻悟人生底蕴的智者,他们的思想是全人类的共同财富。在这方面,谈不上东西方优劣的比较。为了疗治现代文明的弊病而求诸东方文化,乃断章取义之论。正确的提法是,全人类共同继承各民族历史上的优秀文化遗产。

人类基本的真理始终是相同的,变化的只是对它们的表达以及那些次要的真理。

我确信人性和人生基本境况是不变的,人类不分古今东西都面临着某些永恒的根本问题,对这些问题的思考构成了一切精神文化的核心。当然,对于每个人来说,如何融会贯通却是要他独立完成的事情,并且必定显出文化背景和价值取向的差别。

有一些东西，比如自由、民主、人权，业已成为普世价值，不管你怎样朝它们叫嚷，都无济于事了。

常常听人叹息：中国为什么出不了大思想家？什么时候我们才有自己的世界级大思想家？我答道：难道这很重要吗？凡是大思想家，例如康德、海德格尔等，既然是世界级的，就是属于全世界的，也是属于你的。思想无国别。按照国别选择思想家的人，真正看重的不是思想，而是民族的虚荣。

人们常常叹息，中国为何产生不了大哲学家、大诗人、大作曲家、大科学家等等。据我看，原因很可能在于我们的文化传统的实用品格，对纯粹的精神性事业不重视、不支持。一切伟大的精神创造的前提是把精神价值本身看得至高无上，在我们的氛围中，这样的创造者不易产生，即使产生了也是孤单的，很容易夭折。中国要真正成为有世界影响的文化大国，就必须改变文化的实用品格。一个民族拥有一批以纯粹精神创造为乐的人，并且以拥有这样一批人为荣，在这样的民族中最有希望产生出世界级的文化伟人。

一个民族在文化上能否有伟大的建树，归根到底取决于心智生活的总体水平。拥有心智生活的人越多，从其中产生出世界历史性的文化伟人的机会就越大。

作为英国人，毛姆生下来便是基督徒，而基督徒是把天主教视为异教的。有一天，他忽然想到，他完全可能生在德国南方，成为一个天主教徒，那样他就要因为并非自己的过错而作为异教徒受惩罚了。这未免太荒谬。这样一想，他从此不信教了。

我认为，在这个最简单的思路中，包含了国际主义的最深刻的理由。

看任何事物，必须跳出这个事物，站在比较高的位置上，有广阔的视野，才看得清它的全貌。看民族文化也是如此。站在本民族的立场上看本民族文化，必定分不清精华和糟粕。只有站在世界和人性的立场上，才能看清本民族文化中哪些是具有普世价值的精华，哪些是违背人性的糟粕。

在中国历史上，孔子或者被神化，成为祭拜的偶像，或者被妖魔化，成为打倒的对象，其实都是充当了统治或革命的道具。要正确理解孔子的价值，唯有把他还原成一个人，一个像苏格拉底那样的哲人。从未听说西方人祭苏格拉底，若问西方人是怎样继承苏格拉底的精神遗产的，请看从柏拉图到今天的大师迭出的西方哲学史。

我丝毫不低估孔子的世界性意义，但这种意义肯定不在于向全世界推广儒家文化，就像苏格拉底的意义不在于向全世界推广希腊文化一样。凡是具有世界性意义的精神伟人，其思想必定深入地触及了人类共同的基本问题，孔子也是如此。人类历史上有四位世界性的精神伟人，即苏格拉底、佛陀、孔子、耶稣，按照雅斯贝尔斯的说法，其思想的共同内涵是"对人类基本境况的体验以及对人类使命的阐明"。孔子思想中这种超越于时代和民族的内涵集中体现在他的教育思想中，即一种注重个人内在道德追求和人格修养的为学处世态度。

儒家思想中，我最赞赏的是对个人道德修养和操守的重视，把自我完善看作人生最高目标。做一个好人，这本身就是价值，就是目的，至于别人是否知道，会不会表扬你，在社会上能否得到好报，都不重要。道家思想中，我最赞赏的是对个人精神自由的重视，把自我实现看作人生最高目标。人活在世上，要超脱功利和习俗，活出自己的真性情。在现在这个急功近利的社会里，这二者尤其可贵。

在中国文人身上，从来有励志和闲情两面。励志，就是经世济用，追求功名，为儒家所推崇。闲情，就是逍遥自在，超脱功名，为道家所提倡。对闲情不可等闲视之，它是中国特色的人性的解放，性灵的表达，在中国文化传统和中国文人生活中所占的分量很重很重。只有励志，没有闲情，中国文人真不知会成为怎样的俗物。

儒家未知生焉知死，道家齐生死，都不肯正视死。儒家入世，道家出世，都躲开了世界的可怕边缘。

在西方精神史上，斯多葛派建立了两个重要传统，一是在上帝面前人人平等，二是关注个人内在生活。
中国是否缺少了一个斯多葛派？

中国文化传统最缺少两个东西：形而上学与个人主义。对于我们来说，皇帝和祖宗就是上帝，个人微不足道。
在西方，一头是上帝，一头是个人，社会在中间，其功能是为两头服务。中国文化却是为了中间牺牲两头，上帝、个人都可以不要，唯求社会稳定。

文化

文化有两个必备的要素，一是传统，二是思考。做一个有文化的人，就是置身于人类精神传统之中进行思考。

文化是生命的花朵。离开生命本原，文化不过是人造花束，中西文化之争不过是绢花与塑料花之争。

文明之对于不同的人，往往进入其不同的心理层次。进入意识层次，只是学问；进入无意识层次，才是教养。

时尚和文明是两回事。一个受时尚支配的人仅仅生活在事物的表面，貌似前卫，本质上却是一个蒙昧人，唯有扎根在人类精神传统土壤中的人才是真正的文明人。

知识和心灵是两回事，一个勤奋做学问的人同时也可能是一个心灵很贫乏的人。若想知道一个人的精神级别，不要看他研究什么，而要看他喜欢什么。一个人在精神素质上的缺陷往往会通过他的趣味暴露出来。趣味是最难掩饰的，因为它已经扎根在无意识之中，总是在不经意中流露。

趣味无争论，这无非是说，在不同的趣味之间没有对错之分。但是，在不同的趣味之间肯定有高低之分。趣味又名鉴赏力，一个人的鉴赏力大致表明了他的精神级别。趣味的形成有种种因素，包括知识、教养、阅历、思考、体验等等，这一切在趣味中都简化成了一种本能。在文学和艺术的欣赏中，良好趣味的形成也许是最重要的事情，它使一个人本能地趋向好东西，唾弃坏东西。对于创作者来说，良好的趣味未必能使他创作出好东西，因为这还需要天赋和技巧，但能够使他不去制作那些他自己也会厌恶的坏东西。

我相信，只要人类精神存在一天，文化就绝不会灭亡。不过，我无法否认，对于文化来说，一个娱乐至上的环境是最坏的环境，其恶劣甚于专制的环境。在这样的环境中，任何严肃的精神活动都不被严肃地看待，人们不能容忍不是娱乐的文化，非把严肃化为娱乐不可，如果做不到，就干脆把戏侮严肃当作一种娱乐。

无论"文化热"，还是"文化低谷"，都与真正爱文化者无关，因为他所爱的文化是既不会成为一种时髦，也不会随市场行情低落的。

世上从来不缺少热闹，因为一旦缺少，便必定会有不甘心的人去把它制造出来。不过，大约只是到了今日的商业时代，文化似乎才必须成为一种热闹，不热闹就不成其为文化。譬如说，从前，一个人不爱读书就老老实实不读，如果爱读，必是自己来选择要读的书籍，在选择中贯彻了他的个性乃至怪癖。现在，媒体担起了指导公众读书的职责，畅销书推出一轮又一轮，书目不断在变，不变的是全国热心读者同一时期仿佛全在读相同的书。

过去的时代出伟人，今天的时代出偶像。伟人功垂千秋，偶像昙花一现。这是媒体时代的悲哀。

先秦是中国文化的黄金时代,古希腊是欧洲文化的黄金时代,皆大师辈出,诞生了光照两千多年的精神宝库。可是,若要比 GDP,那个时候哪里比得过今天!由此可知,在物质文明和精神文明之间,在财富和文化之间,完全不存在正比例关系。我甚至敢断言,在某种意义上倒是存在反比例关系,因为一个时代倘若把财富当作首要价值来追求,文化的平庸是必然的结果。

一个城市的建筑风格和民俗风情体现了这个城市的个性,它们源于这个城市的特殊的历史和文化传统。消灭了一个城市的个性,差不多就等于是消灭了这个城市的记忆。这样的城市无论多么繁华,对于它的客人都丧失了学习和欣赏的价值,对于它的主人也丧失了家的意义。其实,在一个失去了记忆的城市里,并不存在真正的主人,每一个居民都只是无家可归的外乡人而已。

甲骨文,金文,竹简,羊皮纸,普通纸,电脑……书写越来越方便了,于是文字泛滥,写出的字也就越来越没有价值了。

苏格拉底、孔子、释迦牟尼、基督都不留文字,却招来了最多的文字。

历史是民族的记忆。民族和人一样,只记住自己愿意记住的事情。

无数岁月消失在无底的黑暗中了。可是,我们竟把我们可怜的手电灯光照及的那一小截区域称作历史。

学术

学术独立包含两个方面，一是尊重学术的独立地位，二是坚持学术的独立品格。前者关涉国家的体制，后者关涉学者的自律。这两个方面有联系，但可以相对分开。即使在学术没有独立地位的情况下，有良知的学者仍可坚持学术的独立品格。

学术的独立，关键是精神价值对于功利价值的独立，把精神价值自身当作目的，而非获取任何功利价值的手段，不管是国家利益的大功利，还是个人利益的小功利。

对于一个学者来说，学术既是个人的精神家园，又是他对于社会负有的精神使命，二者的统一是他的特殊幸运。学者当然应该担负社会责任，但他的社会使命也必是精神性质的，不是在当下事务中做风云人物，而是立足于人类的基本精神价值，关注和阐明关涉社会发展之全局的重大理论问题。

文化和学术是社会的财富，但具体的文化创造和学术研究过程却是非常个人化的，一切精神杰作都是个人在寂寞中独立劳作的产物。

人们常说，做学问要耐得寂寞，这当然不错，耐不得寂寞的人肯定与学问无缘。可是，倘若一件事本身不能使人感到愉快，所谓耐得寂寞就或者是荒唐的，或者只能用外部因素的逼迫来解释了。一个真爱学问的人其实不只是耐得寂寞，毋宁说这种寂寞是他的自觉选择，是他的正常生存状态，他在其中自得其乐，获得最大的心灵满足，你拿世上无论何种热闹去换他的寂寞，他还不肯换给你呢。

在学养和识见之间，我本人更加看重识见，因为我相信识见是学养的灵魂，有识见，学养才是活的。

是否拥有心智生活与职业无关。事实上，大学和研究机关里许多人并无真正意义上的心智生活，只是在做死学问，或谋生谋利。职业化的弊病是：精神活动往往蜕变为功利活动；行业规矩束缚了真才之人的自由发展。所以，历史上有许多伟大的精神探索者宁愿从事一种普通职业，而只在业余时间从事精神探索。

一个真诚的人生探索者可能会走错路，但他对待人生的态度在总体上是正确的。一个只在书本里讨生活的学者也许不犯错误，但他对待人生的态度本身就是最大的错误。

从事人文研究是可以有不同的方式的。比如说，其一，学者的方式，严格地做学问，讲究规范和方法，注重材料的发现、整理和解释；其二，才子的方式，潇洒地玩学问，讲究趣味和风格，用文字展露机智和才情；其三，思想者的方式，通过学问求真理或信仰，注重精神上的关切。我的感觉是，学者的方式可信，才子的方式可爱，思想者的方式可敬。这三种方式，我们在以往学者中都可以找到其代表人物,而我眼中最好的学者则兼具三者,我对他们是既信服,又喜爱,同时还尊敬的。

当然,我绝非这样的最好的学者,但我愿意学他们的精神。他们的精神是什么?就是智、情、魂兼修,把真、美、善打通,努力做一个头脑认真、情感丰富、灵魂高贵的人。人的天赋有高低,而这个目标都是可以追求的。说到底,做学问也是在做人,与做人脱节的学问为我所不取。

有一些人很看重学术界同行对他们的评价,以及他们自己在学术界的地位,这一考虑在他们的课题选择和工作计划中发生着很重要的作用。我无意责备他们,但是,我的坐标与他们不同。我从来不面向学术界,尤其是当今这个极端功利的可怜的中国学术界。我不会离开自己的精神探索的轨道去从事琐细的或者时髦的学术研究。我所面对的是我的灵魂中的问题,并带着这些问题去面对人类精神探索的历史,从这一历史中寻找解决我的问题的启示。我不过是出自自己的本性而不得不走在人类精神探索的基本道路上而已,我既然不关心我在这个历史上能否占一席之地,那么,就更不会去关心在当今可怜的学术界占据什么位置了。这便是我的谦虚和骄傲。

当我们围绕某一个主题读书和写作时,我们便称之为学术。我们的主题越是固定不变,以至于不再读与这个主题无关的书和不再写与这个主题无关的文章,我们就越是纯粹的学者。

有一些人的所谓做学问,不过是到处探听消息,比如国外某个权威说了什么话、发表了什么文章之类。我不否认了解最新学术动态的用处,但是,如果把主要精力放在这里,那就只是扮演了一个学术界的新闻记者的角色而已。和这样的人在一起，你也许会听到各种芜杂的消息，却无法讨论任何一个问题。

我不怀疑今天的学术界仍有认真的研究者，但更多的却只是凭着新闻记者式的嗅觉和喉咙，用以代替学者的眼光和头脑，正是他们的起哄把任何学术问题都变成了热门话题，亦即变成了过眼烟云的新闻。

有一种人，善于接近名人而不善于接近思想，其从事哲学的方式是结交哲学界名流，成果便是一串显赫的名字。我不禁想：就算这些名人并非徒有其名，他们的哲学难道和伤寒一样也会传染吗？

中国学界只有政派（所谓左派和自由派），没有学派，学术之缺乏独立品格由此可见一斑。

今日混迹学界的人多矣，但真学者甚少。我说的真学者，第一是真爱学问，第二是真做学问，第三便是因此而真有学问。常见的情况与此相反，大致有两类。有一些人俨然学界的大名人大忙人，挂着各种学术头衔，不停地举办或参加各种学术名目的活动，却永远坐不下来认真做一点学问。还有一些人仅仅因为职业的需要而在做着学问，但心里并不喜欢，学问只是谋取职业利益例如职称、津贴、课题经费的手段。

牛顿说自己是站在巨人肩膀上的人，这话说得既自豪又谦虚，他以这种方式表达了一位巨人对于被自己超过了的前辈的尊敬。
倘若这话从一个寄生在巨人身上的侏儒口中说出，就只能令人啼笑皆非了。

教育

一切教育都可以归结为自我教育。学历和课堂知识均是暂时的,自我教育的能力却是一笔终身财富。一个人最终是否成材,往往不取决于学历的长短和课堂知识的多少,而取决于是否善于自我教育。

天赋平常的人能否成才,在很大程度上取决于所处的具体教育环境,学校能够培养出也能够毁灭掉一个中等之才。天才却是不受某个具体教育环境限制的,因为他本质上是自己教育自己。当然,天才也可能被扼杀,但扼杀他的只能是时代或大的社会环境。

每个人与生俱来就有潜在的心智能力,教育是这个能力的生长。如果一个教育体制是好的,好就好在为生长提供了自由而又富有激励因素的环境。人是要一辈子学习的,学校教育只是为一辈子的学习打基础,这个基础就是自我教育的能力。有没有这个能力大不一样,那些走出校门后大有作为的人,未必是上学时各门功课皆优的好学生,但一定是能够按照自己的兴趣安排自己的学习的自我教育者。检验一个人的学校教育是否合格,最可靠的尺度是看他走出校门后能否坚持自主学习。

做人和教人在根本上是一致的,人生中最值得追求的东西,也就是教育上最应该让学生得到的东西。我的这个信念,构成了我思考教育问题的基本立足点。

人生的价值,可用两个词来代表,一是幸福,二是优秀。优秀,就是人之为人的精神禀赋发育良好,成为人性意义上真正的人。幸福,最重要的成分也是精神上的享受,因而是以优秀为前提的。由此可见,二者皆取决于人性的健康生长和全面发展,而教育的使命即在于此。

教育即生长,教育的本义是要使每个人的天性和与生俱来的能力得到健康生长,而不是把外面的东西灌输进一个容器。

依据于此,智育是要发展好奇心和理性思考的能力,而不是灌输知识;德育是要鼓励崇高的精神追求,而不是灌输规范;美育是要培育丰富的灵魂,而不是灌输技艺。

如果说教育即生长,那么,教育的使命就应该是为生长提供最好的环境。什么是最好的环境?第一是自由时间,第二是好的老师。

依我之见,可以没有好老师,不可没有自由时间。说到底,一切教育都是自我教育,一切学习都是自学。

卢梭说:"最重要的教育原则是不要爱惜时间,要浪费时间。"由我们今天的许多耳朵听来,这句话简直是谬论。但卢梭自有他的道理,他说:"误用光阴比虚掷光阴损失更大,教育错了的儿童比未受教育的儿童离智慧更远。"今天许多家长和老师唯恐孩子虚度光阴,驱迫着他们做无穷的作业,不给他们留出一点儿玩耍的时间,自以为这就是尽了做家长和老师的责任。卢梭却问你:什么叫虚度？快乐不算什么吗？整日跳跑不算什么吗？如果满足天性的要求就算虚度，那就让他们虚度好了。

仔细想一想，卢梭多么有道理，我们今日的所作所为正是在逼迫孩子们误用光阴。

人生的各个阶段皆有其自身不可取代的价值，没有一个阶段仅仅是另一个阶段的准备。尤其儿童期，原是身心生长最重要的阶段，也应是人生中最幸福的时光，教育所能成就的最大功德是给孩子一个幸福而有意义的童年，以此为他们幸福而有意义的一生创造良好的基础。

我们最需要的是人，人才倒在其次。教育是人的成长，是真正的人的形成。背离此，就不会有人才，只会有工具之才。

你的目标是要让孩子将来进北大、清华？多么渺小的目标啊！

在我看来，今天的哈佛也是太功利了。想一想古希腊吧！

怀特海说：忘记了课堂上所学的一切，剩下的东西才是教育。

知识的细节是很容易忘记的，一旦需要它们，又是很容易在书中查到的。所以，把精力放在记住知识的细节，既吃力又无价值。假定你把课堂上所学的这些东西全忘记了，如果结果是什么也没有剩下，那就意味着你是白受了教育。

那个应该剩下的配称为教育的东西，用怀特海的话说，就是完全渗透入你的身心的原理，一种智力活动的习惯，一种充满学问和想象力的生活方式，用爱因斯坦的话说，就是独立思考和判断的总体能力。按照我的理解，通俗地说，一个人从此成了不可救药的思想者、学者，不管今后从事什么职业，再也改不掉学习、思考、研究的习惯和爱好了，方可承认他是受过了大学教育。

把你在课堂上和书本上学到的知识都忘记了，你还剩下什么？——这个问题是对智力素质的一个检验。

把你在社会上得到的地位、权力、财产、名声都拿走了，你还剩下什么？——这个问题是对心灵素质的一个检验。

教育的真谛不是传授知识，而是培育智力活动的习惯、独立思考的能力等，这些智力上的素质显然是不可像知识那样传授的，培育的唯一途径是受具有这样素质的人——不妨笼统地称之为大师——的熏陶。大师在两个地方，一是在图书馆的书架上，另一便是在大学里，大学应该是活着的大师云集的地方。

今天的大学争相标榜所谓世界一流大学，还拟订了种种硬指标。其实，事情本来很简单：最硬的指标是教师，一个大学拥有一批心灵高贵、头脑智慧的一流学者，它就是一流大学。否则，校舍再大，楼房再气派，设备再先进，全都白搭。

有两个传承高贵的圣殿，一是优秀教师的课堂，二是摆满大师作品的图书馆。那些伟大的书籍记录了人类精神追求的传统，通过阅读它们，你就进入了这个传统。所以，一所好的学校，第一要有一批好的教师，第二要给学生留出自由时间，鼓励和引导高质量的课外阅读。其实这两点是互相联系的，一批好教师往往能带出良好的阅读风气，而唯应试是务的学校就必然剥夺学生的自由时间。

对于学生来说，后一种情况是灾难，这种灾难在今天已呈普遍之势。倘若有聪明的学生来问我怎么办，我只能说，没有人能够真正阻止你去读那些伟大的书籍，而你一旦从中领悟了高贵的魅力和价值，就会明白一切代价都是值得付出的。

西塞罗说：教育的目的是让学生摆脱现实的奴役，而非适应现实。今天的情形恰好相反，教育正在全力做一件事，就是以适应现实为目标塑造学生。古往今来的哲人都强调，学习是为了发展个人内在的精神能力，从而在外部现实面前获得自由。正是凭借这种内在自由，这种独立人格和独立思考能力，那些优秀的灵魂和头脑对于改变人类社会的现实发生了伟大的作用。如果只是适应现实，要教育做什么！

我心目中的好学生具备两种能力。一是快乐学习的能力，能从学习本身获得莫大快乐。二是自主学习的能力，善于自己安排自己的学习。这也是我对学校教育的要求，应该使学生第一爱上学习，做知识的恋人，第二学会学习，做知识的主人。相反，如果使学生成了知识的仇人兼仆人，则是教育的最大失败。

教育的目标，第一要让学生喜欢学习，对知识充满兴趣，第二要让学生善于学习，在知识面前拥有自由。一个学生在总体上对人类知识怀有热烈的向往和浓厚的兴趣，又能够按照自己的兴趣方向来安排自己的学习，既有积极的动力，又有合理的方法，他就是一个智力素质高的学生。这样的学生，日后一定会自己不断地去拓展知识的范围，并朝某一个方向纵深发展。

教育和培训是性质不同的两件事：培训是以职业为目标的知识传授和技能训练；教育是真正的人的形成，精神属性的生长，成为人性意义上优秀的人。培训有必要，但如果培训成为教育的全部，真正的教育就不存在了。

我的教育梦很古老，先秦的诸子百家、古希腊的哲学家学园是样板。

教育要能够唤醒个人经验，开放创造机遇，就必须慢。世上一切好东西，包括好的器物，好的诗，好的教育，都是在从容的心境下产生的。今日教育的快，实质是急功近利，让学生做的大量事情与教育无关，甚至是教育的反面。

杜威把教师比喻为上帝的代言人、天国的引路人。教育是神圣的精神事业，师生关系本应是最纯粹、最具精神性的关系。教师不只是传授知识，更重要的影响是在精神上，因此他自己必须有崇高的精神境界。大学教育的核心问题，就是要有一批心灵高贵、头脑活跃的学者，靠他们去影响学生，而体制优劣的标准就在于能否吸引和保护这样的学者。

教师自己是一个热爱智力生活、对知识充满兴趣的人，才能够在学生心中点燃同样的求知热情。教师自己是一个人性丰满、心灵丰富的人，才能够用贴近人性、启迪心灵的方式去教学生。

学生是办学校的理由之所在，学校和教师必须把学生看作目的而不是手段。爱学生是教师的第一职业素质，一个人倘若没有博大的父母本能，能够真心把学生看作自己的孩子，就不该当老师。

教师个人是否爱学生，取决于这个教师的品德。要使学校中多数教师把学生看作目的而不是手段，则必须建立以学生为目的的教育体制。把学生当作手段的行径之所以大量得逞，重要原因是教师权力过大，手握决定学生升级毕业之大权。所以，我赞同爱因斯坦的建议：给教师使用强制措施的权力应该尽可能少，使学生对其尊敬的唯一来源是他的人性和理智品质。与此相应，便是扩大学生尤其研究生的权利，在教学大纲许可的范围内，可以自由选择老师和课程，可以改换门庭，另就高明。考核教师也应主要看其是否得到学生的爱戴，而非是否得到行政部门的青睐。像现在这样，教师有本事活动到大笔科研经费，就有多招学生的权利，就有让学生替自己打工的权力，否则就受气，甚至被剥夺带学生的权利，在这种体制下，焉有学生不沦为手段之理。

在当今体制下，一个好教师的责任和本事就在于，一方面帮助学生用最少的时间、最有效的方法对付应试，另一方面最大限度地拓展素质教育的空间。

向教育提问

是到全民向教育提问的时候了。中国现行教育的弊病有目共睹，有什么理由继续忍受？可以毫不夸张地说，在今日中国，教育是最落后的领域，它剥夺孩子的童年，扼杀少年人的求知欲，阻碍青年人的独立思考，它的所作所为正是教育的反面。改变无疑是艰难的，牵涉到体制、教师、教材各个方面。但是，前提是澄清教育的理念，弄清楚一个问题：教育究竟何为？

中国现行教育的弊端有目共睹，事实上已成为民众受害最烈、怨声最多的领域之一，引起了越来越多有识之士的忧思。根本的症结是在体制上，举其大者，一是教育资源分配不公和市场化名义下的高收费、乱收费，导致大量贫困家庭子女实际上被剥夺受教育的权利，二是应试教育变本加厉，三是教育目标和过程的急功近利。在这三种因素交互作用下，滋生了种种教育腐败现象。

真正可惊的是，今天的教育已经多么严重地违背了常识。一种教育倘若完全不把人性放在眼里，只把应试和谋生树为目标，使受教育者的头脑中充满死记硬背的知识，心中充满谋生的焦虑，对于人之为人的精神性的幸福越来越陌生，距离人性意义上的优秀越来越遥远，我们的确有权问一下：这还是教育吗？

应该结束这种大规模的愚昧了，让教育回归常识，回归人性，回归教育之为教育。也许，我们还来得及。

今日的家长们似乎都深谋远虑，在孩子很小时就为他将来有一个好职业而奋斗了，为此拼命让孩子进重点学校和上各种课外班。从孩子这方面来说，便是从幼儿园开始就投入了可怕的竞争，从小学到大学一路走过去，为了拿到那张最后的文凭，不知要经受多少作业和考试的折磨。有道是：不能让我们的孩子输在起跑线上。可是，在我看来，这种教育方式恰好一开始就是输局了。身心不能自由健康地发展，只学得一些技能，将来怎么会有大出息呢？

一个人从童年、少年到青年，原是人生最美好也最重要的阶段，有其自身不可取代的价值，现在这个价值被完全抹杀了，其全部价值被归结为只是为将来谋职做准备。多么宝贵的童年和青春，竟为了如此渺小的一个目标做了牺牲。

体制的改革非一日之功，我们不能坐等其完成。我们应看到，即使在现行体制下，老师和家长仍拥有相对的自由，可以为自己的学生和孩子创造一个尽可能好的小环境，把大环境对他们的危害缩小到最低程度。当然，这就要求老师和家长站得足够高，对于现行体制的弊端有清醒的认识，对于教育的理念有正确的理解。可以想象，这样的老师和家长多了，不但其学生和孩子受益，而且本身就能成为促进体制变革的重要力量。说到底，有什么样的人民，就有什么样的制度。

应试体制实际上把所有学生和家长逼入了一个赌局，一边是应试教育，另一边是素质教育，看你把赌注下在哪一边。现在的情况是，绝大多数人把赌注押在了应试教育上，竭尽全力成为赢家。在我看来，这样做的风险其实更大，如果赢了，不过是升学占了便宜而已，如果输了，就输得精光。相反，把赌注下在素质教育这一边，适当兼顾应试，即使最后在升学上遭遇一点挫折，素质上的收获却是无人能剥夺的，必将在整个人生中长久发生作用。所以，以素质的优秀为目标，把应试的成功当作副产品，是最合理的定位。

应试体制的弊端有目共睹，业已引起政府和各界人士的关注，但积重难返，改革之路艰难而漫长。在这个过程中，个人不是无能为力的。把主要力气花在素质教育上，向应试教育争自由，能争到多少是多少，在应试体制面前保护孩子，能保护一个是一个，这不但是可行的，而且是一种责任。在一切战争中，保存和发展有生力量是一个基本原则，在素质教育与应试教育之战中也是如此。可以确信，抗争者的队伍壮大了，两种教育之间的力量对比就会发生变化，应试体制要不变也难了。现在它既然已经失人心，那么，让我们共同努力，让它也失天下吧。

音乐、绘画、体育这些才能，从一个方面来看，是特殊的天赋，只有少数人适合于以之为专业，从另一个方面来看，又是全面发展的人的基本素质，每一个人都可以以之为自己的爱好。把所谓特长的考核纳入应试教育体制，其结果一方面是使艺术教育、体育的性质发生了扭曲，把它们由人的天性自由发展的形式蜕变成了应试的工具，另一方面则在原已过于沉重的功课之外又给孩子们增添了新的负担。

现行教育的尺度极其狭隘，无非是应试、升学、就业，其恶果是把孩子们培养成片面的人、功利的人，既不优秀，也不幸福，丧失了人生最重要的价值。

今天的普遍情形是，成人世界把自己渺小的功利目标强加给孩子，驱赶他们到功利战场上拼搏。我担心，在他们未来的人生中，在若干年后的社会上，童年价值被野蛮剥夺的恶果不知将会以怎样可怕的方式显现出来。

最令人担忧的是今天教育的久远后果，一代代新人经由这种教育走上了社会，他们的精神素质将决定未来中国数十年乃至上百年的精神水准和社会面貌。

把大学办成职业培训场，只教给学生一些狭窄的专业知识，结果必然使大多数学生心目中只有就业这一个可怜的目标，只知道作为谋生手段的这一种不快乐的工作。这种做法极其近视，即使从经济发展的角度看，一个社会是由心智自由活泼的成员组成，还是由只知谋生的人组成，何者有更好的前景，答案应是不言而喻的。

衡量大学教育的水平，标准不是招进了什么样的人，而是培养出了什么样的人。我很担心，在大学尤其名牌大学急功近利的现状下，好生源也会被教坏了。

文学艺术

看并且惊喜,这就是艺术,一切艺术都存在于感觉和心情的这种直接性之中。

文学对年龄中立,它不问是青春还是金秋,只问是不是文学。在文学的国度里,青春、美女、海归、行走都没有特权,而人们常常在这一点上发生误会。

美

创世的第一日,上帝首先创造的是光。"神说,要有光,就有了光。神看光是好的,就把光和暗分开了。"你看,在上帝眼里,光是好的而不是有用的,他创造世界根据的是趣味而不是功利。这对于审美的世界观是何等有力的一个譬喻。

美是主观的还是客观的?看见了美的人不会去争论这种愚蠢的问题。在精神的国度里,一切发现都同时是创造,一切收获都同时是奉献。那些从百花中采蜜的蜂儿,它们同时也向世界贡献了蜜。

美学家们给美所下的定义很少是哲学性质的,而往往是几何学的,心理学的,或者社会学的。真正的美逃避定义,存在于几何学、心理学、社会学的解释皆无能为力的地方。

艺术天才们不是用言辞,而是用自己的作品给美下定义,这些作品有力地改变和更新着人们对于美的理解。

审美与功利的对立是一个经验的事实。凡是审美力锐利的人,对功利比较糊涂,而利欲熏心的人则对美不甚留意。有艺术气质的人,在社会阅历方面大多处在不成熟的童稚状态。

一个爱美的民族总是有希望的，它不会长久忍受丑陋的现实。最可悲的是整个民族对美麻木不仁，置身于这样民族中的个别爱美的灵魂岂能不被绝望所折磨？

据我观察，对美敏感的人往往比较有人情味，在这方面迟钝的人则不但性格枯燥，而且心肠多半容易走向冷酷。民族也是如此，爱美的民族天然倾向自由和民主，厌恶教条和专制。对土地和生活的深沉美感是压不灭的潜在的生机，使得一个民族不会长期忍受僵化的政治体制和意识形态，迟早要走上革新之路。

世上本无奇迹，但世界并不因此而失去了魅力。我甚至相信，人最接近上帝的时刻不是在上帝向人显示奇迹的时候，而是在人认识到世上并无奇迹却仍然对世界的美感到惊奇的时候。

尽管美感的发生有赖于感官，但感官的任何感受如果未能使心灵愉悦，我们就不会觉得美。所以，美感本质上不是感官的快乐，而是一种精神性的愉悦。正因为此，美能陶冶性情，净化心灵。

在孩子眼里，世界充满谜语。可是，成人常常用千篇一律的谜底杀死了许多美丽的谜语。这个世界被孩子的好奇的眼光照耀得色彩绚丽，却在成人洞察一切的眼睛注视下苍白失色了。

尽管美感的根源深植于性欲之中，可是当少年人的性欲刚刚来潮之时，他又会惊慌地预感到这股失去控制的兽性力量破坏了美感，因而出现性亢奋与性反感交错的心理。

对性欲的某种程度的压抑不仅是伦理的需要，也是审美的需要。美感产生于性与性压抑之间的平衡。

从宇宙的角度看，美和道德都是没有根据的。宇宙既不爱惜美，也不讲求道德。美是人的心灵的一个幻影，道德是人的生存的一个工具。人是注定要靠药物来维持生命的一种生物，而美就是兴奋剂，道德就是镇静剂。

许多哲人都预言会有一个审美的时代。我也盼望这样的时代到来，但又想：也许，美永远属于少数人，时代永远属于公众，在任何时代，多数人总是讲究实际的。

在人的本能中，既有爱美、占有美的冲动，又有亵渎美、毁坏美的冲动。后一种冲动，也许是因为美无法真正占有而产生的一种绝望，也许是因为美使人丧失理智而产生的一种怨恨。

狡猾的美是危险的，因为它会激起不可遏止的好奇心。

有不同的丑。有的丑是生命力的衰竭，有的丑是生命力的扭曲。前者令人厌恶，后者却能引起一种病态的美感。现代艺术所表现的丑多属后者。

罂粟花，邪恶的光泽。恶赋予美以魅力，光泽赋予色彩以魅力。相形之下，只有色彩没有光泽的牡丹显得多么平庸。

花的蓓蕾，树的新芽，壁上摇曳的光影，手的轻柔的触摸……它们会使人的感官达于敏锐的极致，似乎包含着无穷的意味。

相反，繁花簇锦，光天化日，热烈拥抱，真所谓信息爆炸，但感官麻痹了，意味丧失了。

"奈此良夜何！"——不但良夜，一切太美的事物都会使人感到无奈：这么美，叫人如何是好！

艺术

看并且惊喜，这就是艺术，一切艺术都存在于感觉和心情的这种直接性之中。不过，艺术并不因此而易逝，相反，当艺术家为我们提供一种新的看、新的感觉时，他同时也就为我们开启了一个新的却又永存的世界。

每个人都睁着眼睛，但不等于每个人都在看世界。许多人几乎不用自己的眼睛看，他们只听别人说，他们看到的世界永远是别人说的样子。人们在人云亦云中视而不见，世界就成了一个雷同的模式。一个人真正用自己的眼睛看，就会看见那些不能用模式概括的东西，看见一个与众不同的世界。

人活在世上，真正有意义的事情是看。看使人区别于动物。动物只是吃喝，它们不看与维持生存无关的事物。动物只是交配，它们不看爱侣眼中的火花和脸上的涟漪。人不但看世间万物和人间百相，而且看这一切背后的意蕴，于是有了艺术、哲学和宗教。

也许新鲜感大多凭借遗忘。一个人如果把自己的所有感觉都琢磨透并且牢记在心，不久之后他就会发现世上没有新鲜东西了。艺术家是最健忘的人，他眼中的世界永远新鲜。

艺术是一朵不结果实的花，正因为不结果实而更显出它的美来，它是以美为目的本身的自为的美。

叔本华说，艺术是人生的麻醉剂。尼采说，艺术是人生的兴奋剂。其实还不是一回事？酒既是麻醉剂，又是兴奋剂。艺术就是人生的酒。至于它哪种作用更显著，则是因人而异的，就像不同体质的人对酒有不同的反应一样。

车尔尼雪夫斯基说：美是生活。尼采说：美是生命。这两人都猛烈地抨击浪漫主义，看来不是偶然的。浪漫主义之所以令人反感，就因为它既是做作（反生活）的，又是病态（反生命）的。

如果说艺术是生命的自由表达，那么，艺术家的使命就在于为这一表达寻找最恰当的形式。

艺术是生命和灵魂之间的直通道，由生命激情直接升华为精神自由。

当心中强烈的情感无法排遣时，艺术就诞生了。

舞蹈是人以神的方式行走，在规则中诠释自由。

在一切精神创造中，灵魂永远是第一位的。艺术是灵魂寻找形式的活动，如果没有灵魂的需要，对形式的寻找就失去了动力。那些平庸之辈之所以在艺术形式上满足于抄袭、时髦和雷同，不思创造，或者刻意标新立异，不去寻找真正适合于自己的形式，根本原因就是没有自己的灵魂需要。

艺术当然要创新，但是，把创新当作主要的甚至唯一的目标，就肯定有问题。对于一个真正的诗人来说，诗歌是灵魂的事业，是内在的精神过程的表达方式。一个人灵魂中发生的事情必是最个性、最独特的，不得不寻求相对应的最个性、最独特的表达，创新便有了必要。所以，首要的事情是灵魂的独特和丰富。

在我看来，中国当代诗人的主要问题是灵魂的平庸和贫乏。这个批评同样适用于其他的文化从业者，包括小说家、画家、理论家、学者等等。人们都忙于过外在生活，追求外在目标，试问有多少人是有真正的内在生活的？这个问题不解决，所谓创新不过是又一个外在目标而已，是用标新立异来掩盖内在的空虚，更坏的是，来沽名钓誉。

对于一个艺术家来说，只有两件事是最重要的：第一是要有真实、丰富、深刻的灵魂生活，第二是为这灵魂生活寻找恰当的表达形式。前者所达到的高度决定了他的作品的精神价值，后者所达到的高度决定了他的作品的艺术价值。

如果说前者是艺术中的真，那么，后者就是艺术中的美。所以，在艺术中，美是以真为前提的，一种形式倘若没有精神内涵就不能称之为美。所以，美女写真照不是艺术，罗丹雕塑的那个满脸皱纹的老妓女则是伟大的艺术作品。

在一切文化形态之中，艺术是最不依赖于信息的，它主要依赖于个人的天赋和创造。艺术没有国别之分，只有好坏之分。一个好的中国艺术家与一个好的西方艺术家之间的距离，要比一个好的中国艺术家与一个坏的中国艺术家之间的距离小得多。真正的好艺术都是属于全人类的，不过，它的这种人类性完全不是来自全球化过程，而是来自它本身的价值内涵。人类精神在最高层次上是共通的，当一个艺术家以自己的方式进入了这个层次，为人类精神创造出了新的表达，他便是在真正的意义上推进了人类的艺术。

当我们谈论艺术家的个性之时，我们不是在谈论某种个人的生理或心理特性，某种个人气质和性格，而是在谈论一种精神特性。实际上，它是指人类精神在一个艺术家的心灵中的特殊存在。因此，在艺术家的个性与艺术的人类性之间有着最直接的联系，他的个性的精神深度和广度及其在艺术上的表达大致决定了他的艺术之属于全人类的程度。在这意义上可以说，一个艺术家越具有个性，他的艺术就越具有人类性。

人们或许要在个性与人类性之间分辨出某些中间环节，例如民族性和时代性。当然，每一个艺术家都归属于特定的民族，都生活在一定的时代中，因此，在他的精神特性和艺术创作中，我们或多或少地可以辨认出民族传统和时代风格对他发生的影响。然而，这种影响一方面是自然而然的，不必回避也不必刻意追求，另一方面在艺术上并不具备重要的意义。我坚持认为，艺术的价值取决于个性与人类性的一致，在缺乏这种一致的情形下，民族性只是狭隘的地方主义，时代性只是时髦的风头主义。凡是以民族特点或时代潮流自我标榜的艺术家，他们在艺术上都是可疑的，支配着他们的很可能是某种功利目的。

面对艺术作品，外行很容易不自信，谦称自己不懂。毕加索对这样一个谦虚者喊道："不懂？你是要看懂啊！"他的意思是说，对于美和艺术，根本不存在懂不懂的问题。在这个领域里，人人都可以发言，没有人能够下结论。

在西方，现代艺术（绘画和音乐）的大师，往往曾一度是古典艺术的高手。可是据说在我们这里有许多天生的现代派。

有时候，艺术创作中的败笔反能提供一个契机，启示新的发现，发展出一种新的风格或流派来。有意写实，结果失败了，然而谁知道失实之处会不会是一种成功的变形呢？

也许，意识的失误，其实源于无意识中的真实。

那么，写实成功之作就是古典派作品，不成功之作就是现代派作品吗？别开玩笑！

抽象艺术所表达的是对世界的一种理解。世界并无一个仿佛现成地摆在那里的、对于人人都相同的本来面目，因此，以意识反映实在为宗旨的写实艺术便失去了根据，而以意识建构世界图像为鹄的的抽象艺术则获得了充分的理由。为了避免引起写实之联想，艺术家便尽可能地排除形式与外部物质对象的联系，使符号达到高度的纯粹，这就是抽象。但是，抽象本身不是目的，也不是标准，艺术家的天才在于用最纯粹的符号建构出内涵最独特也最丰富的世界图象。

艺术家

艺术家所可追求的,无非生前的成功、死后的名声、创作的快乐三者。世事若转蓬,生前的成功究系偶然。人死万事空,死后的名声亦属无谓。唯有创作的快乐最实在,最可把握。艺术家是及时行乐之徒,他的乐便是创作的快乐,仅此一项已足以使他淡然于生前的成功和身后的名声了。

艺术家常常是不爱交际的,他太专注于内心了。在一般社交场合,他可能显得沉默寡言,心不在焉,因而在俗人眼中不是个有趣的人物。但不少人却把社交场合的活跃和有趣看作艺术气质的标志。

所谓艺术气质,其实包括两种全然不同的类型。一种是诗人气质,往往是忧郁型的。另一种是演员气质,往往是奔放型的。前者创造,后者摹仿。

这里指的不是职业。事实上,有的诗人是演员气质的,他在摹仿;有的演员是诗人气质的,他在创造。

具有诗人气质的人,往往在智慧上和情感上都早熟,在政治上却一辈子也成熟不了。他始终保持一颗纯朴的童心。他用孩子般天真单纯的眼光来感受世界和人生，不受习惯和成见之囿，于是常常有新鲜的体验和独到的发现。他用孩子般天真单纯的眼光来衡量世俗的事务，却又不免显得不通世故，不合时宜。

诗意地理解生活，这是我们从童年和少年时代得到的最可贵的礼物，可惜的是多数人丢失了这件礼物。也许是不可避免的，匆忙的实际生活迫使我们把事物简化、图式化，无暇感受种种细微差别。概念取代了感觉，我们很少看、听和体验。唯有少数人没有失去童年的清新直觉和少年的微妙心态，这少数人就成为了艺术家。

每个人都有那种奇妙的瞬时的感觉，可是大部分人抓不住，日常琐屑生活的潮流把他们冲向前去了，他们来不及、顾不上去回味和体验。有些人抓住了，但不能赋予形式，表达不出来。只有少数人既能抓住，又能赋予形式，于是成为艺术家。

我认为诗人没有社会使命，如果一定要说使命，诗人只有精神使命和艺术使命。在精神上，是关注灵魂，关注存在，关注人生最根本的问题。在艺术上，是锤炼和发展语言的艺术。简言之，诗人的使命就是写出有深刻精神内涵和精湛语言艺术的好作品。毫无疑问，这样的作品一定能在社会上发生有益影响，但是，这不是诗人刻意追求的目的，而只是自然的结果。

对于真正的艺术家来说，艺术始终是目的本身，而爱情在客观上只成了手段。可是，当他堕入情网、身历其境时，他所爱的对象就是目的，艺术反倒好像成了手段。他歌唱，写作，把作品呈献给心中的偶像。直到爱情消逝了，他的作品的真正价值才得以确立。

诗人从爱情中所能收获到的果实不是幸福的家庭,而是艺术。这是他的幸运,也是他的不幸。

毕生探索技巧,到技巧终于圆熟之时,生命也行将结束了。这是艺术大师的悲哀。

我能理解那些销毁自己不满意的作品的艺术家,他们的动机并非为己扬善掩恶,倒是因为爱美成癖。

凡缪斯,必永远漂泊。唯有法利赛人才有安居乐业的福气。

如今梵高的一幅画的拍卖价高达数百万甚至数千万美元了,他在世时的全部生活费用还够不上做这个数字的一个小零头。
你愿意做梵高,还是拍卖商?
我不相信你的回答。

诗

诗的使命是唤醒感觉，复活语言。内感觉的唤醒即捕捉情绪，外感觉的唤醒即捕捉意象。复活语言，就是使寻常的词在一种全新的组合中产生不寻常的魅力。

所以，诗就是通过语言的巧妙搭配把情绪翻译成意象。

为什么要把情绪翻译成意象呢？

情绪本身缺乏语言，直接表述情绪的词都过于一般化或极端化，抹杀了其中丰富的细微差别。直抒情绪的诗，听起来不是空泛，就是浮夸。语言表达意象的可能性却要宽广得多。因此，诗人就通过设计一个独特的意象，来间接地再现和唤起一个独特的情绪。

诗的材料（词）和哲学的材料（范畴）都基本上是现成的。在诗中，借词的新的组合表达出对世界的一种新的感觉，在哲学中，借范畴的新的组合表达出对本体（道、绝对、终极价值）的一种新的领悟，都可算作创造了。

神是人类童年时代的梦，诗是人类青年时代的梦。

可是，对于个体来说，事情似乎倒了过来：诗是青年人的梦，神是老年人的梦。

诗人是守墓人兼盗墓人,看守着也发掘着人类语言的陵墓。

诗人用语言锁住企图逃逸的感觉,又在语言中寻找已经逃逸的感觉。他敲击每一块熟悉的语词的化石,倾听远古时代的陌生的回声。

在语言之家中,一切词都是亲属。然而,只有诗人才能发现似乎漠不相干的词之间的神秘的血缘关系。

音乐用天国的语言叙说天国的事情,诗用人间的语言叙说天国的事情。诗人痛苦了,因为俗人根据人间的事情来理解人间的语言,总是误解了诗人。音乐家可以免于此患,反正俗人听不懂天国的语言。

诗是语言的万花筒。

诗人也有他的调色板,词就是他的颜料。他借词的重新搭配创造出新的色彩。
单色总是有限的,本领在于调配。
诗才的测验:给你一百个最常用的词,用它们搭配出全新的效果。

诗的最大优点是凝练。它舍弃了一切过渡。它断裂,浓缩,结晶,在太阳下闪烁奇异的光。你给它不同的光源,它就闪射不同的光彩。每一双眼睛都是一个不同的光源。

诗应当单纯。不是简单，不是浅显，是单纯。单纯得像一滴露水，像处女的一片嘴唇。

我觉得长诗是一个误会。诗要捕捉的是活的感觉，而活的感觉总是很短的，稍纵即逝的，一长，难免用思想取代、冲淡这一点感觉。

写诗是一种练习把话说得简洁独特的方法。

我对散文吝啬了。诗是金币，散文是纸钞，哪个守财奴不想把他的财产统统兑成金币珍藏起来呢？

一首好诗写出来之前，往往会有一种焦虑不安的感觉，似乎知道已经有某种东西产生了，存在了，必须立即把它找到，抓住，否则会永远消失。甚至有一种信念：连词句也已经存在于某个地方，那是独一无二、非此不可的词句，它躲藏着，问题是要把它找出来。最贴切的词句是找出来的，而不是造出来的。你一再尝试，配上不同的词，还是觉得不对劲。突然，你欣喜若狂了，一个准确无误的声音在你心里喊道：对，这就是我要找的！

诗是找回那看世界的第一瞥。诗解除了因熟视无睹而产生的惰性，使平凡的事物恢复到它新奇的初生状态。

诗无朦胧诗和清晰诗之分。是诗，就必然朦胧。人的感觉和情绪原本就朦胧，清晰是逻辑化、简化的产物。诗正是要从逻辑的解剖刀下抢救活生生的感觉和情绪，还它们一个本来面貌。

当然，朦胧不是刻意追求晦涩。朦胧是再现真实的感觉，晦涩是制造虚假的感觉。刻意追求晦涩的诗人往往并无真情实感，故意用非逻辑化的杂乱掩盖他的感觉的贫乏。他的真正家底不是感觉，而是概念，所以晦涩只是化了装的清晰。

诗不得不朦胧。诗通过词的搭配表达感觉，活的感觉都是一次性的，原则上不可复制，诗勉为其难，只好通过词的异乎寻常的搭配，借多义性暗示、包容这独一无二的感觉，借朦胧求准确。为了使不确定者（感觉）确定，只好使确定者（词）不确定。

诗贵质朴。许多新诗人的最大毛病是不质朴，他们在卖弄和显示，而不是在流露，想用标新立异的姿势、眼神、语调引人注意，这是小家子相。

诗写感觉和心情。我们的感觉和心情常常是由具体的人和事引起的，其中哪些值得写，哪些不值得写，或者说，怎样辨别它们有无艺术价值呢？我提出一个标准：倘若除去了具体的人和事，那些感觉和心情显得更美了，就说明它们捕捉到了人性的某种秘密，所以具有艺术感染力和艺术价值；相反，则说明它们只是与具体的人和事纠缠在一起的凡俗心理现象，仅对当事人具有日记的意义，在艺术上却毫无价值。

我是在读海涅的诗时想到这一点的。他的佳作都属于前者，败笔都属于后者。

有一天，毫无诗意的干燥的晴空倾倒下阵雨一般的无数诗人。

我不知道写诗有什么诀窍。也许，最好的诀窍就是，不要以为你是个诗人。

每当我在灯下清点我的诗的积蓄时,我的心多么平静,平静得不像诗人。

我是我的感觉的守财奴。

这时代什么也不是,我永远是诗人。

我一无所有,但我有语言。

许多美丽的灵魂在世上昙花一现,留下了诗和艺术的花瓣。

诗属于天才,歌属于大众。根本不可能有大众喜闻乐见的诗。

台风的中心,喧嚣中的寂静,那里放置着诗和思想的摇篮。

在你的诗里有太多的感情的下脚料。

当我从别人的诗中发现一个我熟悉的但没有捕捉到的感觉或意象时,我嫉妒了:我失落了的,却被别人捕捉住了,就像垂钓时从我的钓钩上逃脱的鱼被别人钓到手了一样。

诗必须有哲学的深度。注意,是深度,而不是表相和姿态。我们爱善解男人心意的女子,可是谁爱一副男人相的女人呢?

从历史上看,诗歌和哲学都诞生于神话的母腹,有亲密的血缘关系。在性格上,哲学近于男性,诗歌近于女性。后来,这兄妹(或姐弟)俩分了家,疏远了,甚至互不相认。但是,在所有大诗人和一部分大哲学家身上,我们仍可辨认出鲜明的血缘联系。

一切伟大的诗歌作品必有哲学的深度，都以独特的方式对存在有所言说。不过，在诗歌中，哲学是含而不露的，是底蕴而不是姿态。在我看来，凡在诗歌中从事说教、玩弄玄虚、堆积概念的都是坏诗人，而没有一个坏诗人会是一个好哲学家。

诗人并不生活在声色犬马的现实世界里，他在这个世界里是一个异乡人和梦游者，他真正的生活场所是他的内在世界，他孜孜不倦地追寻着某种他相信是更本质也更真实的东西。这种东西在现成的语言中没有对应之物，因此他必然常常处于失语的状态。可是，他不能没有对应之物，而语言是唯一的手段，他只能用语言来追寻和接近这种东西。所以，他又必然迷恋语言炼金术，试图自己炼制出一种合用的语言。在这意义上，诗人每写出一首他自己满意的诗，都是一次从失语症中的恢复，是从失语向言说的一次成功突进。

自发的写诗往往始于模仿。最有价值的模仿不是对技巧的模仿，而是产生了一种冲动，渴望像正在阅读的诗人那样，用诗歌来说自己的心事。在这个时刻，一个可能的诗人诞生了。

文学

有两种写作。一种是经典性的，大体使用规范化的语言，但并不排除在此范围内形成一种独特的语言风格。它永远是文学的主流。另一种是试验性的，尤其是在语言上进行试验，故意打破现有的语言规范，力图创造一种全新的表达方式。它永远是支流，但其成功者则不断被吸收到主流中去，影响着主流的流向。

创作是一种试验，一种冒险，是对新的未知的表达方式的探索。真正的创作犹如投入一场前途未卜的热恋兼战争，所恋所战的对象均是形式，生命力在其上孤注一掷，在这场形式之恋和形式之战中经受生死存亡的考验。

在这个意义上，中国的文人并不创作。对于中国的文人来说，写作如同琴棋诗画一样是一种嗜好和消遣。或者，如他们自己谦称的那样是"笔耕"，——"笔耕"是一个确切的词，令人想起精神的老圃日复一日地在一块小小的自家的园地上辛勤耕耘，做着重复的劳动，以此自娱。所以，中国的文人诚然能出产一些风味小品，但缺少大作品。

写作作为一种生存方式，可以是闲适的逍遥，也可以是紧张的寻求。前者写自己已有而合意的东西，后者写自己没有而渴望的东西。按照席勒的说法,前者为素朴诗人,属于古代,后者为感伤诗人,属于近代。然而,就个人而言,毋宁说前者属于中年以后,后者属于青年期。人类由素朴走向感伤,个人却由感伤回归素朴。东方是世界的古代,同时又是老成的民族,多素朴诗人。西方是世界的近代,同时又是青春的民族,多感伤诗人。

哲学应该以文学的方式存在于文学作品之中,它在作品中最好隐而不露,无迹可寻,却又似乎无处不在。作品的血肉之躯整个儿是文学的,而哲学是它的心灵。哲学所提供的只是一种深度,而不是一种观点。卡夫卡的作品肯定是有哲学的深度的,但我们在其中找不到哪怕一个明确的哲学观点。哲学与文学的最差的结合是,给文学作品贴上哲学的标签,或者给哲学学说戴上文学的面具。

青春拥有许多权利,文学梦是其中之一。但是,我不得不说,青春与文学是两回事。文学对年龄中立,它不问是青春还是金秋,只问是不是文学。在文学的国度里,青春、美女、海归、行走都没有特权,而人们常常在这一点上发生误会。

世上没有青春文学,只有文学。文学有自己的传统和尺度,二者皆由仍然活在传统中的大师构成。对于今天从事写作的人,人们通过其作品可以准确无误地判断,他是受过大师的熏陶,还是对传统全然无知无畏。如果你真喜欢文学,而不只是赶一赶时髦,我建议你记住海明威的话。海明威说他只和死去的作家比,因为"活着的作家多数并不存在,他们的名声是批评家制造出来的"。今日的批评家制造出了青春文学,而我相信,真正能成大器的必是那些跳出了这个范畴的人,他们不以别的青春写手为对手,而是以心目中的大师为对手,不计成败地走在自己的写作之路上。

小说家是存在的研究者,这意味着他与一切现实、他处理的一切题材都保持着一种距离,这个距离是他作为研究者所必需的。无论何种现实,在他那里都成为研究存在以及表达他对存在之认识的素材。也就是说,他不立足于任何一种现实,而是立足于小说,站在小说的立场上研究它们。

小说家诚然可以面对任何题材,甚至包括自己和他人的隐私这样的题材,功夫的高下见之于对题材的处理,由此而显出他是一个露淫癖或窥淫癖,还是一个存在的研究者。

不论小说的写法怎样千变万化,不可少了两个要素,一是叙事,二是虚构。一部作品倘若具备这两个要素,便可以被承认为小说,否则便不能。现代小说的革命并未把叙事和虚构推翻掉,却改变了它们的关系和方式。

大体而论,在传统小说中,"事"处于中心地位,写小说就是编("虚构")故事,小说家的本领就体现在编出精彩的故事。所谓精彩,无非是离奇、引人入胜、令人心碎或感动之类的戏剧性效果,虚构便以追求此种效果为最高目的。至于"叙"不过是修辞和布局的技巧罢了,叙事艺术相当于诱骗艺术,巧妙的叙即成功的骗,能把虚构的故事讲述得栩栩如生,使读者信以为真。在此意义上,可以把传统小说定义为逼真地叙虚构之事。

在现代小说中,处于中心地位的不是"事",而是"叙"。好的小说家仍然可以是编故事的高手,但也可以不是,比编故事的本领重要得多的是一种独特的叙事方式,它展示了认识存在的一种新的眼光。在此眼光下,实有之事与虚构之事之间的界限不复存在,实有之事也成了虚构,只是存在显现的一种可能性,从而意味着无限多的别种可能性。因此，在现代小说中，虚构主要不是编精彩的故事，而是对实有之事的解构，由此而进窥其后隐藏着的广阔的可能性领域和存在之秘密。在此意义上，可以把现代小说定义为对实有之事的虚构式叙述。

人类有两种最根深蒂固的习惯，一是逻辑，二是道德。从逻辑出发，我们习惯于在事物中寻找因果联系，而对在因果性之外的广阔现实视而不见。从道德出发，我们习惯于对人和事做善恶的判断，而对在善恶的彼岸的真实生活懵然无知。这两种习惯都妨碍着我们研究存在，使我们把生活简单化，停留在生活的表面。

对小说家的两大考验：摆脱逻辑推理的习惯，摆脱道德判断的习惯。

逻辑解构和道德中立——这是现代小说与古典小说的分界线，也是现代小说与现代哲学的会合点。

好的散文家是旅人，他只是如实记下自己的人生境遇和感触。这境遇也许很平凡，这感触也许很普通，然而是他自己的，他舍不得丢失。他写时没有想到读者，更没有想到流传千古。他知道自己是易朽的，自己的文字也是易朽的，不过他不在乎。这个世界已经有太多的文化，用不着他再来添加点什么。另一方面呢，他相信人生最本质的东西终归是单纯的，因而不会永远消失。他今天所捡到的贝壳，在他之前一定有许多人捡到过，在他之后一定还会有许多人捡到。想到这一点，他感到很放心。

有一年我到云南大理，坐在洱海的岸上，看白云在蓝天缓缓移动，白帆在蓝湖缓缓移动，心中异常宁静。这景色和这感觉千古如斯，毫不独特，却很好。那时就想，刻意求独特，其实也是一种文人的做作。

散文最讲究味。一个人写散文，是因为他品尝到了某种人生滋味，想把它说出来。散文无论叙事、抒情、议论，或记游、写景、咏物，目的都是说出这个味来。说不出一个味，就不配叫散文。譬如说，游记写得无味，就只好算旅游指南。再也没有比无味的散文和有学问的诗更让我厌烦的了。

散文是一种非常自由的文体，你用不着特意去写，只要你不是写诗和小说，不是写论文，写出来的就是散文。我们差不多可以这样来定义散文，说它什么都是，因而什么也不是，或者说它是一种人人都能写的东西，因而没有人是专门写散文的。

当然，这不等于说人人都能写好的散文。如同在别的领域一样，自由比法则更是一种考验，享用自由比遵守法则更需要真本事。一块空地，没有布景和道具，没有规定动作，让你即兴表演，你的水平一目了然。

散文贵在以本色示人，最忌涂脂抹粉。真实的前提则是要有真东西——有真情实感才有抒情的真实，有真才实学才有议论的真实。那些被淘汰的诗人跑到散文中来矫揉造作，那些不入流的学者跑到散文中来装腔作势，都是误会了散文的性质。

平淡不但是一种文字的境界，更是一种胸怀，一种人生的境界。

人年轻时很难平淡，譬如正走在上山的路上，多的是野心和幻想。直到攀上绝顶，领略过了天地的苍茫和人生的限度，才会生出一种散淡的心境，不想再匆匆赶往某个目标，也不必再担心错过什么，下山就从容多了。

所以，好的散文大抵出在中年之后，无非是散淡人写的散淡文。

散文的自由不但在文体，更在写作时的心态。一个人写小说或诗歌，必感到自己是在从事着文学的事业，写论文，必感到自己是在从事着学术的事业。他诚然可以是一个热爱自己事业的人，但事业心终归形成了一种精神上的压力。写散文却不然，无论在自身的性质上，还是在社会的事实上，写散文都不成其为一种事业。在一切文体中，散文最缺乏明确的界限，最不具独立的形态。因此，在社会分工中，写散文也最难成为一种职业。世上多职业的小说家、诗人、学者，却很少职业的散文家，这肯定不是偶然的。

散文的心境是一种孤寂、宁静、闲适的心境，有足够的光阴去回忆和遐想。好的散文总是散发出懒洋洋的气息。在我看来，独卧冬日向阳的山坡，或与好友炉边夜话，都是最适宜于散文诞生的情境。现代人却活得过于匆忙了，所以，现代缺乏好的散文。

从诗到散文再到论文是进化，但谁知道是否同时也是一种退化呢？

流行的小散文模式：小故事 + 小情调 + 小哲理。给人一点儿廉价的小感动，一点儿模糊的小感悟。

这种东西是害人的，它们使读者对生活的感觉和理解趋于肤浅，丧失了领悟生活的真相和实质的能力。

我把散文划分为艺术品和工艺品两类。

在旅游地区，常有小摊贩出售千篇一律的劣质工艺品。在游记文学中亦然。

创作

创作过程离不开灵感。所谓灵感，其实包括两种不同状态。一是指稍纵即逝的感受、思绪、意象等的闪现，这时必须立即把它们写下来，不能有分秒的耽搁，否则它们会永远消逝。这种状态可以发生在平时，便是积累素材的良机，也可以发生在写作中，便是文思泉涌的时刻。另一是指预感到创造力高涨而产生的喜悦，这时候会有一种欲罢不能的写作冲动，尽管具体写些什么还不清楚。

但是，要把灵感变成作品绝非易事，而作家的甘苦正在其中。一旦进入实际的写作过程，预感中奇妙的幽会就变成了成败未知的苦苦追求，诱人的旅行就变成了前途未卜的艰苦跋涉。

写作中最愉快的时刻是，句子似乎自动装束停当，排成队列，向你走来。你不假思索，只是把这些似乎现成的美妙句子记录到纸上。大约这就是所谓灵感泉涌、才思敏捷的时刻了。你陶醉在收获的欣喜中，欣喜之余又有些不安，不敢相信这么多果实应当归你所有，因为那播种、耕耘、酝酿的过程本是无意识的，你几乎觉得自己成了一个窃取者。

任何一部以过去为题材的作品，都是过去与当下的混合。

一篇文章有无数种写法。不论写作前的构思多么充分，写作时仍会有种种似乎偶然的字句浮上心头，落在纸上。写作过程的每一次打断都必然会使写法发生某些变化。所以，我不相信有所谓不可改动一字的佳作，佳作的作者自己也一定不相信。

我抓住一条思绪，于是它自己开始工作，去联结、缠绕、吸附，渐渐变得丰厚，一篇文章就诞生了。
许多未被抓住的思绪却飘失了。

当时觉得趣味无穷的经历，事后追记，为什么就不那么有趣了？肯定是遗忘了一点什么：情境，心境，气氛……
事过境迁，记录事实是困难的。不存在纯粹的事实。如果不能同时传达出当时的意味，写出的就不是当时的事实了。

我用语词之锁锁住企图逃逸的感觉，打开锁来，发现感觉已经死去。

文字与眼前的景物、心中的激情有何共同之处呢？所以，写作是一件多么令人绝望的工作。

愈是酣畅的梦，醒后愈是回忆不起来。愈是情景交融的生活，文字愈是不能记叙。

对于写作来说，最重要的是把自己真正感受到的东西写出来，文字功夫是在这个过程之中，而不是在它之外锤炼的。
因此，我主张写自己真正熟悉的题材，自己确实体验到的东西，不怕细小，但一定要真实。这是一个积累的过程，到一定的程度，就能从容对付大的题材了。

写作的"第一原理"：感觉的真实。感觉是最个别化的东西。情节可以虚构，思想可以借用，感觉却是既不能虚构，也不能借用的。你或者有感觉，或者没有。你无法伪造感觉。甚至在那些貌似动情或深沉的作品里，我也找不到哪怕一个伪造的感觉。作者伪造的只是情感和观念，想以之掩盖他的没有感觉，却欲盖弥彰。

有人写作是以文字表达真实的感觉，有人写作是以文字掩盖感觉的贫乏。依我看，作品首先由此分出优劣。

请注意，我强调的是感觉的真实。感觉无所谓对错，只要是一个独特自我对世界的真实体验，就必有其艺术上的价值和效果，哪怕这个自我独特到了病态的地步。

作家是世界上最勤快的人，他总是处在工作状态，不停地做着两件事，便是积累素材和锤炼文字。严格地说，作家并非仅仅在写一个具体的作品时才在写作，其实他无时无刻不在写作。

写作不是写作时才发生的事情，平时的积累最重要。心灵始终保持一种活泼的状态，如同一条浪花四溅的溪流，所谓好文章不过是被抓到手的其中一朵浪花罢了。

灵感闪现不是作家的特权，而是人的思维的最一般特征。当我们刻意去思考什么的时候，我们未必得到好的思想。可是，在我们似乎什么也不想的时候，脑子并没有闲着，往往会有稍纵即逝的感受、思绪、记忆、意象等等在脑中闪现。一般人对此并不在意，他们往往听任这些东西流失掉了。日常琐屑生活的潮流把他们冲向前去,他们来不及也顾不上加以回味。作家不一样,他知道这些东西的价值,会抓住时机,及时把它们记下来。如果不及时记下来,它们很可能就永远消失了。为了及时记下,必须克服懒惰(有时是疲劳)、害羞(例如在众目睽睽的场合)和世俗的礼貌(停止与人周旋)。作家和一般人在此开始分野。

写作者是自己的思想和感受的辛勤的搜集者。许多作家都有专门的笔记本,用于随时记录素材。写小说的人都有一个体会,就是故事情节可以虚构,细节却几乎是无法虚构的,它们只能来自平时的观察和积累。

意义只向有心人敞开。你唯有平时就勤于思考宇宙、社会、人生的大道理,又敏于感受日常生活中的细小事物,你在写作上才会有一副从小见大的好眼力。

写什么?我只能说出这一条原则:写自己真正感兴趣的东西。题材没有限制,凡是感兴趣的都可以写,凡是不感兴趣的都不要写。既然你是为自己写,当然就这样。如果你硬去写自己不感兴趣的东西,你就肯定不是在为自己写,而是为了达到某种外在的目的。

重要的不是题材,而是对题材的处理,不是写什么,而是怎么写。表面上相同的题材,不同的人可以写成完全不同的东西。好的作家无论写什么,一总能写出他独特的眼光,二总能揭示出人类的共同境况,即写的总是自己,又总是整个人生和世界。

无所事事的独处是写作者的黄金时刻。写作者需要闲散和孤独，不但是为了获得充足的写作时间，更是为了获得适宜的写作心境。灵感是神的降临，忌讳俗事搅扰和生人在场。为了迎接它，写作者必须涤净心庭，虚席以待。

完整充实的自我是进入好的写作状态的前提。因为完整反而感到了欠缺，因为充实反而感到了饥渴，这便是写作欲。有了这样的写作欲，就不愁没有题材，它能把碰到的一切都化为自己的食物并且消化掉。可是，当我们消散在事务和他人之中时，我们的自我却是破碎虚弱的。烦扰中写出的作品必有一种食欲不振的征兆。

写作如同收获果实，有它自己的季节。太早了，果实是酸涩的。太迟了，果实会掉落和腐烂。

写景，要写自己真正看到的，如此写出的往往不华丽。那些写得华丽的，其实是写自己认为应该看到的，而非真正看到的，是用辞藻填补和掩饰自己的没有看到。

留着写回忆录吗？不，现在不写，就永远不能补写了。感觉是复活不了的。年老时写青年时代的回忆，写出的事件也许是青年时代的事件，感觉却是老年人的感觉。犹如刻舟求剑，舟上刻下的事件之痕再多，那一路掉在岁月之流中的许多感受却再也打捞不起来了。

叔本华说：形容词是名词的敌人。我说：名词是动词的尸体。

有的人非得在课堂上，有个老师，才能学习。我非得离开课堂，独自一人，才学得进去。

有的人非得打草稿，才能写东西，哪怕是写信。我写东西不能打草稿，那样会觉得现在写的东西是不算数的，因而失去了写的兴致。

每当结束一篇文稿，便顿觉轻松。这种感觉，大约只有一朝分娩、走下产床的产妇才能领略，她又可以在户内户外到处走走，看看天空、太阳、街道和行人了。我就带着这种轻松感，在街上慢悠悠地闲逛，让人看看我也有无所事事的时候，为此感到一种可笑的自豪。

批评

一个批评家应该首先是一个读者。作为读者，他有自己个人的趣味，读一部小说时知道自己是不是喜欢。一个人如果已经丧失了做读者的能力，读作品时不再问也不再知道自己是不是喜欢，只是条件反射似的产生应用某种理论的冲动，那么，他也许可以勉强算一个理论家，但肯定不是批评家。做批评家的第一要求是对文本感兴趣，这种兴趣超出对任何理论的兴趣，不会被取代和抹杀。一个在自己不感兴趣的文本上花工夫的批评家终归是可疑的。

当然，做批评家不能停留在是一个读者，他还应该是一个学者。作为学者，他对自己感兴趣的文本具有进行理论分析的能力，这时候他所创建的或所接受的理论便能起到一种框架和工具的作用了。

首先是读者，然后才是学者。首先是直接阅读的兴趣，然后才是间接阅读的能力。这个次序决定了他是在对文本进行批评，还是在借文本空谈理论。

更进一步，一个好的批评家不但是学者，还应该是一个思想者，他不但研究作品，而且与作品对话，他的批评不只是在探求文本的意义，而且也是在探求生活的真理。

批评总是对某一具体作品的批评。因此，一切合格的批评的前提是，第一，批评者对该作品本身真正感兴趣，从而产生了阐释和评价它的愿望。他的批评冲动是由作品本身激发的，而不是出自应用某种理论的迫切心情。也就是说，他应该首先是个读者，知道自己究竟喜欢什么。第二，批评者具有相当的鉴赏力和判断力，他不是一个普通读者，而是巴赫金所说的那种"高级接受者"，即一个艺术上的内行。作为一个专家，他不妨用理论的术语来表述自己的见解，但是，在此表述之前，他对作品已经有了一种直觉的把握，知道是作品中的什么东西值得自己一评了。

一个批评者对作品有无真正的兴趣，他是否具有鉴赏力和判断力，这两者都必然体现在他的批评之中，因此是容易鉴别的。人们可以假装自己懂某种高深的理论，却很难在这两方面作假。

一个批评家或许也信奉某种哲学观点，但是，当他从事文学批评时，他绝不能仅仅代表这种观点出场，而应力求把它悬置起来，尽可能限制它的作用。他真正应该调动的是两样东西，一是他的艺术鉴赏力和判断力，一是他的精神世界的经验整体。

在任何时代，大多数读者向文学所要求的只是消遣，而期待伟大作品也被伟大作品期待的那种读者必定是少数，不妨把他们称作巴赫金所说的"高级接受者"。这少数读者往往隐而不显，分散在不同的角落里，但确实存在着。如果说批评家负有一种责任的话，这责任便是为此提供证据，因为批评家原本就应该是这少数读者的发言人，一个公开说话的"高级接受者"。

我们时代的鲜明特点是文学向新闻的蜕变，传媒的宣传和炒作几乎成了文学成就的唯一标志，作家们不但不以为耻，反而争相与传媒调情。新闻记者成了指导人们阅读的权威,一个作家如果未在传媒上亮相,他的作品就必定默默无闻。文学批评家也只是在做着新闻记者的工作,在他们手中,批评不再以发现真正有价值的作品及其价值所在为己任,而是变成了文坛消息的匆忙报道。其中更有哗众取宠之辈,专以危言耸听、制造文坛新闻事件为能事。在这样一个浮躁的时代,文学的安静已是过时的陋习,或者——但愿我不是过于乐观——只成了少数不怕过时的作家的特权。

透过现代西方文学批评理论的繁荣景象,我们看到的是文学批评的阙如。在文学批评的名义下,真正盛行的一方面是文化批评、社会批评、政治批评、性别批评等等,另一方面是语言学、符号学、人类学、神话学、知识社会学的研究等等。凡是不把作品当作目的,而仅仅当作一种理论工具的批评,其作为文学批评的资格均是可疑的。

当今批评界的时髦是沤制概念垃圾,然后一股脑儿倾倒在落入其视野的作品上。这帮既不懂哲学又不懂艺术的低能儿,他们唯一的生存策略是在哲学家面前故作放诞,渲染假艺术的气质,在艺术家面前故作高深,玩弄伪哲学的术语。

风格

好的文字风格如同好的仪态风度一样,来自日常一丝不苟的积累。

无论写什么,哪怕只是写信,写日记,写一个便笺,下笔绝不马虎,不肯留下一行不修边幅的文字。这样做的人日久必能写一手好文章。

写得明白易懂的诀窍是,只写自己懂的东西,不写自己不懂的东西。

世上读不懂的书,作者自己也不懂的占大半。

质朴是大师的品格,它既体现在日常举止中,也体现在作品中。这是一种丰富的简洁,深刻的平淡,自信的谦虚,知道自己无需矫饰。相反,那些贫乏浅薄之辈却总是在言谈和作品中露出浮夸高深狂妄之态,因为不如此他们就无法使自己和别人相信他们也是所谓艺术家。

质朴是写作上的大家风度,表现为心态上的平和,内容上的真实,文字上的朴素。相反,浮夸是小家子气,表现为心态上的卖弄,内容上的虚假,文字上的雕琢。

只有质朴的东西才能真正打动心灵。浮夸的东西只会扰乱心灵。

有些人把写作当作演戏，无论写什么，一心想着的是自己扮演的角色，这角色在观众中可能产生的效果。

把简单的事情说得玄妙复杂，或把复杂的东西说得简单明白，都是不寻常的本领。前者靠联想和推理，后者靠直觉和洞察。前者非聪明人不能为，能为后者的人则不但要聪明，而且要诚实。

托尔斯泰的伟大在于他那种异乎寻常的质朴和真实。与他相比，许多作家都太知识分子气了，哪怕写起平民来也是满口知识分子语言。托氏相反，他笔下的知识分子说的仍然是普通的语言，日常生活的语言。

事实上，人们历来用生活语言说话，用书本语言写书，已沿成习惯。用书本语言说话和用生活语言写书都是难事，前者非不可救药的书呆子不能为，后者非不可企及的大师不能为。

托尔斯泰有一种不露声色的幽默。他能发现别人容易忽略的可笑现象，然后叙述出来。是的，他只是叙述，如实地叙述，绝不描绘，绝不眉飞色舞，绝不做鬼脸。可是那力量却异常之大，这是真实的力量。

有真情实感才有抒情的真实，否则只能矫情、煽情。有真知灼见才有议论的真实，否则必定假大空。有对生活的真切观察才有叙述的真实，否则只能从观念出发编造。真实极难，因为我们头脑里有太多的观念，妨碍我们看见生活的真相。在《战争与和平》中，托尔斯泰写娜塔莎守在情人临终的病床边，这个悲痛欲绝的女人在做什么？在织袜子。这个细节包含了对生活的最真实的观察和理解，但一般人绝不会这么写。

文字平易难，独特也难，最难的是平易中见出独特，通篇寻常句子，读来偏是与众不同。如此只可意会不可言传的独特，方可称作风格。

大师的文字风格多半是朴素的，本事在用日常词汇表达独特的东西。相反，只有初学者才喜欢用华丽的修辞，而他们的文章往往雷同。

刻意求来的独特是平庸的另一副面孔，你会发现，它其实在偷偷地模仿，而它本身也是很容易被模仿和复制的。

真正的独特是不可模仿的。它看不见，摸不着，而你却感觉到它无处不在。它不是某些精心做出的姿态，而是贯穿作者全部作品的灵魂。这便是我所理解的风格。

风格和方法都不是孤立的，存在于具体的作品之中，无法抽取出来，抽取出来便不再是原来的那个东西，失去了任何意义。每一个优秀作家都有自己的风格和方法，它们是和他的全部写作经验联系在一起的，原则上是不可学的。

写作者爱自己的思想，不肯让它被坏的文字辱没，所以也爱上了文字的艺术。

一个好的作者，他的灵魂里有音乐，他的作品也许在谈论着不同的事物，但你仿佛始终听到同一个旋律，因为这个旋律而认出他，记住他。

好的作家生活在自己的韵律之中，因此能够不断地唱出自己的新的歌曲。那些没有自己的韵律的作家，他们唱不成调，唱得最好时是在模仿别人。

有的人用平淡的语言说出不同凡响的见解和朴实的真理（两者往往是一回事），有的人满怀激情地说些老生常谈。据说他们写的都是哲理散文。

一种人用平淡朴实的口气说出独特的思想，另一种人用热烈夸张的口气说出平庸的思想。

语言是一个人的整体文化修养的综合指数。凡修养中的缺陷，必定会在语言风格上表现出来。

爱护文字，保持语言在日常生活中的天然健康，不让它被印刷物上的流行疾患浸染和扭曲，乃是文字上的养生功夫。

文字贵在凝练，不但在一篇文章中要尽量少说和不说废话，而且在一个句子里也要尽量少用和不用可有可无的字。文字的平淡得力于自然质朴，有味则得力于凝聚和简练了。因为是原味，所以淡，因为水分少，密度大，所以又是很浓的原味。事实上，所谓文字功夫，基本上就是一种删除废话废字的功夫。世上有一挥而就的佳作，但一定没有未曾下过锤炼功夫的文豪。灵感是石头中的美，不知要凿去多少废料，才能最终把它捕捉住。

对于一个作家来说，节省语言是基本的美德。要养成一种洁癖，看见一个多余的字就觉得难受。由于惜墨如金，所以果然就落笔成金，字字掷地有声。

我剪除哲学的晦涩，为它嫁接上诗的含蓄。

有的人喜欢用哲学语汇表达日常的体验，我喜欢用日常语汇表达哲学的体验。

有的文字用朴素的形式表达深刻的内容，有的文字用华丽的形式掩盖肤浅的内容。然而，人们往往把朴素误认作浅显，又把华丽误认作丰富。

我的人格理想：成熟的单纯。我的风格理想：不张扬的激情。

关于写作的一个小小的经验：别人说过的话尽量少说，自己想说的话尽量说透。

一段表达精当的文字是一面旗帜，在它下面会集合起共鸣者的大军。

格言是天神们私下议论人类隐情的悄悄话，却被智者偷听到了。

世上根本就没有所谓格言家。格言乃神的语言，偶尔遗落在世间荒僻的小路上，凡人只能侥幸拾取，岂能刻意为之。

俏皮话机智，大实话中肯。好的格言既机智，又中肯，是俏皮的大实话。

只有聪明人才能写出好格言，但只读格言的人却是傻瓜。

箴言与隽语的区别，在于它的异乎寻常的重量，不管你是否理解它或喜欢它，你都不能不感觉到这重量。

文人最难戒的毛病是卖弄。说句公道话，文字本身就诱惑他们这样做。他们惯于用文字表达自己，而文字总是要给人看的，这就很容易使他们的表达变成一种表演，使他们的独白变成一种演讲。他们走近文字如同走近一扇面向公众的窗口，不由自主地要摆好姿势。有时候他们拉上窗帘，但故意让屋里的灯亮着，以便把他们的孤独、忧伤、痛苦等等适当地投在窗帘上，形成一幅优美的剪影。

这是一位多愁善感的作者，并且知道自己多愁善感，被自己的多愁善感所感动，于是愈发多愁善感了。他在想象中看到读者感动的眼泪，自己禁不住也流下感动的眼泪，泪眼蒙眬地在稿纸上签下了自己的名字。

托尔斯泰说：在平庸和矫情之间只有一条窄路，那是唯一的正道，而矫情比平庸更可怕。据我看，矫情之所以可怕，原因就在于它是平庸却偏要冒充独特，因而是不老实的平庸。

艺术作品中激情外露终归是不成熟的表现，无论在艺术史上，还是对于艺术家个人，浪漫主义均属于一个较为幼稚的阶段。

在感情问题上说谎，用夸张的言辞渲染爱和恨、欢乐和痛苦等等，这是浪漫主义的通病。不过，我不想过于谴责浪漫主义，只要它是真的。真诚的浪漫主义者——例如十九世纪初期的浪漫主义者——患的是青春期夸张病，他们不自觉地夸大感情，但并不故意伪造感情。在今天，真浪漫主义已经近于绝迹了，流行的是伪浪漫主义，煽情是它的美学，媚俗是它的道德，其特征是批量生产和推销虚假感情，通过传媒操纵大众的感情消费，目的是获取纯粹商业上的利益。

对于表达的晦涩和明白不可一概而论。有康德《纯粹理性批判》那样的因为内容过于艰深而造成的晦涩，也有因为作者自己似懂非懂、思维混乱而造成的所谓晦涩。同样，有蒙田、叔本华那样的既富有洞见、又显示了非凡语言技巧的明白，也有内容苍白、让人一眼望见其浅薄的所谓明白。我相信，一个诚实的哲学家，无论思想多么深刻复杂，总是愿意在不损害表达准确的前提下力求明白的，绝不会把晦涩本身作为一种价值来追求和夸耀。

衡量任何精神作品，第一标准是看它的精神内涵，包括深度、广度、创新等等，而不是看它是否容易被读懂。精神内涵差，不管容易不容易懂都不好。精神内涵好，在不损害这内涵的前提下，我认为容易懂比不容易懂要好。形式往往给人以错觉，譬如说，有的作品的确非常难懂，可是你一旦读懂了，会发现它其实什么也没有说，有的作品看似好懂，可是你读进去了，会发现其实离读懂它还远得很。

天才

大自然的星空，群星灿烂。那最早闪现的，未必是最亮的星宿。有的星宿孤独地燃烧着，熄灭了，很久很久以后，它的光才到达我们的眼睛。

文化和历史的星空何尝不是如此？

多数人属于家庭，国家，社会。天才属于有与无，最小与最大，自我与永恒。

有时候，天才与普通人的区别仅在于是否养成了严格的工作习惯。

天才是伟大的工作者。凡天才必定都是热爱工作、养成了工作的习惯的人。当然，这工作是他自己选定的，是由他的精神欲望发动的，所以他乐在其中，欲罢不能。那些无此体验的人从外面看他，觉得不可理解，便勉强给了一个解释，叫作勤奋。

世上大多数人是在外在动机的推动下做工作的，他们的确无法理解为自己工作是怎么一回事。一旦没有了外来的推动，他们就不知自己该做什么了。

还有一些聪明人或有才华的人，也总是不能养成工作的习惯，终于一事无成。他们往往有怀才不遇之感，可是，在我看来，一个人不能养成工作的习惯，这本身即已是才华不足的证明，因为创造欲正是才华最重要的组成部分。

一般而言，天才晚年的作品是更空灵、更超脱、更形而上的，那时候他们的灵魂已经抵达天国的门口，人间的好恶和批评与他们无关了。

精神仍在蓬勃生长，肉体却已经衰老，这是某一些创造者晚年的悲哀。

一个人的精神财富是以他的心灵为仓库的。不管你曾经有过多么丰富的经历、感受和思想，如果你的心灵已经枯寂，这一切对于现在的你就不再有意义。哪怕你著作等身，它们也至多能成为心灵依然活泼着的别人的精神财富，对于你却已是身外之物了。这是另一些创造者晚年的悲哀。

天才往往不是那些最聪明的人。如同大自然本身一样，天才必有他的笨拙之处。

天才之缺乏自知之明，恰如庸人一样，不过其性质相反。庸人不知自己之短，天才却不知自己之长。德拉克罗瓦在创作他的传世名画之时，还在考虑他是否做一个诗人更合适些。

天赋高的人有一种几乎与生俱来的贵族心理，看不起芸芸众生，他对群众的宽容态度是阅历和思考的产物。

天才生活在一个观念和想象的世界里，尽管在他们看来，这个世界更真实、更根本,但是它确实是脱离普通人的日常生活世界的。因此,用世俗的眼光看,天才绝不可能给人类带来任何实际的幸福,他们的欢乐只是疯狂,他们的苦痛也只是自作自受。世人容忍他们的存在,如同对待异禽怪兽一样给他们拨出一小块生存空间,便已经是礼遇有加了。天才自己不应当期望有更好的待遇,否则就等于期望自己不是天才。

庸才比天才耐久。庸才是精神作坊里的工匠,只要体力许可,总能不断地制作。创造的天才一旦枯竭,就彻底完了。他没有一点慰藉,在自己眼里成了废物。他也的确是一个废物了。

创造靠智慧,处世靠常识。有常识而无智慧,谓之平庸。有智慧而无常识,谓之笨拙。庸人从不涉足智慧的领域,所以不自知其平庸。天才却不免被抛入常识的领域,所以每暴露其笨拙。既然两者只可能在庸人的领土上相遇,那么,庸人得意,天才潦倒,当然就不足怪了。

有两种人永远不成熟:白痴和天才。换一种说法,以常人的眼光看,有两种人不正常:低能者和超常者。这个区别基本上取决于禀赋。不过,由于机遇的不幸,超常者的禀赋可能遭扼杀,而被混同于低能者。

天才三境界:入世随俗,避世隐居,救世献身。

天才在同时代人中必是孤独的,往往受到冷落和误解,而在后来的时代中,大多数人事实上也是不理解他们的。那么,他们身后的名声是如何建立起来的呢?

也许，伟大心智的超时代沟通是一个原因，这种沟通形成了高级文化的历史继承渠道。

但问题仍然存在：即使后来的天才理解先前的天才，可是这后来的天才在自己的时代仍然是孤独的，他对先前天才的评价却何以得到人们的公认呢？

也许总有少数幸运的天才，正是通过他们，世人在接受他们的同时也接受了他们所赏识的其余不幸的天才。

天才是如何被承认的？几种假说——

其一，级差承认：二等才智承认一等才智，三等承认二等，以此类推，至于普通人，使天才终于在民众中树立起了声誉。当然，仅仅是声誉，其代价便是误解的递增。

其二，连锁承认：在众多天才中，某一天才因为种种偶然性的凑合而被承认，于是人们也承认他所欣赏的一系列天才，这些天才中每人所欣赏的天才，就像滚雪球一样。

其三，然而，最准确的说法也许是，天才是通过被误解而得到承认的。世人承认其显而易见的智力，同时又以平庸的心智猜度天才的思想。

天才因其被误解而成其伟大。这话可有三解：第一，越是独特的天才，与常人越缺少共同之处，因而越是不被理解和易遭误解。所以，误解的程度适见出独特和伟大的程度。第二，天才之被承认为伟大，必是在遭到普遍的误解之后，人们接受了用自己的误解改造过的这天才形象，于是承认其伟大——承认其合自己的口味。第三，天才的丰富性和神秘性为世世代代的误解留下了广阔的余地，愈是伟大的天才愈是一个谜，愈能激起人们猜测他，从而误解他的兴趣。伟大与可误解度成正比。

也许，天才最好的命运是留下了著作，在人类的世代延续中，他的思想不时地在个别人心灵上引起震颤和共鸣。这就是他的不朽和复活。较坏的是著作失传，思想湮灭。最坏的是他的著作成为经典，他的名字成为偶像，他的思想成为教条。

对天才是无法盖棺论定的。天才在受到崇拜的同时总是遭到误解和曲解，引起永无止息的争论。也许，不能盖棺论定本身就证明了伟大。

耶稣说："先知在自己的家乡是从不受人欢迎的。"其实，何止不受欢迎，在本乡人眼中根本就不存在先知。在本乡人、本单位人以及一切因为外在原因而有了日常接触的人眼中，不存在先知、天才和伟人。在这种情形下，人们对于一个精神上的非凡之人会发生两种感想。第一，他们经常看见这个人，熟悉他的模样、举止、脾气、出身、家庭状况等等，就自以为已经了解他了。在他们看来，这个人无非就是他们所熟悉的这些外部特征的总和。第二，由于生活环境相同，他们便以己度人，认为这个人既然也是这个环境的产物，就必定是和自己一样的人，不可能有什么超常之处。即使这个人的成就在本乡以外发生了广泛的影响，他们也仍然不肯承认，而要发出拿撒勒人针对耶稣发出的疑问："他这一切究竟从哪里来的呢？"

先知在本乡之所以受到排斥，嫉妒也起了很大作用。一个在和自己相同环境里生长的人，却比自己无比优秀，对于这个事实，人们先是不能相信，接着便不能容忍了，他们觉得自己因此遭到了贬低。直到很久以后，出于这同样的虚荣心，他们的后人才会把先知的诞生当作本乡的光荣大加宣扬。

可是，一切精神上的伟人之诞生与本乡何干？他们之所以伟大，正是因为他们从来就不属于本乡，他们是以全民族或者全人类为自己的舞台的。所以，如果要论光荣，这光荣只属于民族或者人类。这一点对于文明人来说应该是不言而喻的，譬如说，倘若一个法兰克福人以歌德的同乡自炫，他就一定会遭到全体德国人的嘲笑。

历史上有一些人才辈出的名门，但也有许多天才无家族史可寻。即使在优秀家族中，所能遗传的也只是高智商，而非天才。天才的诞生是一个超越于家族的自然事件和文化事件，在自然事件这一面，毋宁说天才是人类许多世代之精华的遗传，是广阔范围内无血缘关系的灵魂转世，是钟天地之灵秀的产物，是大自然偶一为之的杰作。

天才的可靠标志不是成功，而是成功之后的厌倦。

天才是脆弱的，一点病菌、一次车祸、一个流氓就可以致他于死命。

天才未必是强者，例如梵高。性格的强弱决定尘世的命运，天赋的大小决定天国的命运。在某种意义上，可以把天才死后享誉看作天国的荣耀。

天才不走运会成为庸人，庸人再走运也成不了天才。

天才往往有点疯，但疯子不等于是天才。自命天才的人老在这一点上发生误解。

天才与疯子,奇人与骗子,均在似是而非之间。

世上有一个天才,就有一千个自命天才的疯子。有一个奇人,就有一万个冒充奇人的骗子。

俗人有卑微的幸福,天才有高贵的痛苦,上帝的分配很公平。对此愤愤不平的人,尽管自命天才,却比俗人还不如。

读书

人文经典是一座圣殿,它就在我们身边,一切时代的思想者正在那里聚会,我们只要走进去,就能聆听到他们的嘉言隽语。

有的人生活在时间中,与古今哲人贤士相晤谈。有的人生活在空间中,与周围邻人俗士相往还。

好读书

人的癖好五花八门，读书是其中之一。但凡人有了一种癖好，也就有了看世界的一种特别眼光，甚至有了一个属于他的特别的世界。不过，和别的癖好相比，读书的癖好能够使人获得一种更为开阔的眼光，一个更加丰富多彩的世界。

一个人怎样才算养成了读书的癖好呢？我觉得倒不在于读书破万卷，一头扎进书堆，成为一个书呆子。重要的是一种感觉，即读书已经成为生活的基本需要，不读书就会感到欠缺和不安。宋朝诗人黄山谷有一句名言："三日不读书，便觉语言无味，面目可憎。"如果你三日不读书，就感到自惭形秽，羞于对人说话，觉得没脸见人，则你必定是一个有读书癖的人了。

读者是一个美好的身份。每个人在一生中会有各种其他的身份，例如学生、教师、作家、工程师、企业家等，但是，如果不同时也是一个读者，这个人就肯定存在着某种缺陷。

历史上有许多伟大人物，在他们众所周知的声誉背后，往往有一个人所不知的身份，便是终身读者，即一辈子爱读书的人。

在很大程度上，人类精神文明的成果是以书籍的形式保存的，而读书就是享用这些成果并把它们据为己有的过程。质言之，做一个读者，就是加入到人类精神文明的传统中去，做一个文明人。相反，对于不是读者的人来说，凝聚在书籍中的人类精神财富等于不存在，他们不去享用和占有这笔宝贵的财富，一个人唯有在成了读者以后才会知道，这是多么巨大的损失。

置身于传统之外，没有人能够成为思想者。做一个思想者，意味着以自己的方式参与到人类精神传统中去，成为其中积极的一员。对于每一个个体来说，这个传统一开始是外在于他的，他必须去把它占为己有，而阅读经典便是占为己有的最基本的途径。

读书唯求愉快，这是一种很高的境界。关于这种境界，陶渊明做了最好的表述："好读书，不求甚解。每有会意，便欣然忘食。"不过，我们不要忘记，在《五柳先生传》中，这句话前面的一句话是："闲静少言，不慕荣利。"可见要做到出于性情而读书，其前提是必须有真性情。那些躁动不安、事事都想发表议论的人，那些渴慕荣利的人，哪里肯甘心于自个儿会意的境界。

以愉快为基本标准，这也是在读书上的一种诚实的态度。无论什么书，只有你读时感到了愉快，使你发生了共鸣和获得了享受，你才应该承认它对于你是一本好书。尤其是文学作品，本身并无实用，唯能使你的生活充实，而要做到这一点，前提是你喜欢读。没有人有义务必须读诗、小说、散文。哪怕是专家们同声赞扬的名著，如果你不感兴趣，便与你无干。不感兴趣而硬读，其结果只能是不懂装懂，人云亦云。相反，据我所见，凡是真正把读书当作享受的人，必有自己鲜明的好恶，而且对此心中坦荡，不屑讳言。

对今天青年人的一句忠告：多读书，少上网。你可以是一个网民，但你首先应该是一个读者。如果你不读书，只上网，你就真成一条网虫了。称网虫是名副其实的，整天挂在网上，看八卦，聊天，玩游戏，精神营养极度不良，长成了一条虫。

互联网是一个好工具，然而，要把它当工具使用，前提是你精神上足够强健。否则，结果只能是它把你当工具使用，诱使你消费，它赚了钱，你却被毁了。

书籍是人类经典文化的主要载体。电视和网络更多地着眼于当下，力求信息传播的新和快，不在乎文化的积淀。因此，一个人如果主要甚至仅仅看电视和上网络，他基本上就是一个没有文化的人。他也许知道天下许多奇闻八卦，但这些与他的真实生活毫无关系，与他的精神生长更毫无关系。一个不读书的人是没有根的，他对人类文化传统一无所知，本质上是贫乏和空虚的。我希望今天的青少年不要成为没有文化的一代人。

我承认我从写作中也获得了许多快乐，但是，这种快乐并不能代替读书的快乐。有时候我还觉得，写作侵占了我的读书的时间，使我蒙受了损失。写作毕竟是一种劳动和支出，而读书纯粹是享受和收入。

藏书多得一辈子读不完，可是，一见好书或似乎好的书，还是忍不住要买，仿佛能够永远活下去读下去似的。

嗜好往往使人忘记自己终有一死。

爱书家的藏书，确是把书当作了他的生命的一部分。在书斋与主人之间，有一个共生并存的关系。正因为此，一旦与主人断绝了关系，书斋便解体，对于别人它至多是一笔财产，而不再是一个有机体。事实上，无论古今，私人书斋是难于传之子孙的，因为子孙对它已不具有它的主人曾经具有的血肉相联的感情。这对于书斋主人来说，倒不是什么了不得的憾事，既然生命行将结束，那和他生死与共的书斋的使命应该说是圆满完成了。

对我们影响最大的书往往是我们年轻时读的某一本书，它的力量多半不缘于它自身，而缘于它介入我们生活的那个时机。那是一个最容易受影响的年龄，我们好歹要崇拜一个什么人，如果没有，就崇拜一本什么书。后来重读这本书，我们很可能会对它失望，并且诧异当初它何以使自己如此心醉神迷。但我们不必惭愧，事实上那是我们的精神初恋，而初恋对象不过是把我们引入精神世界的一个诱因罢了。当然，同时它也是一个征兆，我们早期着迷的书的性质大致显示了我们的精神类型，预示了我们后来精神生活的走向。

年长以后，书对我们很难再有这般震撼效果了。无论多么出色的书，我们和它都保持着一个距离。或者是我们的理性已经足够成熟，或者是我们的情感已经足够迟钝，总之我们已经过了精神初恋的年龄。

青春期是人生最美妙的时期。恋爱是青春期最美妙的事情。我说的恋爱是广义的，不只是对异性的憧憬和眷恋，随着春心萌动，少男少女对世界和人生都是一种恋爱的心情，眼中的一切都闪放着诱人的光芒。在这样的心情中，一个人有幸接触到书的世界，就有了青春期最美妙的恋爱——青春期的阅读。

青春期的阅读真正具有恋爱的性质，那样纯洁而痴迷。书的世界里，一本本尚未翻开的书，犹如一张张陌生女郎的谜样面影，引人遐想,招人赏析。每翻开一本新书,心中期待的是一次新的奇遇,一场新的销魂。人的一生中,以后再不会有如此纯洁而痴迷的阅读了,成年人的阅读几乎不可避免地被功利、事务、疲劳损害。

阅读不但可以养心,而且可以养生,使人心宽体健。人的身体在很大程度上受心灵支配,忧虑往往致病,心态好是最好的养生。爱阅读的人,内心充实宁静,不易陷入令人烦恼焦虑的世事纷争之中。大学者中多寿星,原因就在于此。

阅读还可以救生,为人解惑消灾。人遇事之所以想不开,寻短见,是因为坐井观天,心胸狭窄。爱阅读的人,眼界开阔,一览众山小,比较容易超脱人生中一时一地的困境。

阅读甚至可以优生,助人教子育人。父母爱阅读,会在家庭中形成良好的文化氛围,对子女产生不教之教的熏陶作用。相反,父母自己不读书,却逼迫孩子用功,一定事倍功半。

世人不计其数,知己者数人而已,书籍汪洋大海,投机者数本而已。

我们既然不为只结识总人口中一小部分而遗憾,那么也就不必为只读过全部书籍中一小部分而遗憾了。

金圣叹列举他最喜爱的书,到第六才子书《西厢记》止。他生得太早,没有读到《红楼梦》。我忽然想:我们都生得太早,不能读到我们身后许多世纪中必然会出现的一部又一部杰作了。接着又想:我们读到了《红楼梦》,可是有几人能像金圣叹之于《西厢记》那样品读?那么,生得晚何用,生得早何憾?不论生得早晚,一个人的精神胃口总是有限的,所能获得的精神食物也总是足够的。

好读书和好色有一个相似之处，就是不求甚解。

某生嗜书，读书时必专心致志，任何人不得打扰。一日，正读海德格尔的《存在与时间》，海德格尔叩门求访。某生毅然拒之门外，读书不辍。海德格尔怏然而归。

学者是一种以读书为职业的人，为了保住这个职业，他们偶尔也写书。

作家是一种以写书为职业的人，为了保住这个职业，他们偶尔也读书。

读好书

费尔巴哈说：人就是他所吃的东西。至少就精神食物而言，这句话是对的。从一个人的读物大致可以判断他的精神品级。一个在阅读和沉思中与古今哲人文豪倾心交谈的人，与一个只读明星逸闻和凶杀故事的人，他们当然有着完全不同的内心世界。我甚至要说，他们也是生活在完全不同的外部世界上，因为世界本无定相，它对于不同的人呈现不同的面貌。

严格地说，好读书和读好书是一回事，在读什么书上没有品位的人是谈不上好读书的。所谓品位，就是能够通过阅读而过一种心智生活，使你对世界和人生的思索始终处在活泼的状态。世上真正的好书，都应该能够发生这样的作用，而不只是向你提供信息或者消遣。

有人问一位登山运动员为何要攀登珠穆朗玛峰，得到的回答是："因为它在那里。"别的山峰不存在吗？在他眼里，它们的确不存在，他只看见那座最高的山。爱书者也应该有这样的信念：非最好的书不读。让我们去读最好的书吧，因为它在那里。

攀登大自然的高峰，我们才能俯视大千，一览众山小。阅读好书的效果与此相似，伟大的灵魂引领我们登上精神的高峰，超越凡俗生活，领略人生天地的辽阔。

要读好书，一定要避免读坏书。所谓坏书，主要是指那些平庸的书。读坏书不但没有收获，而且损害莫大。一个人平日读什么书，会在内听觉中形成一种韵律，当他写作的时候，他就会不由自主地跟着这韵律走。因此，大体而论，读书的档次决定了写作的档次。

世上书籍如汪洋大海，再热衷的书迷也不可能穷尽，只能尝其一瓢，区别在于尝哪一瓢。读书是一件非常私人的事情，喜欢读什么书，不论范围是宽是窄，都应该有自己的选择，体现了自己的个性和兴趣。其实，形成个人趣味与养成读书癖好是不可分的，正因为找到了和预感到了书中知己，才会锲而不舍，欲罢不能。没有自己的趣味，仅凭道听途说东瞧瞧、西翻翻，连兴趣也谈不上，遑论癖好。

优秀的书籍组成了一个伟大宝库，它就在那里，属于一切人而又不属于任何人。你必须走进去，自己去占有适合于你的那一份宝藏，而阅读就是占有的唯一方式。对于没有养成阅读习惯的人来说，它等于不存在。人们孜孜于享用人类的物质财富，却自动放弃了享用人类精神财富的权利，竟不知道自己蒙受了多么大的损失。

人类历史上产生了那样一些著作，它们直接关注和思考人类精神生活的重大问题，因而是人文性质的，同时其影响得到了许多世代的公认，已成为全人类共同的财富，因而又是经典性质的。我们把这些著作称作人文经典。在人类精神探索的道路上，人文经典构成了一种伟大的传统，任何一个走在这条路上的人都无法忽视其存在。

人文经典是一座圣殿，它就在我们身边，一切时代的思想者正在那里聚会，我们只要走进去，就能聆听到他们的嘉言隽语。就最深层的精神生活而言，时代的区别并不重要，无论是两千年前的先贤，还是近百年来的今贤，都同样古老，也都同样年轻。

古往今来，书籍无数，没有人能够单凭一己之力从中筛选出最好的作品来。幸亏我们有时间这位批评家，虽然它也未必绝对智慧和公正，但很可能是一切批评家中最智慧和最公正的一位，多么独立思考的读者也不妨听一听它的建议。所谓经典，就是时间这位批评家向我们提供的建议。

人类历史上有过许多精神巨人，他们高瞻远瞩，各人依凭自己的心性看见了不同的奇异风景。我们不是巨人，但何妨站到巨人的肩膀上，去欣赏一下他们眼中的那奇异的风景。我们不是伟大的人，但何妨阅读伟大的著作，去体会一下人的伟大可以达到何种高度。是的，读经典就是站在巨人的肩膀上的最直接、最现成的方式。

经典虽然属于每一个人，但永远不属于大众。每一个人只能作为有灵魂的个人，而不是作为无个性的大众，才能走到经典中去。如果有一天你也陶醉于阅读经典这种美妙的消遣，你就会发现，你已经距离一切大众娱乐性质的消遣多么遥远。

在我看来，真正重要的倒不在于你读了多少名著，古今中外的名著是否读全了，而在于要有一个信念，便是非最好的书不读。有了这个信念，即使你读了许多并非最好的书，你仍然会逐渐找到那些真正属于你的最好的书，并且成为它们的知音。事实上，对于每个具有独特个性和追求的人来说，他的必读书的书单决非照抄别人的，而是在他自己阅读的过程中形成的，这个书单本身也体现出了他的个性。

一个人的阅读趣味大致规定了他的精神品位，而纯正的阅读趣味正是在读好书中养成的。

我要庆幸世上毕竟有真正的好书，它们真实地记录了那些优秀灵魂的内在生活。不，不只是记录，当我读它们的时候，我鲜明地感觉到，作者在写它们的同时就是在过一种真正的灵魂生活。这些书多半是沉默的，可是我知道它们存在着，等着我去把它们一本本打开，无论打开哪一本，都必定会是一次新的难忘的经历。读了这些书，我仿佛结识了一个个不同的朝圣者，他们走在各自的朝圣路上。

智力活跃的青年并不天然地拥有心智生活，他的活跃的智力需要得到鼓励，而正是通过读那些使他品尝到了智力快乐和心灵愉悦的好书，他被引导进入了作为一个整体的人类心智生活之中。

过去出大师，今天出偶像。但大师并未成为过去，而是永远活在他们的作品中，活在文化的传承中。偶像则依附于时尚而昙花一现。

我给自己的定位：大师的学生。我当然不是大师，但也不是偶像，做大师的学生，这是我的最大幸运和光荣。

寄语今日青年：要做大师的学生，不做偶像的粉丝。唯有如此，你们才能超越时尚，进入文化。

人生不能没有朋友。在一切朋友中，有两个朋友是最不可缺的。一个朋友就是你自己，是你身上的那个更高的自我，但它常常是沉睡着的，你要去把它唤醒。为了使这个更高的自我变得丰富而强大，你还必须有另一个朋友，就是那些好书，活在好书里的那些伟大的灵魂。

读永恒的书，做纯粹的人。

读无用的书，做有梦的人。

有的人生活在时间中，与古今哲人贤士相晤谈。有的人生活在空间中，与周围邻人俗士相往还。

历史上常常有这样的情形：一本好书在评论界遭冷落或贬斥，却被许多无名读者热爱和珍藏。这种无声的评论在悠长的岁月中发挥着作用，归根结底决定了书籍的生命。

不同的书有不同的含金量。世上许多书只有很低的含金量，甚至完全是废矿，可怜那些没有鉴别力的读者辛苦地去开凿，结果一无所获。

含金量高的书，第一言之有物，传达了独特的思想或感受，第二文字凝练，赋予了这些思想或感受以最简洁的形式。这样的书自有一种深入人心的力量，使人过目难忘。

我的体会是，读原著绝对比读相关的研究著作有趣，在后者中，一种思想的原创力量和鲜活生命往往被消解了，只剩下了一副骨架，躯体某些局部的解剖标本，以及对于这些标本的博学而冗长的说明。

大师绝对比追随者可爱无比也更加平易近人，直接读原著是通往智慧的捷径。这就像在现实生活中，真正的伟人总是比那些包围着他们的秘书和仆役更容易接近，困难恰恰在于怎样冲破这些小人物的阻碍。可是，在阅读中不存在这样的阻碍，经典名著就在那里，任何人想要翻开都不会遭到拒绝，那些爱读二三手解读类、辅导类读物的人其实是自甘于和小人物周旋。

我把我的读书旨趣概括为三个"不"，可以戏称为"三不主义"。一、不务正业，博览群书。我的专业是哲学，但我的阅读范围很宽，人性理应全面发展，没有必要受专业限制。二、不走弯路，直奔大师。虽然阅读的范围很宽，但我对书的品质很挑剔，无论是哪个领域，以读经典名著为主。三、不求甚解，为我所用。虽然读的是经典名著，但我把它们当闲书读，不端做学问的架子，目的只是自己精神上的愉悦和生长。

书太多了，我决定清理掉一些。有一些书，不读一下就扔似乎可惜，我决定在扔以前粗读一遍。我想，这样也许就对得起它们了。可是，属于这个范围的书也非常多，结果必然是把时间都耗在这些较差的书上，而总也不能开始读较好的书了。于是，对得起它们的代价是我始终对不起自己。

所以，正确的做法是，在所有的书中，从最好的书开始读起。一直去读那些最好的书，最后当然就没有时间去读较差的书了，不过这就对了。

在一切事情上都应该如此。世上可做可不做的事是做不完的，永远要去做那些最值得做的事。

也许没有一个时代拥有像今天这样多的出版物，然而，很可能今天的人们比以往任何时候都阅读得少。在这样的时代，一个人尤其必须懂得拒绝和排除，才能够进入真正的阅读。

许多书只是外表像书罢了。不过，你不必愤慨，倘若你想到这一点：许多人也只是外表像人罢了。

怎么读

真正的阅读必须有灵魂的参与，它是一个人的灵魂在一个借文字符号构筑的精神世界里的漫游，是在这漫游途中的自我发现和自我成长，因而是一种个人化的精神行为。

好的书籍是朋友，但也仅仅是朋友。与好友会晤是快事，但必须自己有话可说，才能真正快乐。一个愚钝的人，再智慧的朋友对他也是毫无用处的，他坐在一群才华横溢的朋友中间，不过是一具木偶，一个讽刺，一种折磨。每人都是一个神，然后才有奥林匹斯神界的欢聚。

读书犹如交友，再情投意合的朋友，在一块耽得太久也会腻味的。书是人生的益友，但也仅止于此，人生的路还得自己走。在这路途上，人与书之间会有邂逅，离散，重逢，诀别，眷恋，反目，共鸣，误解，其关系之微妙，不亚于人与人之间，给人生添上了如许情趣。也许有的人对一本书或一位作家一见倾心，爱之弥笃，乃至白头偕老。我在读书上却没有如此坚贞专一的爱情。倘若临终时刻到来，我相信使我含恨难舍的不仅有亲朋好友，还一定有若干册体己好书。但尽管如此，我仍不愿同我所喜爱的任何一本书或一位作家厮守太久，受染太深，丧失了我自己对书对人的影响力。

　　许多人热心地请教读书方法，可是如何读书其实是取决于整个人生态度的。开卷有益，也可能有害。过去的天才可以成为自己天宇上的繁星，也可以成为压抑自己的偶像。正因为此，几乎一切创造欲强烈的思想家都对书籍怀着本能的警惕。

　　人们总是想知道怎样读书，其实他们更应当知道的是怎样不读书。

　　一个人是有可能被过多的文化伤害的。蒙田把这种情形称作"文碎"，即被文字之斧劈伤。

　　我的一位酷爱诗歌、熟记许多名篇的朋友叹道："有了歌德，有了波德莱尔，我们还写什么诗！"我与他争论：尽管有歌德，尽管有波德莱尔，却只有一个我，这个我是歌德和波德莱尔所不能代替的，所以我还是要写。

　　开卷有益，但也可能无益，甚至有害，就看它是激发还是压抑了自己的创造力。

　　我衡量一本书对于我的价值的标准是：读了它之后，我自己是否也遏止不住地想写点什么，哪怕我想写的东西表面上与它似乎全然无关。它给予我的是一种氛围、一种心境，使我仿佛置身于一种合宜的气候里，心中潜藏的种子因此发芽破土了。

　　有的书会唤醒我的血缘本能，使我辨认出我的家族渊源。书籍世界里是存在亲族谱系的，同谱系中的佼佼者既让我引以自豪，也刺激起了我的竞争欲望，使我也想为家族争光。

我在生活、感受、思考，把自己意识到的一些东西记录了下来。更多的东西尚未被我意识到，它们已经存在，仍处在沉睡和混沌之中。读书的时候，因为共鸣，因为抗争，甚至因为走神，沉睡的被唤醒了，混沌的变清晰了。对于我来说，读书的最大乐趣之一是自我发现，知道自己原来还有这么一些好东西。

读书的收获有两种。一是通过读书知道了自己原来没有当然也就不知道的东西，这样收获到的东西叫知识。二是通过读书发现了自己原来已经有但没有意识到的东西，这些东西是自己感悟到的，但好像一直沉睡着，现在被唤醒了，激活了，因此获得了生长、开花、结果的机会。这样收获到的东西，我称之为智慧。

我们读一本书，读到精彩处，往往情不自禁地要喊出声来：这是我的思想，这正是我想说的，被他偷去了！有时候真是难以分清，哪是作者的本意，哪是自己的混入和添加。沉睡的感受唤醒了，失落的记忆找回了，朦胧的思绪清晰了。其余一切，只是死的知识，也就是说，只是外在于灵魂有机生长过程的无机物。

在才智方面，我平生最佩服两种人：一是有非凡记忆力的人；一是有出色口才的人。也许这两种才能原是一种，能言善辩是以博闻强记为前提的。我自己在这两方面相当自卑，读过的书只留下模糊的印象，谈论起自己的见解来也就只好寥寥数语，无法旁征博引。

不过，自卑之余，我有时又自我解嘲，健忘未必全无益处：可以不被读过的东西牵着鼻子走，易于发挥自己的独创性；言语简洁，不夸夸其谈，因为实在谈不出更多的东西；对事物和书籍永远保持新鲜感，不管接触多少回，总像第一次见到一样。如果我真能过目不忘，恐怕脑中不再有自己的立足之地，而太阳下也不再有新鲜的事物了。

近日读蒙田的随笔，没想到他也是记忆力差的人，并且也发现了记忆力差的这三种好处。

自我是一个凝聚点。不应该把自我溶解在大师们的作品中，而应该把大师们的作品吸收到自我中来。对于自我来说，一切都只是养料。

有两种人不可读太多的书：天才和白痴。天才读太多的书，就会占去创造的工夫，甚至窒息创造的活力，这是无可弥补的损失。白痴读书愈多愈糊涂，愈发不可救药。

天才和白痴都不需要太多的知识，尽管原因不同。倒是对于处在两极之间的普通人，知识较为有用，可以弥补天赋的不足，可以发展实际的才能。所谓"貂不足，狗尾续"，而貂已足和没有貂者是用不着续狗尾的。

在读一位大思想家的作品时，无论谴责还是辩护都是极狭隘的立场，与所读对象太不相称。我们需要的是一种对话式的理解，其中既有共鸣，也有抗争。

认真说来，一个人受另一个人（例如一位作家，一位哲学家）的"影响"是什么意思呢？无非是一种自我发现，是自己本已存在但沉睡着的东西的被唤醒。对心灵所发生的重大影响绝不可能是一种灌输，而应是一种共鸣和抗争。无论一本著作多么伟大，如果不能引起我的共鸣和抗争，它对于我实际上是不存在的。

前人的思想对于我不过是食物。让化学家们去精确地分析这些食物的化学成分吧,至于我,我只是凭着我的趣味去选择食物,品尝美味,吸收营养。我胃口很好,消化得很好,活得快乐而健康,这就够了,哪里有耐心去编制每一种食物的营养成分表!

怎么读大师的书?我的方法是:不求甚解,为我所用。

不求甚解,就是用读闲书的心情读,不被暂时不懂的地方卡住,领会其大意即可。这是一个受熏陶的过程,在此过程中,你用来理解大师的资源——人文修养——在积累,总有一天会发现,你读大师的书真的像读闲书一样轻松愉快了。

为我所用,就是不死抠所谓原义,只把大师的书当作自我生长的养料,你觉得自己在精神上有所感悟和提高就可以了。你的收获不是采摘某一个大师的果实,而是结出你自己的果实。

读大师的书,走自己的路。

读书的心情是因时因地而异的。有一些书,最适合于在羁旅中、在无所事事中、在远离亲人的孤寂中翻开。这时候,你会觉得,虽然有形世界的亲人不在你的身旁,但你因此而得以和无形世界的亲人相逢了。在灵魂与灵魂之间必定也有一种亲缘关系,这种亲缘关系超越于种族和文化的差异,超越于生死,当你和同类灵魂相遇时,你的精神本能会立刻把它认出。

书籍少的时候,我们往往从一本书中读到许多东西。我们读到了书中有的东西,还读出了更多的书中没有的东西。

如今书籍愈来愈多,我们从书中读到的东西却愈来愈少。我们对书中有的东西尚且挂一漏万,更无暇读出书中没有的东西了。

读书犹如采金。有的人是沙里淘金,读破万卷,小康而已。有的人是点石成金,随手翻翻,便成巨富。

写作

为何写作？为了安于自己的笨拙和孤独。为了有理由整天坐在家里，不必出门。为了吸烟时有一种合法的感觉。为了可以不遵守任何作息规则同时又生活得有规律。写作是我的吸毒和慢性自杀，同时又是我的体操和养身之道。

我难免会写将被历史推翻的东西，但我绝不写将被历史耻笑的东西。

写作的理由

写作是精神生活的方式之一。人有两个自我,一个是内在的精神自我,一个是外在的肉身自我,写作是那个内在的精神自我的活动。普鲁斯特说,当他写作的时候,进行写作的不是日常生活中的那个他,而是"另一个自我"。他说的就是这个意思。

外在自我会有种种经历,其中有快乐也有痛苦,有顺境也有逆境。通过写作,可以把外在自我的经历,不论快乐和痛苦,都转化成了内在自我的财富。有写作习惯的人,会更细致地品味、更认真地思考自己的外在经历,仿佛在内心中把既有的生活重过一遍,从中发现丰富的意义并储藏起来。

我相信人不但有外在的眼睛,而且有内在的眼睛。外在的眼睛看见现象,内在的眼睛看见意义。被外在的眼睛看见的,成为大脑的贮存,被内在的眼睛看见的,成为心灵的财富。

许多时候,我们的内在眼睛是关闭着的。于是,我们看见利益,却看不见真理,看见万物,却看不见美,看见世界,却看不见上帝,我们的日子是满的,生命却是空的,头脑是满的,心却是空的。

外在的眼睛不使用,就会退化,常练习,就能敏锐。内在的眼睛也是如此。对于我来说,写作便是一种训练内在视力的方法,它促使我经常睁着内在的眼睛，去发现和捕捉生活中那些显示了意义的场景和瞬间。只要我保持着写作状态，这样的场景和瞬间就会源源不断。相反，一旦被日常生活之流裹挟，长久中断了写作，我便会觉得生活成了一堆无意义的碎片。事实上它的确成了碎片，因为我的内在眼睛是关闭着的，我的灵魂是昏睡着的，而唯有灵魂的君临才能把一个人的生活形成为整体。所以，我之需要写作，是因为唯有保持写作状态，我才真正在生活。

我的体会是，写作能够练就一种内在视觉，使我留心并善于捕捉住生活中那些有价值的东西。如果没有这种意识，总是听任好的东西流失，时间一久，以后再有好的东西，你也不会珍惜，日子就会过得浑浑噩噩。写作使人更敏锐也更清醒，对生活更投入也更超脱，既贴近又保持距离。

有各种各样的收藏家。作家也是收藏家，他专门收藏自己的作品。当他打开自己的文柜，摆弄整理自己的文字时，那入迷的心境比起集邮迷、钱迷来，有过之而无不及。可是，他的收藏品只有一个来源，便是写作。也许正是这种特殊的收藏癖促使他不停地写啊写。

文字是感觉的保险柜。岁月流逝，当心灵的衰老使你不再能时常产生新鲜的感觉，头脑的衰老使你遗忘了曾经有过的新鲜的感觉时，不必悲哀，打开你的保险柜吧，你会发现你毕竟还是相当富有的。勤于为自己写作的人，晚年不会太凄凉，因为你的文字——也就是不会衰老的那个你——陪伴着你，他比任何伴护更善解人意，更忠实可靠。

灵魂是一片园林，不知不觉中会长出许多植物，然后又不知不觉地凋谢了。我感到惋惜，于是写作。写作使我成为自己的灵魂园林中的一个细心的园丁，将自己所喜爱的植物赶在凋谢之前加以选择、培育、修剪、移植和保存。

我不企求身后的不朽。在我的有生之年，我的文字陪伴着我，唤回我的记忆，沟通我的岁月，这就够了。

我也不追求尽善尽美。我的作品是我的足迹，我留下它们，以便辨认我走过的路，至于别人对它们做出何种解释，就与我无关了。

我把易逝的生命兑换成耐久的文字。文字原是我挽留生命的手段，现在却成了目的，而生命本身反而成了手段。

最纯粹、在我看来也最重要的私人写作是日记。我相信，一切真正的写作都是从写日记开始的，每一个好作家都有一个相当长久的纯粹私人写作的前史，这个前史决定了他后来之成为作家不是仅仅为了谋生，也不是为了出名，而是因为写作乃是他的心灵的需要。一个真正的写作者不过是一个改不掉写日记习惯的人罢了，他的全部作品都是变相的日记。他向自己说了太久的话，因而很乐意有时候向别人说一说。

人生最宝贵的是每天、每年、每个阶段的活生生的经历，它们所带来的欢乐和苦恼、心情和感受，这才是一个人真正拥有的东西。但是，这一切仍然无可避免地会失去。通过写作，我们把易逝的生活变成长存的文字，就可以以某种方式继续拥有它们了。这样写下的东西，你会觉得对于你自己的意义是至上的，发表与否只有很次要的意义。

写作的快乐是向自己说话的快乐。真正爱写作的人爱他的自我，似乎一切快乐只有被这自我分享之后，才真正成其为快乐。他与人交谈似乎只是为了向自己说话，每有精彩之论，总要向自己复述一遍。

当一个少年人并非出于师长之命，而是自发地写日记时，他就已经进入了写作的实质。这表明：第一，他意识到了并试图克服生存的虚幻性质，要抵抗生命的流逝，挽留岁月，留下它们曾经存在的确凿证据；第二，他有了与自己灵魂交谈、过内心生活的需要。

写日记一要坚持（基本上每天写），二要认真（不敷衍自己，对真正触动自己的事情和心情要细写，努力寻找准确的表达），三要秘密（基本上不给人看，为了真实）。这样持之以恒，不成为作家才怪呢，——不成为作家才无所谓呢。

写作也是在苦难中自救的一种方式。通过写作，我们把自己与苦难拉开一个距离，把它作为对象，对它进行审视、描述、理解，以这种方式超越了苦难。

一个人有了苦恼，去跟人诉说是一种排解，但始终这样做的人就会变得肤浅。要学会跟自己诉说，和自己谈心，久而久之，你就渐渐养成了过内心生活的习惯。当你用笔这样做的时候，你就已经是在写作了，并且这是和你的内心生活合一的真实的写作。

遇到恶人和痛苦之事，我翻开了日记本，这时候我成为一个认识者，与身外遭遇拉开距离，把它们变成了借以认识人性和社会的材料。

以为阅读只是学者的事，写作只是作家的事，这是极大的误解。阅读是与大师的灵魂交谈，写作是与自己的灵魂交谈，二者都是精神生活的方式。本真意义的阅读和写作是非职业的，属于每一个关注灵魂的人，而职业化则是一种异化。

文字的确不能替我们留住生活中最好的东西，它又不愿退而去记叙其次好的东西，于是便奋力创造出另一种最好的东西，这就有了文学。

写作不是简单地把外在世界的东西搬到了内在世界中，它更是在创造不同于外在世界的另一个世界。雪莱说："诗创造了另一种存在，使我们成为一个新世界的居民。"这不仅指想象和虚构，凡真正意义上的写作，都是精神自我为自己创造的一个新世界。

席勒曾说，任何天才都不可能孤立地发展，外界的激励，如一本好书、一次谈话，会比多年独自耕耘更有力地促进思考。托尔斯泰据此发挥说，思想在与人交往中产生，而它的加工和表达则是在一个人独处之时。这话说得非常好，但我要做一点修正。根据我的经验，思想的产生不仅需要交往亦即外界的激发，而且也需要思想者自身的体贴和鼓励。如果没有独处中的用心加工和表达，不但已经产生的思想材料会流失，而且新的思想也会难以产生了。

灵感是思想者的贵宾，当灵感来临的时候，思想者要懂得待之以礼，写作便是迎接灵感的仪式。当你对较差的思想也肯勤于记录的时候，较好的思想就会纷纷投奔你的笔记本了，就像孟尝君收留了鸡鸣狗盗之徒，齐国的人材就云集到了他的门下。

为何写作？为了安于自己的笨拙和孤独。为了有理由整天坐在家里，不必出门。为了吸烟时有一种合法的感觉。为了可以不遵守任何作息规则同时又生活得有规律。写作是我的吸毒和慢性自杀，同时又是我的体操和养身之道。

如果一个人写出了他真正满意的作品，你就没有理由说他无家可归。一切都是身外之物，唯有作品不是。对家园的渴望使我终于找到了语言这个家。

拿起书，不安——应当自己来写作。拿起笔，不安——应当自己来生活。

我相信，不但写作，而且所谓的写作才能，都是一种习惯。
托尔斯泰在日记中叮嘱自己：无论好坏时时都应该写。他为什么要这样叮嘱自己呢？就是为了不让写作的习惯中断。如同任何习惯一样，写作的习惯一旦中断，要恢复也是十分艰难的。相反，只要习惯在，写得坏没有关系，迟早会有写得好的时候。

有的人必须写作，是因为他心中已经有了真理，这真理是他用一生一世的日子换来的，他的生命已经转变成这真理。通过写作，他留下了真理，也留下了生命。读他的作品时，我们会感到，不管它的文字多么有分量，仍不能和文字背后东西的分量相比，因而生出敬畏之心。

我写作时会翻开别人的文字,有时是为了获得一种启发,有时是为了获得一种自信。

写作与思考的关系——

有时候,写作推动思考,本身是愉快或艰难的思考过程。

较多的时候,写作记录思考。如果在记录时基本不做修改,则那些思考或者是成熟的,或者是肤浅的。

最多的时候,写作冒充思考。当然,这样一来,同时也是在冒充写作。

写文章与思考是两回事。我发现,许多时候,我以为自己在思考,其实脑子里只是在做着文字的排列组合。这肯定是以文字为生的人的通病。

如果说写作犹如分娩,那么,读自己刚刚出版的作品就恰似看到自己刚刚诞生的孩子一样,会有一种异常的惊喜之感。尽管它的一字一句都出于自己之手,我们仍然觉得像是第一次见面。

的确是第一次。一堆尚未出版的手稿始终是未完成的,它仍然可能被修改甚至被放弃。直到它出版了,以一本书的形式几乎同时呈现在作者和读者面前,它才第一次获得了独立的生命。读自己的手稿是写的继续;只有当手稿变成可供许多人读的书之后,作者才能作为一名读者真正开始读自己的作品。此后他当然还可以再做修订,但是,由于他和读者记住了第一副面孔,修订便像是做矫形手术,与作品问世前那个自然的孕育过程不可同日而语了。

一切执着,包括对文字的执着,只对身在其中者有意义。隔一层境界看，意义即消失。例如，在忙人眼里，文字只是闲情逸致；在政客眼里，文字只是雕虫小技；在高僧眼里，文字只是浮光掠影。

某位作家太太下的定义：作家是一种喜欢当众抖落自己的或别人的隐私的人。

作家的辩护：在上帝或永恒面前，不存在隐私。

写作的态度

中国文人历来把文章看作"不朽之盛事",幻想借"立言"流芳百世。还是杜甫想得开:"千秋万岁名,寂寞身后事。"我也认为身后名声是不值得企望的。一个作家决心要写出传世之作,无非是表明他在艺术上有很认真的追求。奥古斯丁说,不朽是"只有上帝才能赐予的荣誉"。对作家来说,他的艺术良知即他的上帝,所谓传世之作就是他的艺术良知所认可的作品。我一定要写出我最好的作品,至于事实上我的作品能否留传下去,就不是我所能求得,更不是我所应该操心的了。因为当我不复存在之时,世上一切事情都不再和我有关,包括我的名声这么一件区区小事。

每一个真正的作家都有一个梦:写出自己最好的作品。可是,每写完一部作品。他又会觉得那似乎即将写出的最好的作品仍未写出。也许,直到生命终结,他还在为未能写出自己最好的作品而抱憾。然而,正是这种永远未完成的心态驱使着他不断超越自己,取得了那些自满之辈所不可企及的成就。在这个意义上,每一个真正的作家一辈子只是在写一部作品,即他的生命之作。只要他在世一日,这部作品就不会完成。

如果一个人出自内心需要而写作,把写作当作自己的精神生活，那么，他必然首先是为自己写作的。凡是精神生活，包括宗教、艺术、学术，都首先是为自己的，是为了解决自己精神上的问题，为了自己精神上的提高。

所谓为自己写作，主要就是指排除功利的考虑，之所以写，只是因为自己想写、喜欢写。当然不是不给别人读，作品总是需要读者的，但首先是给自己读，要以自己满意为主要标准。一方面，这是很低的标准，就是不去和别人比，自己满意就行。另一方面，这又是很高的标准，别人再说好，自己不满意仍然不行。真正的写作者是作品至上主义者，把写出自己满意的好作品看作最大快乐，看作目的本身。

唯有为自己写作，写作时才能保持灵魂的真实。相反，为发表而写，就容易受他人眼光的支配，或者受物质利益的支配。后一方面是职业作家尤其容易犯的毛病，因为他借此谋生，不管有没有想写的东西都非写不可，必定写得滥，名作家往往也有大量平庸之作。最理想的是另有稳定的收入，把写作当作业余爱好。如果不幸当上了职业作家，也应该尽量保持一种非职业的心态，为自己保留一个不为发表的私人写作领域。

对于一个作家来说，为发表的写作当然是不可避免也无可非议的，而且这是他锤炼文体功夫的主要领域，传达的必要促使他寻找贴切的表达，尽量把话说得准确生动。但是，他首先必须有话要说，这是非他说不出来的独一无二的话，是发自他心灵深处的话，如此他才会怀着珍爱之心为它寻找最好的表达，生怕它受到歪曲和损害。这样的话在向读者说出来之前，他必定已经悄悄对自己说过无数遍了。一个忙于向公众演讲而无暇对自己说话的作家，说出的话也许漂亮动听，但几乎不可能是真切感人的。

托尔斯泰认为，写作的职业化是文学堕落的主要原因。此话愤激中带有灼见。写作成为谋生手段，发表就变成了写作的最直接的目的，写作遂变为制作，于是文字垃圾泛滥。不被写作的职业化败坏是一件难事，然而仍是可能的，其防御措施之一便是适当限制职业性写作所占据的比重，为自己保留一个纯粹私人写作的领域。私人写作为作家提供了一个必要的空间，使他暂时摆脱职业，回到自我，得以与自己的灵魂会晤。他从私人写作中得到的收获必定会给他的职业性写作也带来好的影响，精神的洁癖将使他不屑于制作文字垃圾。我确实相信，一个坚持为自己写日记的作家是不会高兴去写仅仅被市场所需要的东西的。

作家对于名声当然不是无动于衷的，他既然写作，就不能不关心自己的作品是否被读者接受。但是，对于一个真正的作家来说，成为新闻人物却是一种灾难。文学需要安静，新闻则追求热闹，两者在本性上是互相敌对的。写作如同一个遇难者在大海上挣扎，永远是孤军奋战，谁也无法帮助一个人写他要写的东西。这是一个真正有自己的东西要写的人的心境，这时候他渴望避开一切人，全神贯注于他的写作。他遇难的海域仅仅属于他自己，他必须自己救自己，任何外界的喧哗只会导致他的沉没。当然，如果一个人并没有自己真正要写的东西，他就会喜欢成为新闻人物。对于这样的人来说，文学不是生命的事业，而只是一种表演和姿态。

我不相信一个好作家会是热衷于交际和谈话的人。据我所知，最好的作家都是一些交际和谈话的节俭者，他们为了写作而吝于交际，为了文字而节省谈话。他们懂得孕育的神圣，在作品写出之前，忌讳向人谈论酝酿中的作品。凡是可以写进作品的东西，他们不愿把它们变成言谈而白白流失。相反，那些喜欢滔滔不绝地谈论文学，谈论自己的写作打算的人，多半是文学上的低能儿和失败者。

好的作家都是作品至上主义者，他们最不愿看到的情景就是自己成为公众关注的人物，作品却遭到遗忘。

对于一个严肃的作家来说，他生命中最严肃的事情便是写作，他把他最好的东西都放到了作品里，其余的一切已经变得可有可无。因此，毫不奇怪，他绝不愿意作品之外的任何东西来转移人们对他的作品的注意，反而把他的作品看作可有可无，宛如——借用昆德拉的表达——他的动作、声明、立场的一个阑尾。

我相信，凡真正的诗人、小说家、文学写作者都是作品至上主义者，他的野心仅到作品止，最大的野心便是要写出好作品。这就是我所说的纯粹的写作立场。当然，除了这个最大的野心之外，他也许还会有一些较小的非文学性质的野心，例如想获得社会上的成功。有时候，这两种野心彼此混杂，难以分清，因为写出的究竟是否好作品，似乎不能单凭自己满意，往往还需要某种来自社会的承认。然而，自己满意始终是第一位的，如果把社会承认置于自己满意之上，社会野心超过甚至扼杀了文学野心，一个写作者就会蜕变成一个世俗角色。

文学创作是在孤独中、在一切谈话都沉寂下来时进行的。一个作家在对别人谈话时只不过是一个上流社会人士，只有当他仅仅面对自己、全力倾听和表达内心真实的声音之时，亦即只有当他写作之时,他才是一个作家。

为自己写作,也就是为每一个与自己面临和思考着同样问题的人写作,这是我所能想象的为人类写作的唯一可能的方式。

为孩子写书是一个考验。我们往往对孩子估计过低,以为他们什么也不懂,所以只需写得浅,教给他们一些常识性的东西就可以了。其实,孩子的心灵是向本质开放的,他们本能地排斥一切老生常谈、辞藻堆砌、故弄玄虚等等,决没有大人们的那种文化虚荣心,不会逆来顺受或者附庸风雅。所以,在面向孩子们时,我们必须戒除种种文化陋习,回到事物的本质。

我希望自己今后在写任何书时,都像给孩子们写书一样诚实,不写自己也不懂的东西去骗人。说到底,这世界上谁不是天地间一个孩子,哪个读者心中不保留着一点能辨真伪的童心?

我自己也有过少儿时代,曾经也是一个小读者。那当然是老早的事了,但是,儿时的求知渴望,少年的惆怅心情,仿佛仍在我心灵深处的某个角落里潜藏着,我是一点儿不陌生的。我一路走来,走了人生大半路程,离那个从前的男孩越来越远。然而,我有一个感觉,我觉得自己好像一路都在和那个男孩做伴,与他交谈,不断地把我的所见所闻和所感所思告诉他,听取他的回应。我诚然比他成熟,也许有以教他,但他不只是我的学生,他那么纯真、敏感,本能地厌恶一切空话和假话。深藏在我心中的少儿时代同时也是一个良师,一直在检查我的作业,督促我做一个诚实的思想者和写作者。

对于一个精神探索者来说,学科类别和文学体裁的划分都是极其次要的，他有权打破由逻辑和社会分工所规定的所有这些界限，为自己的精神探索寻找和创造最恰当的表达形式。也就是说，他只须写他真正想写的东西，写得让自己满意，至于别人把他写出的东西如何归类，或者竟无法归类，他都无须理会。凡真正的写作者都是这样的精神探索者，他们与那些因为或者为了职业而搞哲学、搞文学、写诗、写小说等等的人的区别即在于此。

写作是最自由的行为。一个人的写作自由是不可能被彻底剥夺的，只要愿意，他总是可以以某种方式写自己真正想写的东西。

写作是永无止境的试验。一个以写作为生的人不得不度过不断试验的一生。

我难免会写将被历史推翻的东西，但我绝不写将被历史耻笑的东西。

作品的价值

对于写作者来说,重要的是找到仅仅属于自己的眼光。没有这个眼光,写一辈子也没有作品,世界再美丽再富饶也是别人的。有了这个眼光,就可以用它组织一个属于自己的世界。

一个作家的存在理由和价值就在于他发现了一个别人尚未发现的新大陆,一个仅仅属于他的世界,否则无权称为作家。

任何精神创作唯有对人生基本境况做出了新的揭示,才称得上伟大。

要创新,不要标新。标新是伪造你所没有的东西,创新则是去发现你已经拥有的东西。每个人都有太多的东西尚未被自己发现,创新之路无比宽广。

一切伟大的作品在本质上是永远未完成的,它们的诞生仅是它们生命的开始,在今后漫长的岁月中,它们仍在世世代代读者心中和在文化史上继续生长,不断被重新解释,成为人类永久的精神财富。

一切优秀的艺术家都具有一种日记意识，他们的每一件作品都是日记中的一页，日记成为一种尺度，凡是有价值的东西都要写进日记，凡是不屑写进日记的东西都没有价值。他们不肯委屈自己去制作自己不愿保藏的东西，正因为如此，他们的作品才对别人也有了价值。

好的作者在写作上一定是自私的，他绝不肯仅仅付出，他要求每一次付出同时也是收获。人们看见他把一个句子、一本书给予这个世界，但这只是表面现象，实际上他是往自己的精神仓库里又放进了一些可靠的财富。

这就给了我一个标准，凡是我不屑于放进自己的精神仓库里去的东西，我就坚决不写，不管它们能给我换来怎样的外在利益。

一流作家可能写出三流作品，三流作家却不可能写出一流作品。

最好的作品和最劣的作品都缺少读者，最畅销的书总是处在两极之间的东西：较好的，平庸的，较劣的。

几乎每个作家都有喜欢他的读者，区别在于：好作家有好的读者，也有差的读者，而坏作家只有差的读者。

我所说的独立的读者，是指那些不受媒体和舆论左右的人，他们只用自己的头脑和心来阅读，我的作品从来仅仅是诉诸他们的，我也仅仅看重他们的反应。

长远地看，读者的眼睛是雪亮的。那种仅仅为了出售而制作出来的东西，诚然可能在市场上销行一时，但随着市场行情的变化，迟早会过时和被彻底淘汰。凡是刻意迎合读者的作家，是不会有真正属于自己的读者的，买他的书的人只是一些消费者，而消费的口味绝无忠贞可言。相反，倘若一个人写自己真正想写的东西，写出后自己真正喜欢，那么，我相信，他必定能够在读者中获得一些真正的知音，他的作品也比较地能够长久流传，因为联结他和他的读者的不是消费的口味，而是某种精神上的趣味。

写自己是无可指摘的。在一定的意义上，每个作家都是在写自己。不过，这个自己有深浅宽窄之分，写出来的结果也就大不一样。

我相信一个作家只要以严肃的态度从事写作，他写作时就不可避免地会带着自己的人生经历。也就是说，他所表达的最基本的精神内涵确实是属于他的，是他从生活中感悟到的。但是，在多数情形下，具体的生活经历只构成他的写作的背景，而不是直接的题材。只有蹩脚作家才热衷于在作品中抖落自己的履历、隐私和琐事。

可以剽窃词句和文章，但无法偷思想。一个思想，如果你不懂，无论你怎样抄袭那些用来表达它的词句，它仍然不属于你。当然，如果你真正懂，那么它的确也是属于你的，不存在剽窃的问题。一个人可以模仿苏格拉底的口气说话，却不可能靠模仿成为一个苏格拉底式的思想家。倘若有一个人，他始终用苏格拉底的方式思考问题，那么，我们理应承认他是一个思想家，甚至就是苏格拉底，而不仅仅是一个模仿者。

一个有灵魂的业余写作者远比那些没有灵魂的专业作家更加属于文学。文学接纳一切有灵魂的写作者，不问写作是否他的职业，拒绝一切没有灵魂的伪写作者，也不问写作是否他的职业。

高度政治化的环境对于人的思考力具有一种威慑作用，一个人哪怕他是笛卡尔，在身历其境时恐怕也难以怡然从事形而上学的沉思。面对血与火的事实，那种对于宇宙和生命意义的终极关切未免显得奢侈。然而，我相信，一个人如果真是一位现代的笛卡尔，那么，无论他写小说还是研究哲学，他都必能摆脱政治的威慑作用，使得异乎寻常的政治阅历不是阻断而是深化他的人生思考。

鲁迅曾经谈到一种情况：呼唤革命的作家在革命到来时反而沉寂了。我们可以补充一种类似的情况：呼唤自由的作家在自由到来时也可能会沉寂。仅仅在政治层面上思考和写作的作家，其作品的动机和效果均系于那个高度政治化的环境，一旦政治淡化（自由正意味着政治淡化），他们的写作生命就结束了。他们的优势在于敢写不允许写的东西，既然什么都允许写，他们还有什么可写的呢？

比较起来，立足于人生层面的作家有更耐久的写作生命，因为政治淡化原本就是他们的一个心灵事实。他们的使命不是捍卫或推翻某种教义，而是探究存在之谜。教义会过时，而存在之谜的谜底是不可能有朝一日被穷尽的。

一个作品如果对于作者自己没有精神上的价值，它就对任何一个读者都不可能具有这种价值。自救是任何一种方式的救世的前提，如果没有自救的觉悟，救世的雄心就只能是虚荣心、功名心和野心。中国知识分子历来热衷于做君王或民众的导师,实际上往往只是做了君王的臣僚和民众的优伶,部分的原因也许在这里。

是否用自己独特的语言说出一个真理,这不只是表达的问题,而是决定了说出的是不是真理。世上也许有共同的真理,但它只存在于一个个具体的人用心灵感受到的特殊的真理之中。那些不拥有自己的特殊真理的人,无论他们怎样重复所谓共同的真理,说出的始终是空洞的言辞而不是真理。

我与写作

有两样东西，我写时是决没有考虑发表的，即使永无发表的可能也是一定要写的，这就是诗和随感。前者是我的感情日记，后者是我的思想日记。如果我去流浪，只许带走最少的东西，我就带这两样。因为它们是我最真实的东西，有它们，我的生命线索就不致中断。中国也许会出创体系的大哲学家，但我确信我非其人。平生无大志，只求活得真实，并随时记下自己真实的感受，借此留下生命的足迹，这就是我在写作上的全部野心了。

我的所感所思，不实际，也不深奥，多半是些空阔平易的人生问题，诸如生与死、爱与孤独之类。我的天性大约不宜做深奥的学问或实际的事务，却极易受这类大而无当的问题吸引和折磨，欲罢不能。我把我的理解和困惑都写了下来。我的理解听凭读者处置，我的困惑只属于我自己。

我的第一使命不是就某一课题写出材料详尽的专著，以填补学术史的空白；而是写出我的命运之作，以完成我的生命史。因为前者是别的许多人都能够做的，而后者却只能靠我自己做。

我并不想标新立异，说出前人或今人从未说过的话。我只想写出我自己的感受,只要这感受是我的真实感受,并且我准确地表达了这感受,我就满足了,不在乎别人是否写过类似的东西。事实上,在这些所谓的永恒话题上,人类的感悟有共通之处,说不出多少新奇的话来。不过,只要你的感受的确是你自己的,是活生生的,你把它写出来,别人读了就会有新鲜之感。可贵的是新鲜而非新奇,真实的、活的就是新鲜的。

我的天性更是诗人而不是学者。我爱自己的体悟远甚于爱从别人那里得来的知识。

我当然不是一个脱俗到了拒绝名声的人,但是,比名声更重要的是,我需要回到我自己。我必须为自己的心灵保留一个自由的空间,一种内在的从容和悠闲。唯有保持这样一种内在状态,我在写作时才能真正品尝到精神的快乐。我的写作应该同时也是我的精神生活,两者必须合一,否则其价值就要受到怀疑。无论什么东西威胁到了我所珍惜的这种内在状态,我只能坚决抵制。说到底,这也只是一种权衡利弊,一种自我保护罢了。

如果我的写作缺乏足够的内在动力,就让我什么也不写,什么也写不出好了。一种没有内在动力的写作不过是一种技艺,我已经发现,人一旦掌握了某种技艺,就很容易受这种技艺的限制和支配,像工匠一样沉湎其中,以为这就是人生意义之所在,甚至以为这就是整个世界。可是,跳出来看一看,世界大得很,无论在何种技艺中生活一辈子终归都是可怜的。最重要的还是要有充实完整的内在生活,而不是写作或别的什么。如果没有,身体在外部世界里做什么都无所谓,写作、绘画、探险、行善等等都没有根本的价值。反之,一个人就可以把所有这些活动当作他的精神生活的形式。

我十分怀念过去为自己写不供发表的东西时的那种愉快心情，我写只因为我想写，只因为我喜欢，我甚至不意识到自己在写作，而这正是最适合于写作的一种状态。后来，约稿多了，写作时知道会发表，心态的自由就不免打折扣。要装作不知道已不可能，退而求其次，我给自己建立一个标准：一篇文章，即使不发表我也要写，那就写，否则就不写。总之，尽量只写自己真正想写、写的时候愉快、写完自己看了喜欢的东西。这样的东西一旦发表出来，也一定会有喜欢它的人，即使发表不出来也没有什么。世上哪有写作的诀窍，所谓写好的作品无非是写让自己喜欢的作品罢了。

对于今日的写作者来说，市场是一个不可忽视的存在。然而，这并不意味着你必须为市场写作。这里的界限在于，你是否让市场支配了你的写作。

应该区分两种情形。一是写自己真正想写的东西，然后争取在市场上获得成功。另一是以在市场上获得成功为目标，决定自己写什么东西。

我相信，我属于前一种情形。迄今为止，我没有为市场写过一本书。不过，我没有洁癖。写什么，怎么写，绝对要由我自己做主，在我的写作之国中，我是不容置疑的王。写出以后，我就衷心欢迎市场来为我服务，做我的能干的大臣。

我写作从来就不是为了影响世界，而只是为了安顿自己——让自己有事情做，活得有意义或者似乎有意义。

我的所思所写基本上是为了解决自己的问题,也许正因为如此,写出的东西才会对那些面临着相似问题的人有所启迪,从而间接地产生了影响社会的效果。

回过头去看,我的写作之路与我的心灵之路是相当统一的,基本上反映了我在困惑中寻求觉悟和走向超脱的历程。我原是一个易感的人,容易为情所困,跳不出来。我又是一个天性悲观的人,从小就想死亡的问题,容易看破红尘。因此,我面临双重的危险,既可能毁于色,也可能堕入空。我的一生实际上都是在与这两种危险作斗争,在色与空之间寻找一个安全的中间地带。我在寻找一种状态,能够使我享受人生而不沉溺,看透人生而不消极,我的写作就是借助于哲学寻找这种状态的过程。

因为我写自己的生活,有些人便指责我,不外是一暴露了自己的隐私,二应该写重大题材。这些人真是小心眼,仿佛自己的生活是一份私产似的。我才不这么狭隘呢,在我看来,正是通过感受和思考,我的生活不再仅仅是我的生活了,它获得了一种普遍性。

从根本上说,上帝、神、自然给了我生命,我生命中的一切,包括我的经历,没有一样是仅仅属于我的,一切都可以和应该成为领悟生命意义的素材,并且因此而属于了一切人。

那么,这不正是重大题材吗?

我一直想写、许多人也希望我写的这本书,其实它早已存在,我翻开历史上每一位智者和觉者的书时都看见了它。

这里是我的生命的果实。

请吧，把你们选中的吃掉。剩下的属于我自己，那是我的最好的果实。

即使我没有更多的东西可让你们回忆，我也要提供更多的东西让你们忘却。

（全书完）

图书在版编目（CIP）数据

人生哲思录 / 周国平著. -- 昆明：云南人民出版社，2025.1（2025.5重印）. -- ISBN 978-7-222-23496-3

Ⅰ．B821-49

中国国家版本馆CIP数据核字第2024BZ1975号

责任编辑：阳　帆
责任校对：刘　娟
责任印制：李寒东

人生哲思录
RENSHENG ZHESI LU

周国平　著

出　　版	云南人民出版社
发　　行	云南人民出版社
社　　址	昆明市环城西路609号
邮　　编	650034
网　　址	www.ynpph.com.cn
E-mail	ynrms@sina.com
开　　本	880mm×1230mm　1/32
印　　张	19
字　　数	460千字
版　　次	2025年1月第1版　2025年5月第5次印刷
印　　刷	河北鹏润印刷有限公司
书　　号	ISBN 978-7-222-23496-3
定　　价	98.00元

版权所有 侵权必究

如发现印装质量问题，影响阅读，请联系021-64386496调换。

人生哲思录

作者 _ 周国平

编辑 _ 岳爱华　　装帧设计 _ 董歆昱　　物料设计 _ 朱大锤
技术编辑 _ 顾逸飞　　责任印制 _ 梁拥军　　出品人 _ 王誉

营销团队 _ 毛婷　魏洋　马莹玉　杨晨

鸣谢

一草

果麦
www.goldmye.com

以微小的力量推动文明